小成本，創造無限可能！

ARDUINO

物聯網 打造
最佳入門 智慧家庭
與應用 輕鬆學

易學易用的初學指引，用物聯網輕鬆打造夢想中的智慧家庭！

序

物聯網（Internet of Things，簡記 IoT）一詞最早是出現在 1998 年由美國麻省理工學院 Auto-ID 中心主任愛斯頓（Kevin Ashton）所提出的概念。因為網路基礎建設完善與智慧型手機的普及，造就今日物聯網的快速發展。**所謂物聯網是指在每個實體物品上裝設感測器，使物品變得『有意識』而能夠善解人意，並將所擷取的資料透過數據通訊的技術，將其連上網際網路（Internet）至雲端（Cloud）來進行各種運算、識別、監視、控制等服務。** 物聯網的應用範圍十分廣泛，由最接近個人應用的穿戴裝置，到智慧家庭、智慧汽車、智慧交通、智慧工廠、智慧醫療、智慧城市、能源管理、生活商務等多個領域。其中**『智慧家庭』** 領域的進入門檻較低，競爭也最為激烈，國內外科技大廠也積極投入研發照明、空調、門鎖、影音設備及智慧喇叭等家庭聯網技術，以提供各項家庭智慧應用。

本書為誰而寫

『Arduino 物聯網最佳入門與應用』 是為一些對於現今當紅的**『智慧家庭』** 及**『物聯網』** 有興趣，卻又苦於沒有足夠知識、經驗與技術能力去開發設計的學習者而編寫。經由本書淺顯易懂的圖文解說，只要按圖施工，保證一定成功。本書並不是一本 Arduino 的基礎入門書籍，如果讀者有需要更加詳細了解 Arduino 硬體及軟體的基礎觀念，以及常用周邊模組的基礎應用等。請參考本書作者的另一本著作**『Arduino 最佳入門與應用』**，相信可以給您最佳的解決方案。

本書如何編排

本書內容以**『智慧家庭』** 為主軸，從物聯網的基本概念、感知層的辨識及感測技術、網路層的藍牙、ZigBee、Wi-Fi 等通訊技術，一直到應用層的雲端運算、智慧插座、智慧照明等，逐步引領讀者認識物聯網的基本概念及其應用。**全書有近百個實用的應用範例及練習，絕對是一本最實用的『物聯網』入門與應用書籍。** 在本書中每章所需的軟、硬體知識及相關技術都有詳細圖文解說與實做，讀者可依自己的興趣，適當安排閱讀順序，並且輕鬆組裝完成具有個人特色的 Arduino 智慧家庭應用。

第 1 章『物聯網簡介』— 快速引領讀者認識物聯網的架構與產業發展，感知『**物聯網**』時代所帶來的智慧生活與便利。

第 2 章『感知層之辨識技術』— 認識與使用一維條碼（Bar code）、二維條碼（QR code）、射頻辨識（Radio Frequency Identification，簡記 RFID）及近場通訊（Near Field Communication，簡記 NFC）等辨識技術。

第 3 章『感知層之感測技術』— 認識與使用溫度感測器（熱敏電阻、K 型熱電偶、LM35、DS18B20、DHT11、DHT22）、溼度感測器（DHT11、DHT22）、氣體感測器（TGS800、MQ-2）、灰塵感測器（GP2Y1010AU0F）、運動感測器（MMA7361 加速度計、ADX345 加速度計、L3G4200 陀螺儀、GY-271 電子羅盤）、光感測器（光敏電阻、反射型光感測模組）、紫外線感測器（UVM30A）、水感測器（土壤溼度、雨量）、霍爾感測器（磁場強度）、壓力感測器（重量檢測）等感測技術。

第 4 章『藍牙與 ZigBee 無線通訊技術』— 認識與使用 HC-05 藍牙模組、XBee 模組等無線通訊技術，並且使用手機連線監控遠端燈光、溫度、溼度及類比輸入電壓等。

第 5 章『Wi-Fi 無線通訊技術』— 認識與使用 ESP8266 模組，與無線基地台 AP 建立 Wi-Fi 連線，並且使用手機連線監控遠端燈光、溫度、溼度及類比輸入電壓等。

第 6 章『雲端運算』— 認識與使用雲端運算平台，並且使用 ThingSpeak 雲端運算平台建立雲端氣象站。

第 7 章『家庭智慧應用』— 認識與使用藍牙及 Wi-Fi 模組完成藍牙插座、藍牙全彩調光燈、藍牙電力監控插座、Wi-Fi 插座、Wi-Fi 雲端電力監控插座等家庭智慧應用。

本書學習資源

全書**範例程式**及**練習解答**存在隨書光碟中的 INO 資料夾，使用 Arduino IDE 開啟草稿碼，並且上傳至 Arduino 板中，就可以正確執行。全書所需的外掛函式庫在隨書光碟中的 FUNC 資料夾，使用 Arduino IDE 將其匯入程式庫安裝使用。全書所需的 App 程式在隨書光碟中的 APP 資料夾，可直接使用手機安裝使用。

楊明豐

本書特色

學習最容易： Arduino 公司提供免費的 Arduino IDE 開發軟體，內建多樣化函式簡化了周邊元件的底層控制程序。本書使用開放式架構 Arduino UNO 板及各種相關模組，讀者可以隨自己的興趣及喜好，快速、輕鬆組裝具有創意的『**物聯網**』應用電路。

學習花費少： 本書所使用的硬體 Arduino UNO 板、周邊元件及模組皆可在電子材料行或相關網站上購得，而且價格便宜。IDE 軟體可在 Arduino 官網下載最新版本，使用最少的花費就能玩出『**物聯網**』的大能力。

學習資源多： Arduino IDE 提供多樣化範例程式，不但在官網上可以找到多元的技術支援資料，而且網路上也提供相當豐富的共享資源。另外，硬體開發商也有多樣化周邊模組可以提供選擇使用。

應用生活化： 全書內容涵蓋大多數『**智慧家庭**』應用所需的入門知識與應用技能，生活化的單元教學設計，除了能夠提高學習者的興趣之外，也能激發出創意及想像力。全書內容包含 RFID 大樓門禁管理系統、NFC 卡片傳送網址電路、溫溼度計、瓦斯警報器、PM2.5 空氣品質檢測器、傾斜角測量電路、方向指示電路、電子羅盤、指北針、環境光線亮度顯示電路、人員進出計數電路、停車場車位計數電路、紫外線指數測量電路、土壤溼度檢測電路、雨量檢測電路、磁場強度檢測電路、重量檢測電路、藍牙防丟尋物器、藍牙全彩調光燈、藍牙溫溼度監控電路、藍牙插座、藍牙電力監控插座、Wi-Fi 全彩調光燈、Wi-Fi 溫溼度監控電路、Wi-Fi 雲端氣象站、Wi-Fi 插座、Wi-Fi 雲端電力監控插座等多種生活應用。只要稍加修改或組合本書的範例，就可以輕鬆完成好玩又有趣的『**物聯網**』應用電路。

商標聲明

目錄

Chapter 03　感知層之感測技術

Chapter 04 藍牙與 ZigBee 無線通訊技術

Chapter 05 Wi-Fi 無線通訊技術

Chapter 06 雲端運算

Chapter 07 家庭智慧應用

附錄 A　實習材料表

附錄 B　名詞索引

附錄 C　燒錄 ATmega 開機啟動程式 (請見光碟 PDF)

01

物聯網簡介

1-1 認識物聯網

　　物聯網（Internet of Things，簡記 IoT）一詞最早是出現在 1998 年由美國麻省理工學院 Auto-ID 中心主任愛斯頓（Kevin Ashton）所提出來的概念。**所謂物聯網是指在每個物體或裝置上裝設感測器，並且利用 RFID 標籤、無線數據通訊等技術，將真實的物品連上網際網路（Internet）**。物品與物品依所規範的協定，進行資訊交換與通訊，實現識別、定位、即時查詢、遠端監控等智慧管理。物聯網裝置通常都會連結到雲端伺服器（cloud server），由雲端伺服器負責收集裝置感測器所產生的大量數據資料，再加以分析、運用，成為有用的共享資訊。

　　如圖 1-1 所示物聯網世界，所有裝置都可以聯上網際網路，透過一個裝置直接將數據傳送給另一個裝置。例如在**智慧家庭**方面，智慧手錶可以紀錄你的運動與睡眠習慣並且提供適當的運動量建議。當室內溫度過高時，自動調整冷氣機或空調的溫度。戶外光線過強時，自動關閉窗簾；光線過暗時，自動開啟照明燈光。在**智慧工廠**方面，生產全面自動化，同時將原料、製程、組裝、倉管、物流等處理記錄，儲存在雲端資料庫，並且進行大數據分析，以改善品質、降低成本、縮短開發時程、提高產量及良率等。在生產過程中，原料一旦短缺，主動發送數據至運輸系統進行自動化補給。在**智慧汽車**方面，駕駛酒駕或精神不佳時，汽車將會開啟自動駕模式將車駛離至安全區域；一旦發生交通事故時，也會主動通知相關單位。

圖 1-1　物聯網世界（資料來源：mspalliance.com）

在物聯網世界中，每個人周圍約有 1000 至 5000 個物體或裝置，如果要將全世界的裝置都連上網際網路，可能會有 500 兆到 1000 兆個物品。面對物聯網的龐大商機，各國政府或企業都競相投入大量的資源來發展物聯網。根據國際數據公司（International Data Corporation，簡記 IDC）2013 年所公佈的台灣物聯網市場規模，從 2013 年的 1 億 4 千 8 百萬美金增長到 2017 年的 2 億 9 千萬美金，年複合成長率達 19%。IDC 預估 2015 年台灣物聯網應用，將從實驗階段正式進入實踐階段，預估**製造、交通**與**醫療**等產業為物聯網發展的重要領域。IDC 預估台灣**金融、製造、運輸**等產業及**智慧城市**在 2016 年會出現更多元、更深化的物聯網應用領域，年產值將突破到兆元水準。

如圖 1-2 所示物聯網（又稱智慧聯網）的應用範圍十分廣泛，由最接近個人應用的穿戴裝置，到智慧家庭、智慧汽車、智慧交通、智慧工廠、智慧醫療、智慧城市、能源管理、生活商務等多個領域。**智慧型手機的快速發展，是物聯網世界相當重要的開頭**，我們可以使用智慧型手機進行各式各樣的物聯網服務。物聯網的終極目的，就是讓身邊所有裝置都能連接上網，裝置與裝置之間能夠透過網路相互溝通，完全不需要人的介入。

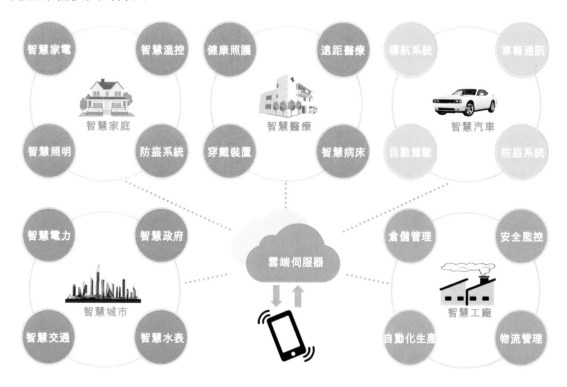

圖 1-2　物聯網的應用範圍

1-2　物聯網的架構

　　如圖 1-3 所示物聯網的架構，是由歐洲電信標準協會（European Telecommunications Standards Institute，簡記 ETSI）所定義，可分為**感知層**（Perception layer）、**網路層**（Network layer）及**應用層**（Application layer）等三個階層。感知層包含末端被感測的物體、感測器等，網路層是由紅外線、藍牙、ZigBee 等內部網路及 3G/4G、TCP/IP 等外部網路所組成，應用層則是企業因應不同需求所建置而成的應用系統。

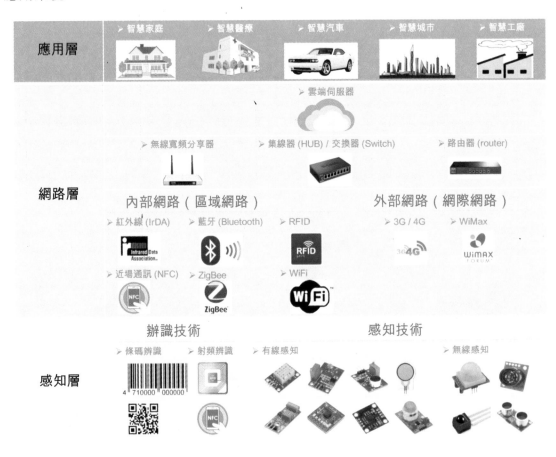

圖 1-3　物聯網的架構

1-2-1　感知層

　　感知層如同人體的神經末梢，會持續將感應的資訊透過網路匯流到雲端伺服器，主要是用來辨識、感測末端物體的各種狀態，並且負責將感知器所收集到的數據資料傳送到網路層。如圖 1-4 所示感知層常用的感測器，感知層是由**條碼**（Barcode、QRCode）、**射頻辨識**（RFID）、**近場通訊**（NFC）等辨識技術，及**有線感測器**（如溫度、溼度、亮度、聲音、震動、壓力、速度、方向、煙霧等）、**無線感測器**（如紅外線、超音波等）等感測技術所組成。

RFID辨識	溫溼度感測器	亮度感測器	聲音感測器	氣體感測器
三軸加速度計	陀螺儀	震動感測器	霍爾感測器	壓力感測器
顏色感測器	碰撞感測器	GPS	水滴感測器	土壤感測器
紅外線感測器	紅外線感測器	循跡感測器	超音波感測器	超音波感測器

圖 1-4　感知層常用的感測器

1-2-2 網路層

　　網路層如同人體的神經系統，負責將神經末梢所感應的資訊傳送到大腦進行分析、判斷。網路層分為**內部網路**及**外部網路**兩個部份，其中內部網路即一般所說的區域網路，像是學校、公司、企業等都有自己專屬的區域網路，在區域網路內每台主機的 IP 位址都具有唯一性且不可重覆，通常都是使用**虛擬 IP**，並且經由一台寬頻分享器、集線器（HUB）或是交換器（Switch）對外連接至外部網路。內部網路包含紅外線（IrDA）、藍牙（Bluetooth）、RFID、NFC、ZigBee 及 Wi-Fi 等技術。外部網路即一般所說的網際網路（Internet），在網際網路內每台主機的 IP 位址都具有唯一性且不可重覆，通常都是使用**真實 IP**，不同網域的網際網路必須經由一台路由器（Router）來溝通。外部網路包含 3G/4G、WiMAX、TCP/IP 等通訊技術。

1-2-3 應用層

物聯網最有價值的部份是在應用層的智慧服務（Intelligence Service），而不是在感知層的聯網物體。應用層是針對感知層傳送到雲端（cloud）伺服器的大量數據資訊，進行分析、運算、管理，並且整合應用在各種領域如穿戴式裝置、智慧家庭、智慧電網、智慧交通、智慧醫療、智慧城市、智慧工業、倉儲物流、安全監控、環境監控等。

1-3 物聯網的產業發展

物聯網是結合各領域的軟、硬體知識與技術所形成的一種**機器對機器（Machine to Machine，簡記 M2M）應用概念**，因此所涉及的商機也遍及各個產業，產業價值是網際網路的 30 倍。依據我國經濟部的研究報告指出：**物聯網可以分為感知技術、網路與通訊技術、資訊處理技術、系統整合技術及應用服務技術等五大領域。**相關產業如關鍵晶片、晶圓代工、半導體封測、連網模組、網通設備、雲端服務等。物聯網有大數據的分析及管理需求，因此對於物聯網營運商應用服務的需求量將會增加。另外，結合低功耗、小體積感測器及連網模組的系統晶片（System on Chip，簡記 SoC）需求量也會增加。依據工研院的研究指出：台灣資訊與通訊科技（Information and Communication Technology，簡記 ICT）產業累積出十分完整的硬體優勢，然而過去十幾年台灣在網路經濟的發展過程中競爭優勢逐漸受到威脅，因此在以物聯網為主的新 ICT 時代來臨之際，更應及早掌握智慧生活應用服務的新商機，以及資料經濟所引領的軟硬體整合的新契機，才能加速台灣產業轉型升級、創造產業新價值。

02

感知層之辨識技術

物聯網感知層的主要功能是辨識或感測末端物體的各種狀態，並且負責將所收集到的大量數據資料經由網路層傳送到雲端伺服器，因此必須使用許多具有辨識及感知能力的設備。具有**辨識能力**的設備如條碼讀取器、RFID 讀取器、NFC 讀取器、全球定位系統（Global Positioning System，簡記 GPS）及影像處理器等。具有**感知能力**的設備如溫度感測器、溼度感測器、亮度感測器、聲音感測器、氣體感測器、三軸加速度感測器、陀螺儀、壓力感測器、紅外線感測器、超音波感測器等。

2-1　認識條碼

條碼（Bar code）又稱為條形碼，是由粗細不同的**黑線**（bar）與**空白**（space）依一定的排列規則相間組合成各種文字、數字、符號等資料，條碼的長度會因種類及內容的不同而有所不同。條碼可以直接印在商品或貼紙上，再利用光學掃描器（optical scanner）**黑色吸光，白色反光**的特性，將條碼上的資料轉成電子訊號並且經由其內部微處理器解碼，快速而且準確的完成辨識。條碼不僅成本低廉、易於製作，而且靈活實用、準確可靠、讀取快速，準確率遠超過人工記錄。

2-1-1　一維條碼

條碼於 1970 年代開始商業化，條碼的種類很多，基本上可以分為**一維條碼**及**二維條碼**兩種。如圖 2-1 所示一維條碼，包含 Code 25 碼、Code 39 碼、Code 93 碼、Code 128 碼、UPC 碼、EAN 碼、ISBN 書籍碼及 ISSN 期刊碼等，不同條碼的編碼方式不同。目前通行於全世界的一維條碼有兩種：一種是 **UPC 碼**（Universal Product Code），另一種是 **EAN 碼**（European Article Number）。

| 圖(a) Code 25 碼 | 圖(b) Code 39 碼 | 圖(c) Code 93 碼 | 圖(d) Code 128 碼 |

| 圖(e) UPC-A 碼 | 圖(f) EAN-13 碼 | 圖(g) ISBN 碼 | 圖(h) ISSN 碼 |

圖 2-1　一維條碼

一、UPC 碼

　　1973 年美國制訂通用產品碼（Universal Product Code，簡記 UPC），並且大量應用於美國及加拿大地區，是最早被大規模使用的商品條碼。UPC 碼共有 A、B、C、D、E 等五種版本，常用的 UPC 碼有**標準型 UPC-A 碼**及**簡易型 UPC-E 碼**兩種，另外 UPC-B、UPC-C、UPC-D 等三種 UPC 碼已經很少使用。UPC 碼的特性是只能使用數字 0~9，不能使用英文字母，使用四種寬度的黑條或空白來表示，是一種長度固定的**連續式（continue）條碼**。所謂連續式條碼是指在條碼中的每個黑條或空白，都是條碼的一部份，沒有間隔條碼。

(一) UPC-A 碼

　　如圖 2-2 所示 UPC-A 碼，每個數字碼的長度固定，皆由 7 個模組所組成，內含粗細不等的**兩個黑條**及**兩個空白**。在 UPC-A 碼中的每個模組長度為 0.33mm，所以一個數字碼的長度為 2.31mm。

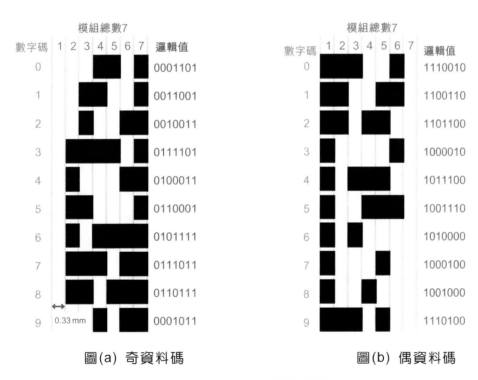

圖(a)　奇資料碼　　　　　　　　圖(b)　偶資料碼

圖 2-2　UPC-A 碼

　　UPC-A 碼的每個數字碼邏輯值可以用 7 位元二進制數來表示，空白表示邏輯值 0，黑條表示邏輯值 1。UPC-A 碼內含 12 個數字資料碼，因此又稱為 **UPC-12 碼**，前 6 個數字碼稱為左資料碼，以圖 2-2(a)所示**奇資料碼**來編碼，而後 6 個數字碼稱為右資料碼，以圖 2-2(b)所示**偶資料碼**來編碼，且奇資料碼與偶資料碼的邏輯值互為補數關係。以數字碼 0 為例，左資料碼邏輯值為 0001101，而右資料碼邏輯值為 1110010。

　　如圖 2-3 所示 UPC-A 碼，是由**左空白、起始碼、系統碼**（導入碼）、**5 位左資料碼**（廠商代碼）、**中間碼、5 位右資料碼**（產品代碼）、**檢查碼、終止碼**及**右空白**所組成，共有 113 個模組。因為 UPC-A 碼為連續式條碼，所以一個 UPC-A 碼的總長度為 37.29mm（0.33mm×113）。

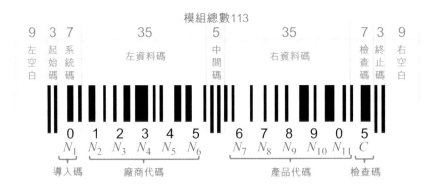

圖 2-3　UPC-A 碼

　　UPC-A 碼的左空白及右空白使用 9 個模組，邏輯值為 000000000；起始碼及終止碼使用 3 個模組，邏輯值為 101；中間碼使用 5 個模組，邏輯值為 01010。檢查碼 C 的功能是驗證所讀取的條碼資料是否正確，其值是由前 11 個數字碼計算得來，計算公式如下：

$C_1=(N_1+N_3+N_5+N_7+N_9+N_{11})\times3+(N_2+N_4+N_6+N_8+N_{10})$

$C=10-C_1$（個位數字）

以圖 2-3 所示的 UPC-A 碼為例，檢查碼 C 計算如下：

$C_1=(0+2+4+6+8+0)\times3+(1+3+5+7+9)=85$

$C=10-5=5$

(二) UPC-E 碼

　　UPC-E 碼是 UPC-A 碼的簡易版，只有 8 位數字，又稱為 **UPC-8 碼**。UPC-E 碼的面積比 UPC-A 碼小，極適合使用在小型貨物上，但相對可以表示的商品種類也少很多，UPC-E 碼與 UPC-A 碼一樣，只能使用數字 0~9，不能使用英文字母。如圖 2-4 所示 UPC-E 碼，由**導入碼**、**起始碼**、**6 位資料碼**、**終止碼**及**檢查碼**所組成。導入碼及檢查碼並沒有使用條碼，因此實際使用條碼的只有 6 位資料碼。

圖 2-4　UPC-E 碼

　　UPC-E 碼的起始碼使用 3 個模組，邏輯值為 101；終止碼使用 6 個模組，邏輯值為 010101；檢查碼並不屬於資料碼的一部份，而是由其原來的 UPC-A 碼計算產生。如表 2-1 所示 UPC-E 碼與 UPC-A 碼的轉換公式，因為 UPC-A 碼有 12 位數字碼，而 UPC-E 碼只有 8 碼，所能表示的商品數量一定比較少，所以有些 UPC-A 碼並沒有辦法轉成 UPC-E 碼，但是所有的 UPC-E 碼一定可以轉成 UPC-A 碼。

表 2-1　UPC-E 碼與 UPC-A 碼的轉換公式

UPC-E	UPC-A	UPC-E	UPC-A
XXYYY0	0XX00000YYYC	XXXXX5	0XXXXX00005C
XXYYY1	0XX10000YYYC	XXXXX6	0XXXXX00006C
XXYYY2	0XX20000YYYC	XXXXX7	0XXXXX00007C
XXXYY3	0XXX00000YYC	XXXXX8	0XXXXX00008C
XXXXY4	0XXXX00000YC	XXXXX9	0XXXXX00009C

　　以圖 2-4 所示 UPC-E 碼 123456 為例，查表 2-1 可將其轉成 UPC-A 碼為 01234500006C（黃色區），而檢查碼 C 是由 UPC-A 碼計算產生，其計算公式如下：

$C_1=(0+2+4+0+0+6)\times3+(1+3+5+0+0)=45$

$C=10-5=5$

如表 2-2 所示 UPC-E 資料碼的排列方式，是由 3 個奇（Odd，簡記 O）資料碼及 3 個偶（Even，簡記 E）資料碼共 6 個數字碼所組成，其排列方式視檢查碼不同而異。以圖 2-4 所示 UPC-E 碼為例，其檢查碼 C 為 5，查表 2-2 所示黃色區，可知 D_1、D_4、D_5 使用偶資料碼，而 D_2、D_3、D_6 使用奇資料碼。

表 2-2　UPC-E 資料碼的排列方式

固定碼	D_1	D_2	D_3	D_4	D_5	D_6	檢查碼 C
0	E	E	E	O	O	O	0
0	E	E	O	E	O	O	1
0	E	E	O	O	E	O	2
0	E	E	O	O	O	E	3
0	E	O	E	E	O	O	4
0	E	O	O	E	E	O	5
0	E	O	O	O	E	E	6
0	E	O	E	O	E	O	7
0	E	O	E	O	O	E	8
0	E	O	O	E	O	E	9

如表 2-3 所示 UPC-E 資料碼的編碼方式，UPC-E 的奇資料碼和偶資料碼的編碼方式不同，UPC-E 的奇資料碼與 UPC-A 奇資料碼編碼方式相同，但是 UPC-E 偶資料碼並不是 UPC-E 奇資料碼的補數。

表 2-3　UPC-E 資料碼的編碼方式

數字碼	奇資料碼	偶資料碼
0	0001101	0100111
1	0011001	0110011
2	0010011	0011011
3	0111101	0100001
4	0100011	0011101

數字碼	奇資料碼	偶資料碼
5	0110001	0111001
6	0101111	0000101
7	0111011	0010001
8	0110111	0001001
9	0001011	0010111

二、EAN 碼

1977 年由歐洲 12 個工業國家共同制訂歐洲商品碼（European Article Number，簡記 EAN），EAN 碼目前是由國際商品條碼協會（International Article Numbering Association，簡記 IANA）管理，負責分配與授權所屬會員國的國家代碼。我國於 1986 年正式成為 EAN 會員國，並獲授權使用**國家代碼 471**。美國與加拿大在 2002 年加入 EAN 組織，使 UPC 與 EAN 兩大組織合而為一，並且在 2005 年正式更名為 **GS1**（Global Standard No.1），EAN 碼使用會員遍佈五大洲近百萬商家，已成為世界第一標準。我國是由商品條碼策進會（Article Numbering Center of R.O.C，簡記 CAN）負責商品條碼的推廣工作。EAN 碼主要應用於超商、超市、大型賣場、餐飲服務及精品百貨等零售商品包裝，提供給電腦銷售點管理（Point of Sales，簡記 POS）系統快速掃描結帳用。**EAN 碼的特性與 UPC 碼相同，只能使用數字 0~9，不能使用英文字母，使用四種寬度的黑條或空白表示，是一種長度固定的連續式條碼。**

常用的 EAN 碼有 **EAN-13 碼**及 **EAN-8 碼**兩種，EAN-13 碼有 13 位數字，而 EAN-8 碼較短，只有 8 位數字，條碼面積較小，主要應用於印刷面積較小的產品包裝上。

(一) EAN-13 碼

如圖 2-5 所示 EAN 數字碼，每個數字碼長度固定，皆由 7 個模組所組成，內含粗細不等的兩個黑條及兩個空白。依其編碼方式的不同，可分成 Type-A、Type-B 及 Type-C 等三種數字碼。**EAN 碼與 UPC 碼最大的不同是在編碼原則**，UPC-A 碼使用奇資料碼及偶資料碼等兩種數字碼來編碼，而 EAN-13 碼則是使用 Type-A、Type-B 及 Type-C 等三種數字碼來編碼。EAN-13 的 Type-A 資料碼與 UPC-A 的奇資料碼相同，而 EAN-13 的 Type-C 資料碼與 UPC-A 的偶資料碼相同。

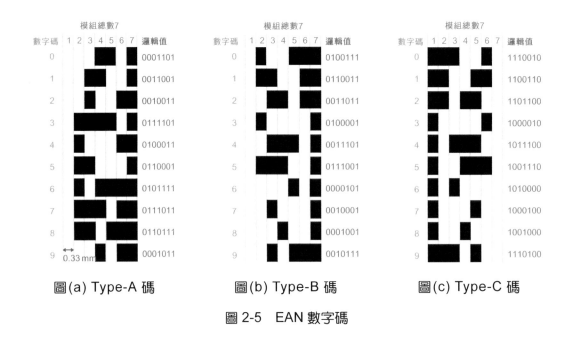

圖(a) Type-A 碼   圖(b) Type-B 碼   圖(c) Type-C 碼

圖 2-5　EAN 數字碼

　　如圖 2-6 所示 EAN-13 碼，是由**左空白**、**起始碼**、**6 位左資料碼**、**中間碼**、**5 位右資料碼**、**檢查碼**、**終止碼**及**右空白**所組成，共有 13 位數字碼。EAN-13 碼的左空白及右空白使用 9 個模組，邏輯值為 000000000；起始碼及終止碼使用 3 個模組，邏輯值為 101；中間碼使用 5 個模組，邏輯值為 01010；導入碼沒有使用條碼，因此總共使用 113 個模組。

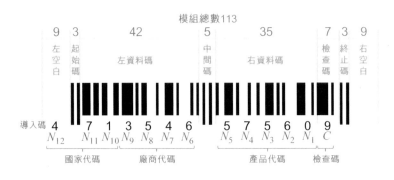

圖 2-6　EAN-13 碼

　　如表 2-4 所示 EAN-13 左資料碼的編碼方式，與導入碼有關，而導入碼為國家代碼的第一碼。以台灣的國家碼 471 為例，導入碼為 4，所使用的編碼方式為 **ABAABB**，其中 A 是使用圖 2-5(a)所示的 Type-A 碼來編碼，而 B 是使用圖 2-5(b)所示 Type-B 碼來編碼。EAN-13 右資料碼的編碼方式是使用圖 2-5(c)所示 Type-C 碼來編碼。

表 2-4　EAN-13 左資料碼的編碼方式

導入碼	左資料碼的編碼方式	右資料碼的編碼方式
0	AAAAAA	C
1	AABABB	C
2	AABBAB	C
3	AABBBA	C
4	ABAABB	C
5	ABBAAB	C
6	ABBBAA	C
7	ABABAB	C
8	ABABBA	C
9	ABBABA	C

EAN-13 碼的檢查碼計算公式與 UPC-A 碼很相似，計算公式如下：

$C_1=(N_1+N_3+N_5+N_7+N_9+N_{11})\times3+(N_2+N_4+N_6+N_8+N_{10}+N_{12})$

$C=10-C_1$（個位數字）

以圖 2-6 的 EAN-13 碼為例，檢查碼 C 計算如下：

$C_1=(0+5+5+4+3+7)\times3+(6+7+6+5+1+4)=101$

$C=10-1=9$

(二) EAN-8 碼

　　EAN-13 碼主要應用於零售包裝上，以供 POS 零售系統掃描結帳用，EAN-8 碼只有 8 位數字，是 EAN-13 碼的簡易版，應用於印刷面積較小的零售包裝上。EAN-8 碼與 EAN-13 碼一樣，只能使用數字 0~9，不能使用英文字母。

　　如圖 2-7 所示 EAN-8 碼，內含**左空白**、**起始碼**、**4 位左資料碼**、**中間碼**、**3 位右資料碼**、**檢查碼**、**終止碼**及**右空白**等共有 8 位數字碼。EAN-8 碼的左空白及右空白使用 7 個模組，邏輯值為 0000000；起始碼及終止碼使用 3 個模組，邏輯值為 101；中間碼使用 5 個模組，邏輯值為 01010；左資料碼固定使用圖 2-5(a)Type-A 碼，而右資料碼固定使用圖 2-5(c) Type-C 碼。

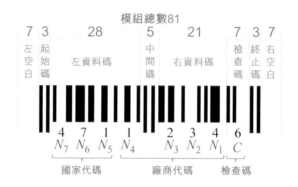

圖 2-7　EAN-8 碼

EAN-8 碼的檢查碼計算公式與 EAN-13 碼相同，計算公式如下：

$C_1=(N_1+N_3+N_5+N_7)×3+(N_2+N_4+N_6)$

$C=10-C_1$（個位數字）

以圖 2-7 所示 EAN-8 碼為例，檢查碼 C 計算如下：

$C_1=(4+2+1+4)×3+(3+1+7)=44$

$C=10-4=6$

▶ 動手做：製作一維條碼

　　一維條碼的製作軟體很多，本文介紹由「**TEC-IT 數據處理有限公司**」所提供的免費線上條碼製作軟體，所能支援的條碼相當豐富，輸入網址 http://barcode.tec-it.com/zh，進入官方首頁。

STEP 1

A・進入官網首頁後，在左側選單中有相當豐富的條碼可供選擇。點選「EAN/UPC」開始製作 EAN-13 碼。

STEP 2

A. 選擇製作 EAN-13 碼。

B. 在『數據』欄中輸入數據內容 471354657560，檢驗碼由系統自動計算產生不需輸入。

C. 按下「刷新」鈕產生新條碼。

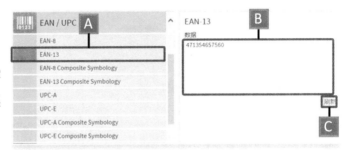

STEP 3

A. 按「下載」鈕，將 EAN-13 碼存檔，預設圖檔格式為 GIF。

B. 如果要更改條碼的寬度、解析度及圖檔格式等內容，可以按下工具鈕進行更改。

2-1-2 二維條碼

　　一維條碼是利用**水平方向**來編碼英文、數字等資訊，受限於條碼長度，只能標識商品名稱，無法詳細描述商品內容。另外，一維條碼必須連接網路來存取資料庫，取得更多的商品資訊，如果網路連接不容易或是沒有資料庫，則一維條碼就顯得毫無意義。在 80 年代，業界開始發展能儲存更多資訊的二維條碼，**二維條碼**是利用**水平及垂直**兩個方向來編碼商品資訊及內容。直到 90 年代，二維條碼的應用已經相當普及。如表 2-5 所示一維條碼與二維條碼的比較，二維條碼雖較一維條碼尺寸大，但二維條碼具有編碼內容多、編碼密度高、儲存容量高、除錯能力強、保密性高、解碼錯誤率低、抗污損性高及讀取正確率高等多項優點。

表 2-5　一維條碼與二維條碼的比較

項目	一維條碼	二維條碼
尺寸	小	大
儲存方向	水平	水平及垂直
編碼內容	文字、簡單符號	文字、圖片、聲音、影像等
編碼密度	低	高
儲存容量	15 個英文或數字	1850 個字母，500 個漢字
保密性	低	高，可加密
除錯能力	磨損即無法讀出	磨損 50%仍可讀出
抗污損性	無	有
解碼錯誤率	百萬分之二	千萬分之一
資訊儲存	資料庫 (不可追蹤)	產品中 (可追蹤)
尺寸及顏色	受限	不受限

二維條碼的種類很多，基本上可以分為**堆疊式二維條碼**及**矩陣式二維條碼**等兩種，說明如下：

一、堆疊式二維條碼

如圖 2-8 所示堆疊式二維條碼 Code 49 碼、Code16K 碼及 PDF417 碼等，其中**PDF417 碼是最早成為標準的商品條碼**。編碼方式是將一維條碼的高度變窄，再**堆疊多行**來增加儲存資訊。堆疊式二維條碼是由一維條碼中的 39 碼及 128 碼延伸變化而來，編碼原理與一維條碼大致相同，但必須使用不同的讀碼軟體及準確掃描，才能正確解碼。

圖(a) Code 49 碼

圖(b) Code16K 碼

圖(c) PDF417 碼

圖 2-8　堆疊式二維條碼

(一) PDF417 碼

1992 年，美國 Symbol Technologies 公司發明 PDF417 碼，PDF417 具有**容錯能力**，可以從受損的條碼中讀回完整的資料，其錯誤復原率最高可達 **50%**。如圖 2-9

所示 PDF417 碼，為了方便掃描，四周至少應有 0.02 吋（約 0.51mm）的靜空區。一個 PDF417 碼是由**起始碼、左標區、資料區、右標區**及**結束碼**等五個部份所組成，其中資料區中的每個字碼是由 17 個模組所組成，包含四個黑條與四個空白，每個黑條或空白最多使用 6 個模組。

圖(a) 組成

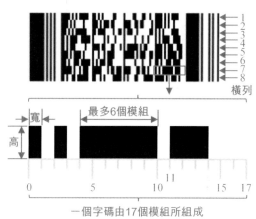

圖(b) 資料區結構

圖 2-9　PDF417 碼

▶ 動手做：製作 PDF417 碼

我們同樣使用「**TEC-IT 數據處理有限公司**」所提供的免費線上條碼製作軟體來製作堆疊式二維條碼 PDF417 碼，請輸入網址 http://barcode.tec-it.com/zh，進入官網首頁。

STEP 1

A・進入官網首頁後，在左側選單區中點選「二維條碼」開始製作 PDF417 碼。

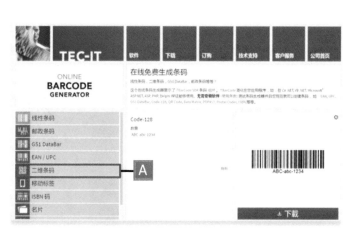

STEP 2

A · 選擇製作 PDF417 碼。

B · 在數據欄中輸入數據內容 This is a Arduino UNO。

C · 按下「刷新」鈕產生新條碼。

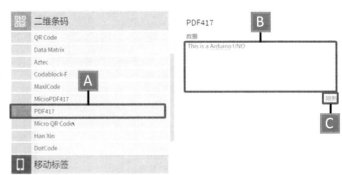

STEP 3

A · 按「下載」鈕，將 PDF417 碼存檔，預設圖檔格式為 GIF。

B · 如果要更改條碼的寬度、解析度、圖檔格式等內容，可以按下「工具鈕」進行更改。

二、矩陣式二維條碼

如圖 2-10 所示矩陣式二維條碼 DataMatrix 碼、MaxiCode 碼及 QR 碼等，其中以 **QR 碼應用最廣泛**。矩陣式二維條碼是以矩陣形式的**圓點、方點**或**其他形狀的點**所組成，在矩陣相對應元素位置上，以點表示二進位邏輯值『**1**』，不顯示表示二進位邏輯值『**0**』，利用點的排列組合來表示資訊內容。

圖(a) DataMatrix 碼

圖(b) MaxiCode 碼

圖(c) QR 碼

圖 2-10　矩陣式二維條碼

(一) QR 碼

1994 年，日本 DENSO WAVE 公司發明**快速回應碼**（Quick Response Code，簡記 **QR 碼**），使用者只須使用手機等行動裝置的照相鏡頭配合 App 軟體，就可以讀取 QR 碼的內容，因此又稱為**行動條碼**。QR 碼比一維條碼可以儲存更多的資訊，主要特色是儲存容量大（最大 7089 個數字）、編碼密度高（相同資料內容只須一維條碼的 10%面積）、快速多向性讀碼（每秒 30 個字元）、編碼範圍廣（不受限於英文、數字）、除錯能力強（最高 30% 錯誤還原率）。QR 碼最早的用途是方便汽車製造廠商用來追蹤零件，今日 QR 碼已經廣泛應用在各行各業的存貨管理、自動化文字傳輸、數位內容下載、網址快速連結、身分識別與商務交易等方面。

如圖 2-11 所示 QR 碼呈正方形，包含**版本資訊**、**格式資訊**、**資料與除錯碼訊息**、**所需圖塊樣式**及**非資訊區**等五大部份。其中版本資訊是用來指示 QR 碼的版本，共有 40 種不同版本的儲存密度，最小版本 1 儲存密度為 21×21 像素，每增一級，長寬各增加 4 像素，因此最大版本 40 的儲存密度為 177×177 像素。在 3 個角落形狀像『回』字的正方定位標記圖形 ▣，是用來幫助解碼軟體定位，使用者以任何角度掃描，**不需對準**就能正確讀取 QR 碼的內存資料。

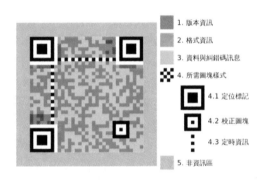

圖 2-11　QR 碼 (圖片來源：維基百科)

▶ 動手做：製作 QR 碼

本文所使用的 QR 碼軟體為 Google 推薦的**金揚資訊科技** QR 碼軟體 QuickMark，輸入網址 http://www.quickmark.com.tw 進入官網首頁。

STEP 1

A · 進入官網首頁後，點選「製作」
開始製作 QR 碼。

STEP 2

A · 選擇製作 QR Code 碼。

B · 選擇所要製作 QR Code 的資
訊內容，以「網頁書籤」為例。

STEP 3

A · 在標題欄中輸入標題名稱，本
例為「行動條碼網站」。

B · 在網址欄中輸入網址名稱
http://www.quickmark.com.tw

C · 按下 產生 鈕，產生 QR 碼。

STEP 4

A · 依所需的格式下載 QR 碼。

Version 5 (37×37 modules), Ecc M, 8bit (utf8) 檢視文字 ▼

2-2 認識 RFID

無線射頻辨識（Radio Frequency IDentification，簡記 RFID），又稱為**電子標籤**，為一種無線的辨識技術。如圖 2-12 所示 RFID 系統包含**天線**（antenna 或 coil）、**RFID 感應器**（reader）及 **RFID 標籤**（tag）等三個部份。

RFID 運作原理是利用 RFID 感應器發射無線電磁波產生射頻場域（RF-field），去觸動在感應範圍內的 RFID 標籤。RFID 標籤再藉由電磁感應產生電流，來供應 RFID 標籤上的 IC 晶片運作，並且利用電磁波回傳 RFID 標籤內存的**唯一識別碼**（Unique Identifier，簡記 **UID**）給 RFID 感應器來辨識。

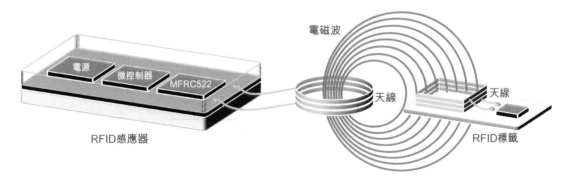

圖 2-12　RFID 系統

　　RFID 是一種**非接觸式**、**短距離**的自動辨識技術，RFID 感應器辨識 RFID 標籤完成後，會將資料傳到後端系統進行追蹤、統計、查核、結帳及存貨控制等處理。RFID 技術廣泛運用在各種行業中，如門禁管理、貨物管理、防盜應用、聯合票證、自動控制、動物監控追蹤、倉儲物料管理、醫療病歷系統、賣場自動結帳、員工身份辨識、生產流程追蹤、高速公路自動收費系統等。如表 2-6 所示條碼與 RFID 比較，RFID 具有小型化、多樣化、可穿透性、可重複使用及高環境適應性等優點。

表 2-6　條碼與 RFID 比較

特性	條碼	RFID
體積	較大	較小
穿透性	紅外線讀取不可穿透	電磁波讀取可以穿透
重覆使用	不可	可以
讀取數量	一次一個	可同時讀取多個
遠距讀取	需要光線	不需光線
資料容量	小	大
讀寫能力	只能讀取	重覆讀寫
讀取環境	污損即無法讀取	污損仍可以讀取
高速讀取	移動讀取受限	可移動讀取

　　如表 2-7 所示 RFID 頻率範圍，可分為**低頻**（LF）、**高頻**（HF）、**超高頻**（UHF）及**微波**（Microwave）等四種。低頻 RFID 主要應用於門禁管理，高頻 RFID 主要應用於智慧卡，而超高頻 RFID 暫不開放，主要應用於卡車或拖車追蹤等，微波 RFID 則應用於高速公路電子收費系統（Electronic Toll Collection，簡記 ETC）。超高頻 RFID 及微波 RFID 採用主動式標籤，通訊距離最長可達 10~50 公尺。

表 2-7　RFID 頻率範圍

頻帶	頻帶	常用頻率	通訊距離	傳輸速度	標籤價格	主要應用
低頻	9~150kHz	125kHz	≤10cm	低速	1 元	門禁管理
高頻	1~300MHz	13.56MHz	≤10cm	低中速	0.5 元	智慧卡
超高頻	300~1200MHz	433MHz	≥1.5m	中速	5 元	卡車追蹤
微波	2.45~5.80GHz	2.45GHz	≥1.5m	高速	25 元	ETC

2-2-1 RFID 感應器

RFID 感應器透過無線電波來存取 RFID 標籤上的資料。依其存取方式可以分為 RFID 讀取器及 RFID 讀寫器兩種。RFID 感應器內部組成包含**電源電路**、**天線**、**微控制器**、**發射器**及**接收器**等。發射器負責將訊號透過天線傳送給 RFID 標籤。接收器負責接收 RFID 標籤所回傳的訊號，並且轉交給微控制器處理。RFID 感應器除了可以讀取 RFID 標籤內容外，也可以將資料寫入 RFID 標籤中。依 RFID 感應器的功能可分成圖 2-13(a)所示手持型讀卡機、圖 2-13(b)所示固定型讀卡機及圖 2-13(c)遠距離讀卡機等三種機型，各有其用途。手持型讀卡機的機動性較高，但通訊距離較短、涵蓋範圍較小。固定型讀卡機的資料處理速度快、通訊距離較長、涵蓋範圍較大，但機動性較低。遠距離讀卡機價格最高，但通訊距離最長、涵蓋範圍最大，常應用於汽車門禁管理、高速公路 ETC 收費等系統。

| (a) 手持型讀卡機 | (b) 固定型讀卡機 | (c) 遠距離讀卡機 |

圖 2-13　RFID 感應器

2-2-2 RFID 標籤

如圖 2-14 所示 RFID 標籤，依其種類可以分成**貼紙型**、**卡片型**及**鈕扣型**等三種，貼紙型 RFID 標籤採用紙張印刷，常應用於物流管理、防盜系統、圖書館管理、供應鏈管理、ETC 收費系統等。卡片型及鈕扣型 RFID 標籤採用塑膠包裝，常應用於門禁管理及大眾運輸等。

| (a) 貼紙型 | (b) 卡片型 | (c) 鈕扣型 |

圖 2-14　RFID 標籤

如圖 2-15 所示 RFID 標籤內部電路，由**微晶片**（microchip）及**天線**所組成。微晶片儲存 UID 碼，而天線的功能是用來感應電磁波和傳送 RFID 標籤內存的 UID 碼。較大面積的天線，所能感應的範圍較遠，但所佔空間也相對較大。

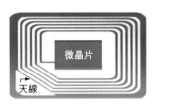

(a) 卡片型　　　　　　　　　　　　　(b) 鈕扣型

圖 2-15　RFID 標籤內部電路

RFID 標籤依其驅動能量來源可以分為**被動式、半主動式**及**主動式**三種，三者最大不同處是有沒有內置電源裝置，有內置電源裝置的 RFID 標籤傳輸距離較遠。

一、被動式 RFID 標籤

被動式 RFID 標籤本身沒有電源裝置，所需電流全靠 RFID 標籤上的線圈來感應 RFID 感應器所發出的無線電磁波，再利用**電磁感應原理**產生電流供電。只有在接收到 RFID 感應器所發出的訊號，才會『**被動**』回應訊號給感應器，因為感應電流較小，所以通訊距離較短。

二、半主動式 RFID 標籤

半主動式 RFID 標籤的規格類似於被動式，但是多了一顆**小型電池**，若 RFID 感應器所發出的訊號微弱，RFID 標籤還是有足夠的電流將內部記憶體的 UID 碼回傳給 RFID 感應器。半主動式 RFID 標籤，比被動式 RFID 標籤的反應速度更快、通訊距離更長。

三、主動式 RFID 標籤

主動式 RFID 標籤**內置電源**，用來供應內部 IC 晶片所需的電流，並且『**主動**』傳送訊號供感應器讀取，電磁波訊號較被動式 RFID 標籤強，因此通訊距離最長。另外，主動式 RFID 標籤有較大的記憶體容量可用來儲存 RFID 感應器所傳送的附加訊息。

2-3 認識 RFID 模組

常用的 RFID 模組有**低頻 RFID 模組**及**高頻 RFID 模組**兩種。低頻 RFID 模組使用 **125kHz** 低頻載波通訊，主要應用於門禁管理。高頻 RFID 模組使用 **13.56MHz** 高頻載波通訊，主要應用於智慧卡、門禁管理及員工身份辨識等，因為載波不同，所以**兩者無法通用**。

2-3-1 低頻 RFID 模組

如圖 2-16 所示為 Parallax 公司所生產 125kHz 低頻 RFID 模組，使用**標準串列通訊介面**，輸出 TTL 電位，工作電壓 5V，最大傳輸速率為 2400bps，通訊距離在 10 公分以內。使用 8 個資料位元、無同位元、1 個停止位元的 8N1 格式的通訊協定。低頻 RFID 模組所讀取的 RFID 標籤卡號包含**一個開始位元組**（0x0c=10）、**十個資料位元組**及**一個結束位元組**（0x0a=13）。

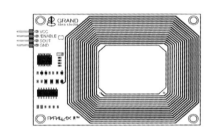

(a) 模組外觀 　　　　　　　　　　　　(b) 接腳圖

圖 2-16　低頻 RFID 模組

因為低頻 RFID 模組與 Arduino 控制板都是使用串列通訊介面來傳輸資料，必須設定其它數位腳當 RFID 模組的通訊埠，才不會造成無法上傳草稿碼的問題。

▶ 動手做：讀取低頻 RFID 標籤卡號電路

━ 功能說明

如圖 2-17 所示讀取低頻 RFID 標籤卡號電路接線圖，使用 Arduino 控制板配合 125kHz 低頻 RFID 讀卡機，讀取低頻 RFID 標籤卡號。當正確讀取到 RFID 標籤卡號時，蜂鳴器綠燈閃爍一次且產生 0.2 秒長嗶聲，同時將 10 位數的 RFID 標籤卡號顯示在 Arduino『序列埠監控視窗』中。

二 電路接線圖

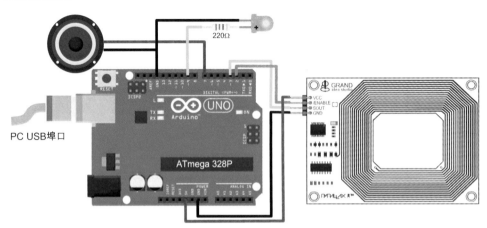

圖 2-17　讀取低頻 RFID 標籤卡號電路接線圖

三 程式：ch2-1.ino

```
#include <SoftwareSerial.h>          //使用 SoftwareSerial 函式庫。
SoftwareSerial mySerial(3,4);        //設定 D3 為 RX，連接至 RFID 讀卡機的 SOUT
const int enable=2;                  //D2 連接至 RFID 讀卡機的 ENABLE 腳。
const int speaker=7;                 //D7 連接至蜂鳴器。
const int led=9;                     //D9 連接至綠色 LED。
char tag[10];                        //10 位數 RFID 標籤卡號。
int index=0;                         //卡號索引值。
//初值設定
void setup()
{
    mySerial.begin(2400);            //初始化 RFID 讀卡機，速率為 2400bps。
    Serial.begin(9600);              //設定序列埠傳輸速率為 9600bps。
    pinMode(enable,OUTPUT);          //設定 D2 為輸出。
    pinMode(led,OUTPUT);             //設定 D9 為輸出。
    digitalWrite(enable,LOW);        //致能 RFID 讀卡機。
}
//主迴圈
void loop()
{
    if(mySerial.available()>0)       //RFID 讀卡機已接收到 RFID 標籤卡號?
    {
```

PC USB埠口

```
    if(mySerial.read()==10)                //卡號的開始位元"10"？
    {
        index=0;                           //清除索引值。
        while(index<10)                    //讀完10位數RFID卡號？
        {
            if(mySerial.available()>0)  //讀取到RFID卡號？
            {
              tag[index]=mySerial.read();//讀取並儲存1位數RFID卡號。
              index++;                     //繼續讀取下一位數RFID卡號。
            }
        }
        Serial.print("RFID tag is: ");     //顯示RFID卡號。
        Serial.println(tag);
        tone(speaker,1000);                //產生1kHz嗶聲。
        digitalWrite(led,HIGH);            //點亮LED。
        delay(200);                        //延遲0.2秒。
        noTone(speaker);                   //關閉聲音。
        digitalWrite(led,LOW);             //關閉LED。
        digitalWrite(enable,HIGH);         //除能RFID讀卡機。
        delay(3000);                       //等待3秒後再讀取。
        digitalWrite(enable,LOW);          //致能RFID讀卡機。
    }
  }
}
```

延伸練習

1. 如圖 2-18 所示大樓門禁管理系統電路接線圖,使用 Arduino 控制板配合低頻 RFID 讀卡機讀取住戶的 RFID 標籤卡號。當所讀取的 RFID 標籤卡號正確時,綠燈閃爍一次且蜂鳴器產生 0.2 秒長嗶聲;當所讀取的 RFID 標籤卡號錯誤時,紅燈閃爍兩次且蜂鳴器產生 50 毫秒短嗶聲兩次。所讀取的 RFID 標籤卡號會顯示在 Arduino『序列埠監控視窗』中。(ch2-1A.ino)

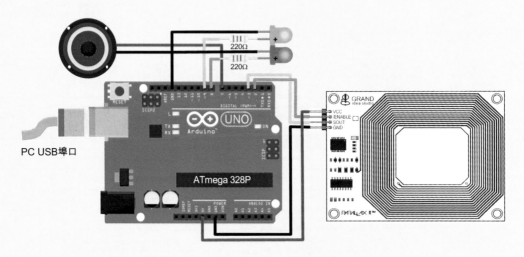

圖 2-18　大樓門禁管理系統電路接線圖

2. 如圖 2-19 所示大門電磁鎖電路接線圖,將其與圖 2-18 組合。當所讀取的 RFID 標籤卡號正確時,可同時開啟陰極電磁鎖(所謂陰極電磁鎖是指未通電時上鎖,通電時則開鎖)。陰極電磁鎖的工作電流較大,所以需要外加穩定而且額定電流足夠的直流電源才能正常工作。

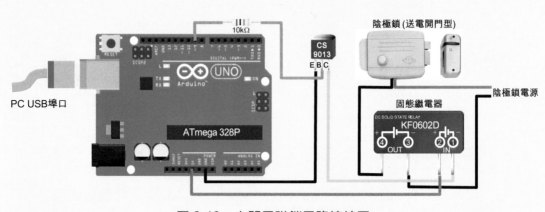

圖 2-19　大門電磁鎖電路接線圖

2-3-2 串列式 LCD 模組

　　數位系統的通訊傳輸介面主要可以分為**並列介面**及**串列介面**兩種。並列介面一次可以傳輸一位元組或更多位元組的資料，而串列介面一次只能傳輸一位元的資料。雖然並列介面的傳輸速度比串列介面快，但是在長距離傳輸時，並列介面的線路費用較高，線路阻抗匹配不易、而且雜訊干擾的問題也比較大。對於 I/O 腳位數有限的 Arduino 控制板而言，使用串列介面是最佳的選擇。常用的串列介面有通用非同步串列介面（Universal Asynchronous Receiver Transmitter，簡記 **UART**）、積體電路匯流排（Inter-Integrated Circuit，簡記 **I2C**）及串列周邊介面匯流排（Serial Peripheral Interface Bus，簡記 **SPI**）等三種。

　　串列式 LCD 模組是在原有的並列式 LCD 模組上再增加一個 UART 或 I2C 串列介面，因此與並列式 LCD 模組使用相同的 HD44780 晶片及控制方法。如同並列式 LCD 模組一樣，串列式 LCD 模組也具有調整背光及對比的功能。

一、UART 串列式 LCD 模組

　　如圖 2-20 所示 Parallax 公司所生產的 UART 串列式 LCD 模組，使用 UART 串列介面，可以顯示 2 列×16 字元。如圖 2-20(b)所示，利用 LCD 背面的二位元指撥開關 SW1、SW2 可以設定 2400bps、9600bps、19200bps 等三種模式的傳輸速率，在 Test 模式下 LCD 顯示如圖 2-20(a)所示字串。另外，在指撥開關的右方有一個電位器可以用來調整 LCD 的顯示對比（contrast）。

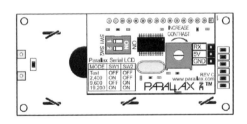

(a) 模組外觀　　　　　　　　　　(b) 背面接腳

圖 2-20　UART 串列式 LCD 模組 (圖片來源:www.parallax.com)

　　UART 串列式 LCD 模組包含 5V、GND 及 RX 等三支接腳，使用**單位元組指令**來控制 LCD，因此最多有 256 個指令。常用的指令有『顯示控制指令』、『游標控制指令』及『自建字元指令』等三種，分別說明如下：

（一）顯示控制指令

如表 2-8 所示 UART 串列式 LCD 模組顯示控制指令，在正常工作下的 LCD 可以顯示 0x20~0x7F 的 ASCII 字元。我們也可以利用背光開關指令、顯示器開關指令、游標開關指令及游標閃爍指令來產生不同的變化效果。

表 2-8　顯示控制指令

十進(Dec)	十六進(Hex)	動作 (Action)
17	0x11	開啟背光。
18	0x12	關閉背光(預設值)。
21	0x15	關閉顯示器。不會清除所顯示的內容。
22	0x16	開啟顯示器，游標不顯示且不閃爍。
23	0x17	開啟顯示器，游標不顯示但會閃爍。
24	0x18	開啟顯示器，游標顯示但不閃爍 (預設值)。
25	0x19	開啟顯示器，游標顯示且閃爍。
32~127	0x20~0x7F	顯示 ASCII 字元。

（二）游標控制指令

當輸入 0x20~0x7F 的 ASCII 字元給 LCD 模組時，LCD 模組會在游標所在位置顯示該字元，並且將游標移到下一行。我們也可以使用表 2-9 所示游標控制指令來改變游標的位置。

表 2-9　游標控制指令

十進(Dec)	十六進(Hex)	動作 (Action)
8	0x08	游標向左移一行，列位置不變。此指令不會刪除原有的字元。
9	0x09	游標向右移一行，列位置不變。此指令不會刪除原有的字元。
10	0x0A	游標向下移一列(Feed)，行位置不變。
12	0x0C	游標移至第 0 列第 0 行(Form Feed)，並且清除 LCD 所有顯示字元。
13	0x0D	游標回歸(Carriage Return)至第 0 行，如果原先游標在第 0 列，則回到第 1 列第 0 行，如果原先游標在第 1 列，則回到第 0 列第 0 行。
128~143	0x80~0x8F	設定游標位置在第 0 列的第 0 行~第 15 行 (如圖 2-21 所示)。
148~163	0x94~0xA3	設定游標位置在第 1 列的第 0 行~第 15 行 (如圖 2-21 所示)。

如圖 2-21 所示 LCD 游標位置與控制指令的關係，控制指令 128~143 可以設定游標位置在第 0 列的第 0 行~第 15 行，而控制指令 148~163 可以設定游標位置在第 1 列的第 0 行~第 15 行。

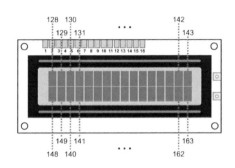

圖 2-21　游標位置與控制指令的關係 (圖片來源:www.parallax.com)

(三) 自建字元指令

如表 2-10 所示 UART 串列式 LCD 模組自建字元指令，最多可以自行定義 8 個 5×7 字型。定義自建字元指令為 0xF8~0xFF，而且**在定義自建字元指令後，必須再連續輸入 8 位元組的字型資料給 LCD 模組**。指令 0x00~0x07 可以顯示自建字元。

表 2-10　自建字元指令

十進(Dec)	十六進(Hex)	動作 (Action)
0	00	顯示自建字元 0
1	01	顯示自建字元 1
2	02	顯示自建字元 2
3	03	顯示自建字元 3
4	04	顯示自建字元 4
5	05	顯示自建字元 5
6	06	顯示自建字元 6
7	07	顯示自建字元 7
248	F8	定義自建字元 0，此指令後必須連續輸入 8 位元組字型資料。
249	F9	定義自建字元 1，此指令後必須連續輸入 8 位元組字型資料。
250	FA	定義自建字元 2，此指令後必須連續輸入 8 位元組字型資料。
251	FB	定義自建字元 3，此指令後必須連續輸入 8 位元組字型資料。

十進(Dec)	十六進(Hex)	動作 (Action)
252	FC	定義自建字元 4，此指令後必須連續輸入 8 位元組字型資料。
253	FD	定義自建字元 5，此指令後必須連續輸入 8 位元組字型資料。
254	FE	定義自建字元 6，此指令後必須連續輸入 8 位元組字型資料。
255	FF	定義自建字元 7，此指令後必須連續輸入 8 位元組字型資料。

▶ 動手做：在 UART 串列式 LCD 上顯示字元

一 功能說明

　　如圖 2-23 所示 UART 串列式 LCD 顯示電路接線圖，使用 Arduino 控制板配合 UART 串列式 LCD 模組，顯示如圖 2-22 所示畫面。通電後開啟 LCD 模組的背光源，在第 0 列顯示『Hello, World!』，在第 1 列顯示『I ♥ Arduino UNO.』。愛心符號『♥』為自建字元，必須在程式中定義。

圖 2-22　UART 串列式 LCD 顯示字元

二 電路接線圖

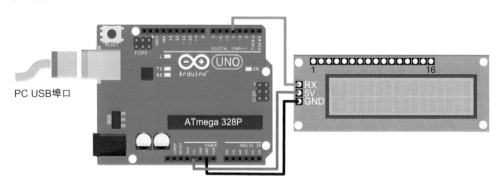

圖 2-23　UART 串列式 LCD 顯示電路接線圖

三 程式： ch2-2.ino

```
#include <SoftwareSerial.h>          //使用 SoftwareSerial 函式庫。
SoftwareSerial mySerial(3,4);        //設定 D4 為 TX，連接至 LCD 的 RX 腳
int heart[8]={0x0,0xa,0x1f,0x1f,0xe,0x4,0x0};   //自建字型『♥』。
//初值設定
void setup() {
  mySerial.begin(2400);              //設定串列式 LCD 傳輸速率 2400bps。
  delay(100);                        //延遲 0.1 秒。
  setFont(0,heart);                  //定義自建字元。
  mySerial.write(12);                //清除 LCD。
  mySerial.write(17);                //開啟 LCD 背光。
  delay(5);                          //延遲 5 毫秒。
  mySerial.write(22);                //開啟 LCD，游標不顯示、不閃爍。
  setPosition(0,0);                  //設定座標在第 0 列第 0 行。
  mySerial.write("Hello, World!");   //顯示第 0 列資料。
  setPosition(1,0);                  //設定座標在第 1 列第 0 行。
  mySerial.write("I ");              //顯示第 1 列資料。
  mySerial.write(byte(0));           //顯示自建字元。
  mySerial.write(" Arduino UNO.");   //顯示字串。
}
//主迴圈
void loop()
{}
//設定 LCD 座標
void setPosition(int row,int col){
  int pos=row*20+col+128;            //計算 LCD 座標。
  mySerial.write(pos);               //設定 LCD 座標。
}
//定義自建字元
void setFont(int adress,int font[]){
  mySerial.write(248+adress);        //定義自建字元 0。
  for(int i=0;i<8;i++)               //連續輸入 8 位元組字型資料。
  {
      mySerial.write(font[i]);       //寫入字型資料。
  }
}
```

延 伸 練 習

1. 如圖 2-24 所示大樓門禁管理系統電路接線圖，使用 Arduino 控制板配合低頻 RFID 讀卡機及 UART 串列式 LCD 模組。當所讀取的 RFID 標籤卡號正確時，綠燈閃爍一次且蜂鳴器產生 0.2 秒長嗶聲一次，同時將卡號顯示在 LCD 上。當所讀取的 RFID 標籤卡號錯誤時，紅燈閃爍兩次且蜂鳴器產生 50 毫秒短嗶聲兩次。(ch2-2A.ino)

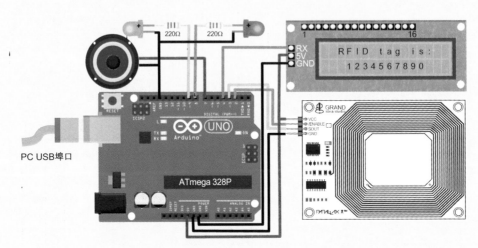

圖 2-24　大樓門禁管理系統電路接線圖

二、I2C 串列式 LCD 模組

　　如圖 2-25 所示 I2C 串列式 LCD 模組，使用 I2C 串列介面，可以顯示 2 列×16 字元。I2C 串列式 LCD 模組是在圖 2-25(a)所示並列式 LCD 模組上，再增加一個如圖 2-25(b)所示 I2C 轉並列介面模組。I2C 轉並列介面模組使用 Philips 公司所生產的 PCF8574 晶片，可以將 I2C 介面轉換成 8 位元並列介面，工作電壓 2.5V~6V，待機電流 10μA。PCF8574 晶片的 I2C 介面相容多數的微控制器，而其輸出電流可以直接驅動 LCD。在圖 2-25(b)所示 I2C 轉並列介面模組的左側短路夾可以控制 LCD 模組背光的開（ON）與關（OFF），右方電位器可以調整 LCD 模組的顯示明暗對比。

(a) 並列式 LCD 模組　　　　　　　　(b) I2C 轉並列介面模組

圖 2-25　I2C 串列式 LCD 模組

I2C 串 列 式 LCD 模 組 所 需 的 函 式 庫 可 以 到 Arduino 官 方 網 站 http://playground.arduino.cc/Code/LCDi2c 下載。進入 Arduino 官方網站後，可以看到如圖 2-26 所示畫面，下載壓縮檔 LiquidCrystal_I2C.ZIP 至本機 Arduino IDE 的 libraries 資料夾中。

Display	Compliant	Library	BL-EN-RW-RS-D4-D5-D6-D7
web4robot.com	F E	LCDi2cW	i2c
robot-electronics	F E	LCDi2cR	i2c
newhaven display	F E	LCDi2cNHD	i2c
Matrix Orbital LK162-12	F E	LCDi2c-LK162-12	i2c
Generic CN type 1 PCF8574 (mjkdz)	F E	LiquidCrystal_I2C.zip	7-4-5-6-0-1-2-3
Generic ST7036 driver - NHD-C0220BiZ	F E	ST7036	i2c
Generic CN type 2 PCF8574 (black)	F E	LiquidCrystal_I2C	3-2-1-0-4-5-6-7

圖 2-26　下載 I2C 串列式 LCD 模組函式庫

進入如圖 2-27 所示 Arduino IDE 軟體後，選擇【草稿碼】【匯入程式庫】【加入.ZIP 程式庫…】， LiquidCrystal_I2C 程式庫自動解壓縮並且加入 Arduino IDE 中。

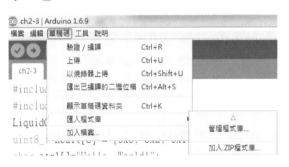

圖 2-27　匯入 LiquidCrystal_I2C 程式庫

在使用 LiquidCrystal_I2C 函式庫內的函式功能前，必須先利用 LiquidCrystal_I2C 函式庫建立一個 LiquidCrystal_I2C 資料型態的物件 lcd，物件的名稱可以任意更改。所建立的物件 lcd 內容包含 I2C 介面的**位址 addr**、**行數 cols** 及**列數 rows** 等三個參數，其中 I2C 介面的位址出廠設定為 0x27 不可更改，cols 為 LCD 的總行數，而 rows 為 LCD 的總列數。

格式：LiquidCrystal_I2C　lcd(addr,cols,rows)

範例：LiquidCrystal_I2C　lcd(0x27,16,2)　　　//宣告 16 行 2 列的 lcd 物件

　　如表 2-11 所示為 I2C 串列式 LCD 模組函式功能說明，基本使用方法與並列式 LCD 模組所使用的函式大致相同，可以參考 Arduino 官網上並列式 LCD 模組的相關說明。官網位址：https://www.arduino.cc/en/Reference/LiquidCrystal

表 2-11　I2C 串列式 LCD 模組函式功能說明

函式名稱	動作（Action）
Init()	初始化，初始化 LCD 及函式庫函式，清除顯示器。
setCursor(col,row)	設定 LCD 游標位置，列（row）範圍 0~3，行（col）範圍 0~19。
print(val)	顯示字元，一次只能顯示一個字元。
clear()	清除顯示器內容。設定游標位置在第 0 列第 0 行。
home()	設定游標位置在第 0 列第 0 行，但不會改變 RAM 內容。
backlight()	開啟 LCD 背光。
noBacklight()	關閉 LCD 背光。
display()	開啟 LCD 顯示器。
noDisplay()	關閉 LCD 顯示器，但不會改變 RAM 內容。
cursor()	顯示線型（line）游標。
noCursor()	不顯示線型（line）游標。
blink()	顯示閃爍（blink）塊狀游標
noBlink()	不顯示閃爍（blink）塊狀游標
scrollDisplayLeft()	顯示器向左捲動一行，但不會改變 RAM 內容。
scrollDisplayRight()	顯示器向右捲動一行，但不會改變 RAM 內容。
leftToRight()	設定寫入 LCD 的文字方向為由左至右。
rightToLeft()	設定寫入 LCD 的文字方向為由右至左。
autoscroll()	設定 LCD 在輸入文字前都會自動捲動一行。若目前顯示文字的方向是由左而右，則執行 autoscroll()函式後，會自動先向左捲動一行後再顯示文字。若目前顯示文字的方向是由右而左，則執行 autoscroll()函式後，會自動先向右捲動一行後再顯示文字。簡單來說，autoscroll()函式是不會改變游標位置，只是改變顯示字元的位置。
noAutoscroll()	停止自動捲動功能。
creatChar(location,string)	定義自建字元 location=0~7，字型資料 string 共有 8 個位元組。

▶ 動手做：在 I2C 串列式上顯示字元

一 功能說明

如圖 2-29 所示 I2C 串列式 LCD 顯示電路接線圖，使用 Arduino 控制板配合 I2C 串列式 LCD 模組，顯示如圖 2-28 所示畫面。通電後開啟 LCD 模組的背光源，在第 0 列顯示字串『Hello, World!』，在第 1 列顯示字串『I ♥ Arduino UNO.』。

圖 2-28　I2C 串列式 LCD 顯示字元

二 電路接線圖

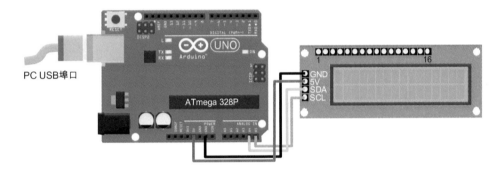

圖 2-29　I2C 串列式 LCD 顯示電路接線圖

三 程式：💿 ch2-3.ino

```
#include <Wire.h>                        //使用 Wire 函式庫。
#include <LiquidCrystal_I2C.h>           //使用 LiquidCrystal_I2C 函式庫。
LiquidCrystal_I2C lcd(0x27,16,2);        //初始化 I2C 介面 LCD。
uint8_t heart[8]={0x0,0xa,0x1f,0x1f,0xe,0x4,0x0};//定義愛心符號『♥』。
char str1[]="Hello, World!";             //LCD 模組的第 0 列顯示字串。
char str2[]=" Arduino UNO.";             //LCD 模組的第 1 列顯示字串。
//初值設定
void setup()
{
```

```
    lcd.init();                          //初始化 LCD。
    lcd.backlight();                     //開啟背光。
    lcd.createChar(0,heart);             //自建字元 0 為愛心符號『♥』。
    lcd.setCursor(0,0);                  //設定 LCD 座標在第 0 列第 0 行。
    printStr(str1);                      //顯示字串 str1。
    lcd.setCursor(0,1);                  //設定 LCD 座標在第 1 列第 0 行。
    lcd.print("I");                      //顯示字元『I』。
    lcd.print(" ");                      //空一格。
    lcd.write(0);                        //顯示自建字元 0 的愛心符號『♥』。
    printStr(str2);                      //顯示字串 str2。
}
//主迴圈
void loop()
{}
//LCD 顯示字串函式
void printStr(int size,char *str)
{
    int i=0;                             //陣列索引指標。
    while(str[i]!='0')                   //字串結尾?
    {
        lcd.print(str[i]);               //顯示字元。
        i++;                             //字串的下一個字元。
    }
}
```

延 伸 練 習

1. 如圖 2-30 所示大樓門禁管理系統電路接線圖，使用 Arduino 控制板配合低頻 RFID 讀卡機及 I2C 串列式 LCD。當所讀取的 RFID 標籤卡號正確時，綠燈閃爍一次且蜂鳴器產生 0.2 秒長嗶聲一次，同時將卡號顯示在 LCD 上；當所讀取的 RFID 標籤卡號錯誤時，紅燈閃爍兩次且蜂鳴器產生 50 毫秒短嗶聲兩次。

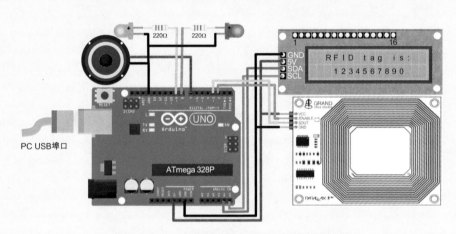

圖 2-30　大樓門禁管理系統電路接線圖

2-3-3 高頻 RFID 模組

　　如圖 2-31 所示市售 13.56MHz 高頻 RFID 模組，使用恩智浦（NXP）半導體公司所生產的晶片 MFRC522，支援 UART、I2C、SPI 等多種串列介面。**多數的 RFID 模組以使用 SPI 介面居多**，因此支援 SPI 介面的函式庫也較容易取得。

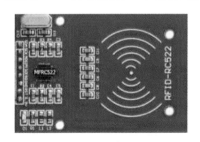

(a) 模組外觀

(b) 接腳圖

圖 2-31　高頻 RFID 模組

　　高頻 RFID 模組（proximity coupling device，簡記 **PCD**）可以經由感應方式來讀取非接觸式 Mifare 卡（proximity `ated circuit card，簡記 **PICC**）。Mifare 卡是 NXP 公司在非接觸式 IC 智慧卡領域的註冊商標，使用 ISO/IEC 14443-A 標準。Mifare 卡使用簡單、技術成熟、性能穩定、安全性及保密性高、內存容量大，是目前世界上使用量最大的非接觸式 IC 智慧卡。在 Mifare 卡內有一組唯一識別碼（Unique Identifier，簡記 **UID**）可以作為電子錢包、大樓門禁、大眾運輸、差勤考核、借書證等識別用途。

　　高頻 RFID 模組使用 SPI 通訊介面，輸出 TTL 電位，工作電壓 3.3V，最大傳輸速率 10Mbps，感應距離為 0~10 公分。高頻 RFID 模組所需函式庫可至官網首頁 https://github.com/ljos/MFRC522 下載。進入如圖 2-32 所示官方網站後，按右方的下拉鍵 `Clone or download ▼`，開啟下拉視窗後再點選 `Download ZIP`，開始下載壓縮檔 MFRC522.ZIP。下載完成後再將其加入 Arduino IDE 的 libraries 資料夾中。

圖 2-32　高頻 RFID 模組函式庫

▶ 動手做：讀取高頻 RFID 標籤卡號電路

━ 功能說明

　　如圖 2-33 所示讀取高頻 RFID 標籤電路接線圖，使用 Arduino 控制板配合 13.56MHz 高頻 RFID 讀卡機。當正確讀取到標籤卡號時，蜂鳴器產生短嗶聲，同時將標籤卡號顯示在 Arduino『序列埠監控視窗』中。

二 電路接線圖

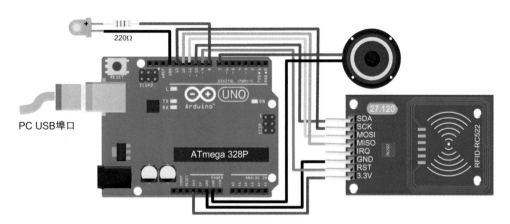

PC USB埠口

圖 2-33 讀取高頻 RFID 標籤電路接線圖

三 程式：💿 ch2-4.ino

```
#include <SPI.h>                          //使用 SPI 函式庫。
#include <MFRC522.h>                      //使用 MFRC522 函式庫。
const int speaker=7;                      //數位腳 D7 連接至蜂鳴器。
const int led=8;                          //數位腳 D8 連接至 LED。
const int RST_PIN=9;                      //數位腳 D9 連接至 RFID 讀卡機的 RST 腳。
const int SS_PIN=10;                      //數位腳 10 連接至 RFID 讀卡機的 SDA 腳
int i;                                    //整數變數 i。
MFRC522 rfid(SS_PIN,RST_PIN);             //初始化 RFID 讀卡機。
//初值設定
void setup()    {
   Serial.begin(9600);                    //初始化 Arduino 序列埠，速率為 9600bps
   SPI.begin();                           //初始化 SPI 介面。
   rfid.PCD_Init();                       //初始化 RFID 讀卡機。
   pinMode(led,OUTPUT);                   //設定 D8 為輸出腳。
   digitalWrite(led,LOW);                 //關閉 LED。
}
//主迴圈
void loop(){
   if(rfid.PICC_IsNewCardPresent())    //感應到 RFID 卡片？
   {
      if(rfid.PICC_ReadCardSerial()) //已讀取到 RFID 卡號？
```

```
    {
        int size=rfid.uid.size;              //RFID卡號長度。
        for(i=0;i<size;i++)                  //讀取RFID卡號並顯示。
        {
            Serial.print(rfid.uid.uidByte[i],HEX);  //顯示一位UID卡號。
            Serial.print(" ");              //空一格。
        }
        Serial.println("");                  //換列。
        tone(speaker,1000);                  //發出1000kHz嗶聲。
        digitalWrite(led,HIGH);              //點亮led。
        delay(200);                          //延遲0.2秒。
        noTone(speaker);                     //關閉聲音。
        digitalWrite(led,LOW);               //關閉led。
    }
    rfid.PICC_HaltA();                       //讀卡機進入待機狀態,避免重覆讀取。
    delay(1000);                             //延遲1秒。
    }
}
```

延 伸 練 習

1. 如圖 2-34 所示大樓門禁管理系統電路接線圖,使用 Arduino 控制板配合高頻 RFID 讀卡機及 I2C 串列式 LCD。當所讀取的 RFID 標籤卡號正確時,綠燈閃爍一次且蜂鳴器產生 0.2 秒長嗶聲一次,同時將卡號顯示在 LCD 上。當所讀取的 RFID 標籤卡號錯誤時,紅燈閃爍兩次且蜂鳴器產生 50 毫秒短嗶聲兩次。(ch2-4A.ino)

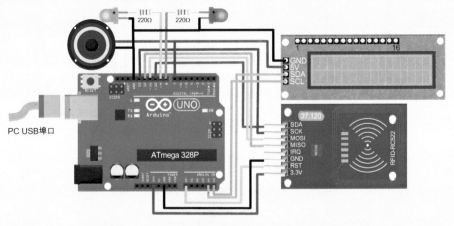

圖 2-34　大樓門禁管理系統電路接線圖

▶動手做：大樓門禁管理系統

一 功能說明

　　如圖 2-35 所示大樓門禁管理系統電路接線圖，使用 Arduino 控制板配合高頻 RFID 讀卡機及 I2C 串列式 LCD 模組。當所讀取的 RFID 標籤卡號正確時，綠燈閃爍一次且蜂鳴器產生 0.2 秒長嗶聲一次，同時將 RFID 標籤卡號顯示在 LCD 上。當所讀取的 RFID 標籤卡號錯誤時，紅燈閃爍兩次且蜂鳴器產生 50 毫秒短嗶聲兩次。

二 電路接線圖

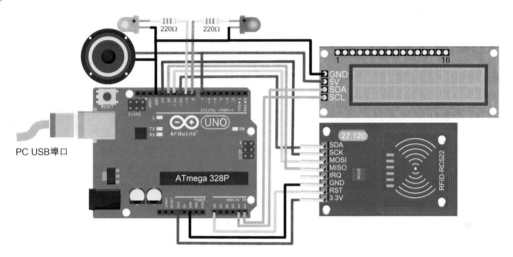

圖 2-35　大樓門禁管理系統電路接線圖

三 程式：💿 ch2-5.ino

```
#include <SPI.h>                      //使用 SPI 函式庫。
#include <Wire.h>                     //使用 Wire 函式庫。
#include <MFRC522.h>                  //使用 MFRC522 函式庫。
#include <LiquidCrystal_I2C.h>        //使用 LiquidCrystal_I2C 函式庫。
LiquidCrystal_I2C lcd(0x27,16,2);     //設定 LCD 位址，使用 16 行 2 列 LCD 模組。
const int speaker=7;                  //數位腳 D7 連接蜂鳴器。
const int Rled=8;                     //數位腳 D8 連接紅燈。
const int Gled=9;                     //數位腳 D9 連接綠燈。
const int RST_PIN=A0;                 //MFRC522 晶片重置腳。
const int SS_PIN=10;                  //SPI 介面 NSS 腳。
```

```
int i;                              //整數變數。
char str[]="RFID tag is:";          //顯示字串
MFRC522 rfid(SS_PIN,RST_PIN);       //設定 RFID 模組使用腳位。
int index=0;                        //卡號索引值。
const int number=4;                 //設定會員數。
int serialNum=-1;                   //會員編號。
byte card[number][4]={              //設定會員卡號。
        {0x8C,0xAE,0xEA,0x84},{0x79,0xEA,0xE9,0x84},
        {0x96,0x70,0xE9,0x84},{0x5D,0x2F,0xEA,0x84}};
void compTag(void);                 //比對會員卡號。
//初值設定
void setup()
{
    Serial.begin(9600);             //初始化序列埠。
    SPI.begin();                    //初始化 SPI 介面。
    rfid.PCD_Init();                //初始化 RFID 模組。
    lcd.init();                     //初始化 I2C 串列式 LCD。
    lcd.backlight();                //開啟 LCD 背光。
    lcd.setCursor(0,0);             //設定 LCD 座標在第 0 行第 0 列。
    printStr(str);                  //顯示字串 str。
    pinMode(Gled,OUTPUT);           //設定 D8 為輸出埠。
    pinMode(Rled,OUTPUT);           //設定 D9 為輸出埠。
}
//主迴圈
void loop()
{
    if(rfid.PICC_IsNewCardPresent())    //感應到 Mifare 卡?
    {
        if(rfid.PICC_ReadCardSerial())  //已讀到 Mifare 卡的卡號?
        {
            lcd.setCursor(0,1);         //設定 LCD 座標在第 0 行第 1 列。
            int size=rfid.uid.size;     //讀取 Mifare 卡號長度。
            for(i=0;i<size;i++)         //將 Mifare 卡的卡號顯示在 LCD 上。
            {
                Serial.print(rfid.uid.uidByte[i],HEX);  //顯示卡號。
                Serial.print(" ");
                lcd.print(rfid.uid.uidByte[i]/16,HEX);  //LCD 顯示卡號。
```

```
                    lcd.print(rfid.uid.uidByte[i]%16,HEX);
                    lcd.print(" ");
                }
            Serial.println("");         //卡號間空一格。
            compTag();                  //比較已讀取的卡號是否為會員?
        }
        rfid.PICC_HaltA();              //進入停止模式，避免重覆讀取。
        delay(1000);                    //延遲1秒。
    }
}
//LCD顯示字串
void printStr(char *str)
{
    int i=0;                            //矩陣索引指標。
    while(str[i]!='0')                  //字串結尾?
    {
        lcd.print(str[i]);              //顯示字元。
        i++;                            //字串的下一個字元。
    }
}
//卡號比對函式
void compTag(void)                      //比較函數
{
    int exact;                          //旗標
    int i,j;
    serialNum=-1;
    for(i=0;i<number;i++)               //比對所有會員卡號。
    {
        exact=1;                        //假設所讀取的卡號是會員。
        for(j=0;j<4;j++)                //比對會員卡號。
        {
            if(rfid.uid.uidByte[j]!=card[i][j])  //卡號相同?
            exact=0;                    //卡號不同，設定exact=0
        }
        if(exact==1)                    //卡號相同?
            serialNum=i;                //記錄會員編號。
    }
```

```
    if(serialNum>=0)                        //是會員?
    {
        digitalWrite(Gled,HIGH);            //綠燈閃爍一下。
        digitalWrite(Rled,LOW);             //紅燈不亮。
        tone(speaker,1000);                 //長嗶聲一次。
        delay(200);
        digitalWrite(Gled,LOW);
        digitalWrite(Rled,LOW);
        noTone(speaker);
    }
    else                                    //不是會員。
    {
        for(i=0;i<2;i++)
        {
            digitalWrite(Gled,LOW);     //綠燈不亮。
            digitalWrite(Rled,HIGH);    //紅燈閃爍二下。
            tone(speaker,1000);         //短嗶聲二次。
            delay(50);
            digitalWrite(Gled,LOW);
            digitalWrite(Rled,LOW);
            noTone(speaker);
            delay(50);
        }
    }
}
```

2-4 認識 NFC

　　近場通訊（Near Field Communication，簡記 NFC）又稱為**近距離無線通訊**，是一種短距離的高頻無線通訊技術，可以讓裝置之間在 10 公分範圍內進行非接觸式點對點資料傳輸，有 106kbit/s、212kbit/s 及 424kbit/s 等三種傳輸速率，未來可以提高到 848kbit/s 以上。NFC 是由 NXP、Nokia 及 SONY 等三家國際大廠所共同研發，以 RFID 技術為基礎所演變而來，但 **RFID 只具有單向辨識的技術，而 NFC 則具有雙向辨識的技術**。

如表 2-12 所示 NFC、RFID、IrDA、Bluetooth 的特性比較，NFC 較 RFID 傳輸
距離短是為了提高行動支付的保密性與安全性。相較於其它無線通訊如藍牙、紅外
線、Wi-Fi 等，NFC 只需以**實體的輕觸動作**就可以產生虛擬的連線，具有建立連線速
度快、保密性高、功率消耗低、成本低、干擾小及使用簡單等優點。

表 2-12　NFC、RFID、IrDA、Bluetooth 的特性比較

特性	NFC	RFID	IrDA	Bluetooth
協會 logo				
網路類型	點對點	點對點	點對多	點對多
傳輸方向	雙向	單向	單向	雙向
通訊標準	ISO/IEC 18092	ISO/IEC 14443A	各廠自訂	IEEE 802.15.1x
傳輸媒介	電磁波	電磁波	紅外線	電磁波
保密性	最高	高	低	低
晶片成本	低	低	中	高
傳輸速度	≤424Kbps	≤10Mbps	≤4Mbps	≤1Mbps
載波頻率	13.56MHz	125KHz/3.56MHz 2.45GHz	38KHz	2.4GHz
傳輸距離	≤10cm	10cm~100m	≤2m	≤100m

2-4-1 NFC 的工作模式

市售多數的 NFC 模組都是使用 NXP 半導體的 PN532 晶片，是一個使用 80C51
核心、13.56MHz 射頻載波的非接觸式通訊收發晶片。如表 2-13 所示 PN532 晶片支
援**讀寫模式**（Reader/Writer mode）、**卡片模式**（Card mode）及**點對點模式**（P2P mode）
等三種工作模式。

表 2-13　PN532 的工作模式

工作模式	規範標準
讀寫模式（Reader/Writer mode）	ISO/IEC 14443A/Mifare，14443B，FeliCa
卡片模式（Card mode）	ISO/IEC 14443A/Mifare，FeliCa
點對點模式（P2P mode）	ISO/IEC 18092，ECMA 340

一、讀寫模式

NFC 讀寫模式功能如同非接觸式 RFID 感應器，可以讀寫 ISO/IEC 14443A/Mifare 卡、ISO/IEC 14443B 卡及 FeliCa 卡的資料。ISO/IEC 14443 及 FeliCa 是什麼意思呢？英國在 1906 年於倫敦成立世界上最早的國際電工標準化機構『**國際電工委員會**（International Electrotechnical Commission，簡稱 IEC）』，並且在 1976 年與『**國際標準組織**（the International Organization for Standardization，簡記 ISO）』協議合作，由 IEC 負責規劃電工、電子領域的國際標準化工作，而 ISO 則負責其它領域的國際標準化工作。ISO/IEC 14443 是近距離非接觸式智慧卡的標準規範，可以分為 A、B 兩種類型，主要差異在於**信號調變、位元編碼**及**防碰撞**等規格上的不同。

ISO/IEC 14443A 主要代表業者有 Hitachi、Philips、Siemens 等公司，ISO/IEC 14443B 主要代表業者有 Motorola、NEC 等公司，**台灣目前所使用的 Mifare 卡就是 ISO/IEC 14443A 規範**。Mifare 卡的技術原先是由瑞士米克朗集團的車資收費系統（MIkron FARE-collection System，簡記 Mifare）衍生而來，Philips 公司在 1998 年收購了這項技術，並成為 Philips 子公司 NXP 的註冊商標。另外，SONY 也有自家的 Felica 非接觸式智慧卡標準規範，Felica 卡被廣泛使用在日本的 JR 鐵路乘車卡，以及便利商店的電子現金卡上。

二、卡片模式

NFC 卡片模式又稱為**被動模式**（Active mode），在被動模式下 NFC 發起設備產生射頻場域（radio field）將命令傳送給 NFC 目標設備，而 NFC 目標設備使用負載調變（load modulated）技術，並且使用相同速度回應訊息給 NFC 發起設備。NFC 卡片模式相當於一張使用 RFID 技術的 IC 智慧卡，可以代替現行大量的 IC 卡如信用卡、悠遊卡、門禁卡及電子票券等。

在**卡片模式**下，即使 NFC 裝置沒電，仍然可以由 RFID 讀卡機供電來完成讀卡功能。NFC 手機如果要進行卡片模式的相關應用時，必須先註冊手機付款服務，使用具有**內建安全元件**（security element，簡記 SE）的 NFC 晶片，才能使用 NFC 功能來進行付款，以確保交易的安全性。

三、點對點模式

NFC 點對點模式又稱為**主動模式**（Passive mode），在主動模式下 NFC 發起設備與目標設備都產生自己的射頻場域（radio field），並且都要有相同的 NFC 資料交換格式（NFC Data Exchange Format，簡記 **NDEF**），才能進行資料交換。

2-4-2 NFC 的應用

NFC 具有使用簡單、安全可靠、消耗功率低、成本低等優點，其主要的應用可以分為以下四個基本類型。

一、接觸通過（Touch and Go）

利用 NFC 手機將實體卡片虛擬化，用戶只要將存有密碼或票券的 NFC 手機接觸 NFC 讀卡設備，就可以完成信用卡、悠遊卡、門禁卡及電子票券等讀卡功能。

二、接觸確認（Touch and Confirm）

此功能主要是應用在行動支付上，用戶只要將 NFC 手機接觸 NFC 讀卡設備，並且進行密碼認證即可完成交易。

三、接觸連接（Touch and Connect）

將兩個 NFC 設備互相接觸產生虛擬連接，進行點對點（Peer-to-Peer）的資料傳輸，例如下載音樂、互傳圖片及同步通訊錄等。Google 的 Android Beam 就是利用此項技術所發展出來的應用。

四、接觸瀏覽（Touch and Explore）

利用 NFC 手機當作 NFC 讀卡機來讀取文件或海報上的 NFC 標籤以獲得相關的訊息資料，或是利用 NFC 手機接觸後上網來下載附加說明、應用軟體等服務。

2-5　認識 NFC 模組

如圖 2-36 所示 NFC 模組，使用恩智普半導體公司所生產的 PN532 晶片，可當 RFID 讀卡機來讀寫 ISO/IEC 14443-4 卡、Mifare 1k 卡、Mifare 4k 卡、Mifare Ultralight 卡及 FeliCa 卡等。也可以當成虛擬 IC 卡取代現行信用卡、門禁卡、悠遊卡、電子票券等實體 IC 卡。NFC 模組內建印刷電路板（Printed circuit board，簡記 PCB）天線，不需再外接天線，感應距離 0~10 公分，輸出 TTL 電位，最大傳輸速率 10Mbps。

(a) 模組外觀

(b) 接腳圖

圖 2-36　NFC 模組

2-5-1 NFC 的工作介面

NFC 模組支援高速 UART（High Speed UART，簡記 HSU）、I2C、SPI 等多種串列介面，可以使用模組上的 SET0 及 SET1 兩個指撥開關來設定。如表 2-14 所示 NFC 模組的工作介面設定，當 SET0=L 且 SET1=L 時，使用 HSU 介面，輸出 5V TTL 準位。當 SET0=H 且 SET1=L 時，使用 I2C 介面，輸出 5V TTL 準位。當 SET0=L 且 SET1=H 時，使用 SPI 介面，輸出 3.3V TTL 準位。

表 2-14　NFC 模組的工作介面設定

串列介面	SET0	SET1
HSU (高速 UART)	L	L
I2C	H	L
SPI	L	H

2-5-2 NFC 的連接方式

不同的串列介面有不同的連接方式，以本書使用的 Arduino UNO 控制板為例，其連接方式如表 2-15 所示，Arduino UNO 板的數位接腳 D0、D1 可以當成 UART 介面，Arduino UNO 板的數位接腳 D10~D13 可以當成 SPI 介面，而 Arduino UNO 的類比接腳 A4、A5 可以當成 I2C 介面。

表 2-15　NFC 模組與 Arduino UNO 控制板的連接方式

工作介面	NFC 模組	Arduino UNO 控制板
電源	VCC	5V
	GND	GND

工作介面	NFC 模組	Arduino UNO 控制板
HSU (高速 UART)	TXD	D0
	RXD	D1
I2C	SDA	A4
	SCL	A5
SPI	SS	D10
	MOSI	D11
	MISO	D12
	SCK	D13

　　NFC 模組所需的函式庫可至官方網站 https://github.com/Seeed-Studio/PN532 下載。進入如圖 2-37 所示官方網站後，按右方的下拉鍵 Clone or download ▾，開啟下拉視窗後再點選 Download ZIP ，開始下載壓縮檔 PN532-master.ZIP。下載完成後先解壓縮，再將其加入 Arduino IDE 的 libraries 資料夾中，或是直接由 Arduino IDE 的【草稿碼】【匯入程式庫】【加入.ZIP 程式庫…】來解壓縮。

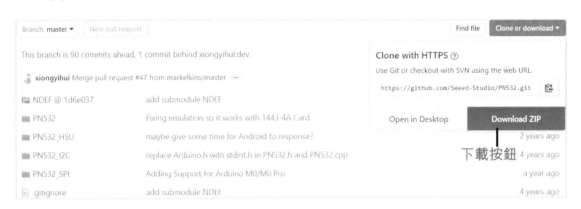

圖 2-37　NFC 模組函式庫

▶ 動手做：NFC 讀卡機讀取 Mifare 卡電路

一　功能說明

　　如圖 2-38 所示 NFC 讀卡機讀取 Mifare 卡電路接線圖，使用 Arduino 控制板配合 NFC 模組及 I2C 串列式 LCD 模組來讀取 Mifare 卡的資料。NFC 模組工作在讀寫模式如同一台 RFID 讀卡機，當 NFC 讀卡機正確讀取到 Mifare 卡號時，綠燈閃爍一

次且蜂鳴器產生 0.2 秒長嗶聲一次，同時將四位元組的 UID 卡號顯示在 I2C 串列式
LCD 模組上。

二 電路接線圖

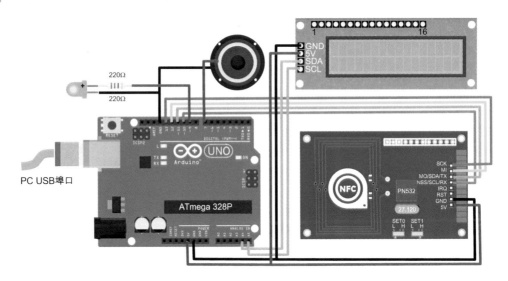

圖 2-38　NFC 讀卡機讀取 Mifare 卡電路接線圖

三 程式：　ch2-6.ino

```
#include <SPI.h>                        //使用 SPI 函式庫。
#include <Wire.h>                       //使用 Wire 函式庫。
#include <PN532_SPI.h>                  //使用 PN532_SPI 函式庫。
#include <PN532.h>                      //使用 PN532 函式庫。
#include <LiquidCrystal_I2C.h>          //使用 LiquidCrystal_I2C 函式庫。
LiquidCrystal_I2C lcd(0x27,16,2);       //使用 16 行 x2 列串列式 LCD 模組。
const int speaker=7;                    //D7 連接蜂鳴器。
const int Gled=9;                       //D9 連接綠色 LED。
int i;                                  //整數變數 i。
char str[]="RFID tag is:";              //宣告字串。
PN532_SPI pn532spi(SPI,10);             //使用 SPI 介面。
PN532 nfc(pn532spi);                    //宣告 nfc 變數。
//初值設定
void setup()
{
```

```
    pinMode(speaker,OUTPUT);              //設定 D7 為輸出埠。
    pinMode(Gled,OUTPUT);                 //設定 D9 為輸出埠。
    Serial.begin(115200);                 //設定傳輸速率為 115200bps。
    nfc.begin();                          //初始化 nfc 模組。
    lcd.init();                           //初始化 lcd 模組。
    lcd.backlight();                      //設定 lcd 模組使用背光。
    lcd.setCursor(0,0);                   //設定 lcd 座標在第 0 行第 0 列。
    printStr(str);                        //lcd 顯示字串 str1。
    uint32_t versiondata=nfc.getFirmwareVersion();//取得 nfc 版本資料。
    if (!versiondata)                     //讀取到 nfc 版本資料?
    {
        Serial.print("Didn't find PN53x board");//沒有發現 nfc 模組。
        while (1);                        //停止讀取。
    }
    Serial.print("Found chip PN5");       //已讀取到 nfc 版本資料。
    Serial.println((versiondata>>24)&0xFF,HEX); //nfc 晶片編號。
    Serial.print("Firmware ver. ");       //nfc 版本。
    Serial.print((versiondata>>16)&0xFF,DEC);    //nfc 版本。
    Serial.print('.');
    Serial.println((versiondata>>8)&0xFF,DEC);   //nfc 版本。
    nfc.setPassiveActivationRetries(0xFF);       //設定重覆讀取卡片的次數。
    nfc.SAMConfig();                      //設定 nfc 模組為讀寫模式。
    Serial.println("Waiting for an ISO14443A card");
}
//主迴圈
void loop()
{
    boolean success;
    uint8_t uid[] = { 0, 0, 0, 0, 0, 0, 0 };     //uid 暫存區。
    uint8_t uidLength;                    //uid 長度。
    success=nfc.readPassiveTargetID(      //讀取 tag 卡片資料。
        PN532_MIFARE_ISO14443A,&uid[0],&uidLength);
    if(success)
    {
        lcd.setCursor(0,1);               //設定座標在第 0 行第 1 列。
        Serial.println("Found a card!");  //顯示字串。
        Serial.print("UID Length: ");     //顯示字串。
```

```
        Serial.print(uidLength,DEC);            //顯示 uid 長度。
        Serial.println(" bytes");               //顯示字串" bytes"。
        Serial.print("UID Value: ");            //顯示字串"UID Value: "
        for(uint8_t i=0;i<uidLength;i++)        //顯示 uid 資料。
        {
            Serial.print(" 0x");
            Serial.print(uid[i],HEX);
            lcd.print(uid[i]/16,HEX);
            lcd.print(uid[i]%16,HEX);
            lcd.print(" ");
        }
        Serial.println(" ");
        digitalWrite(Gled,HIGH);                //綠色 led 閃爍一次。
        tone(speaker,1000);                     //蜂鳴器嗶一聲。
        delay(200);
        digitalWrite(Gled,LOW);
        noTone(speaker);
        while(nfc.readPassiveTargetID           //防重覆讀取。
                (PN532_MIFARE_ISO14443A,&uid[0], &uidLength))
            ;
    }
    else                                        //讀取逾時。
    {
        Serial.println("Timed out waiting for a card");
    }
}
//lcd 顯示字串函式
void printStr(char *str)
{
    int i=0;
    while(str[i]!='0')                          //字串結尾?
    {
        lcd.print(str[i]);                      //顯示字元。
        i++;                                    //字串的下一個字元。
    }
}
```

▶ 動手做：NFC 卡片傳送網址電路

一 功能說明

　　如圖 2-39 所示 NFC 卡片傳送網址電路接線圖，使用 Arduino 控制板配合 NFC 模組來傳送網址。NFC 模組工作在卡片模式如同一 NFC 卡片，且卡片內預存網址。使用 NFC 手機接觸感應 NFC 卡片，當正確讀取到 NFC 卡片的網址資料時，綠燈閃爍一次且蜂鳴器產生 0.2 秒長嗶聲一次，同時 NFC 手機開啟所接收到的網址。

二 電路接線圖

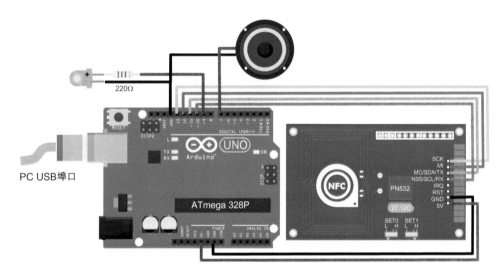

圖 2-39　NFC 卡片傳送網址電路接線圖

三 程式： ch2-7.ino

```
#include "SPI.h"                    //使用 SPI 函式庫。
#include "PN532_SPI.h"             //使用 PN532_SPI 函式庫。
#include "emulatetag.h"            //使用 emulatetag 函式庫。
#include "NdefMessage.h"           //使用 NdefMessage 函式庫。
PN532_SPI pn532spi(SPI,10);        //初始化 PN532，使用 SPI 介面。
EmulateTag nfc(pn532spi);          //設定 PN532 工作於卡片模式。
uint8_t ndefBuf[120];              //宣告無號整數陣列。
NdefMessage message;               //宣告 NdefMessage 資料型態變數。
int messageSize;                   //Ndef 訊息資料長度。
```

```
uint8_t uid[3] = {0x12,0x34,0x56};  //定義卡片 uid 碼。
const int speaker=7;                //D7 連接至蜂鳴器。
const int Gled=9;                   //D9 連接至綠色 LED。
//初值設定
void setup()
{
    pinMode(speaker,OUTPUT);                      //設定 D7 為輸出埠。
    pinMode(Gled,OUTPUT);                         //設定 D9 為輸出埠。
    Serial.begin(115200);                         //設定串列埠。
    Serial.println("------- Emulate Tag --------");
    message=NdefMessage();                        //Arduino 讀寫 ndef 訊息。
    message.addUriRecord("http://www.google.com.tw");//網址訊息。
    messageSize=message.getEncodedSize();         //ndef 訊息長度。
    if (messageSize > sizeof(ndefBuf))            //訊息長度大於緩衝區？
    {
        Serial.println("ndefBuf is too small"); //顯示提示字串。
        while(1)
        {}                                        //停止讀寫訊息。
    }
    Serial.print("Ndef encoded message size: ");//顯示提示字串。
    Serial.println(messageSize);                  //顯示訊息長度。
    message.encode(ndefBuf);                      //將訊息編碼成 ndef 格式。
    nfc.setNdefFile(ndefBuf, messageSize);   //設定 nfc 模組 ndef 訊息。
    nfc.setUid(uid);                              //設定 nfc 模組 uid 碼。
    nfc.init();                                   //初始化 nfc 模組。
}
//主迴圈
void loop()
{
    nfc.emulate();                               //nfc 模組工作於卡片模式。
    digitalWrite(Gled,HIGH);                     //點亮綠色 LED。
    tone(speaker,1000);                          //蜂鳴器嗶 1000kHz 長音。
    delay(200);                                  //延遲 0.2 秒。
    digitalWrite(Gled,LOW);                      //關閉綠色 LED。
    noTone(speaker);                             //關閉聲音。
}
```

▶動手做：使用 NFC 手機讀取 NFC 卡片資料

本例必須使用具有 NFC 功能的 Android 手機，並不是所有智慧型手機都有支援 NFC 功能。本例以 Samsung S3 手機為例，說明如何以手機來讀取 NFC 卡片資料。

一、開啟手機 NFC 功能

STEP 1

A · 開啟 Android 手機的【 設定 】
B · 點選【 更多設定 】。

STEP 2

A · 開啟 NFC 功能。

二、下載及安裝 NFC App 程式

STEP 1

A · 進入 Google Play 商店，輸入
　　關鍵字"nfc"搜尋 NFC 工具。

B · 下載並安裝『 NFC Tools 』。

三、讀取 NFC 卡資料

STEP 1

A · 開啟『 NFC Tools 』App。

B · 點選『 READ 』開始讀取 NFC
　　卡片。

C · 將 NFC 卡片輕觸 NFC 手機背
　　面，距離必須小於 0.5cm 以
　　下，才能感應到。

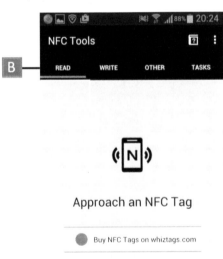

STEP 2

A. 如果正確讀取到 NFC 卡片資料，會傳回卡片型式(type)、UID 碼(Serial number)、SAK 碼、卡片內存記憶體容量、卡片是否為可寫(Writable)等資料。

四、寫資料到 NFC 卡

STEP 1

A. 開啟『NFC Tools』App。
B. 點選『WRITE』開始寫資料到 NFC 卡片。
C. 點選『Add a record』。

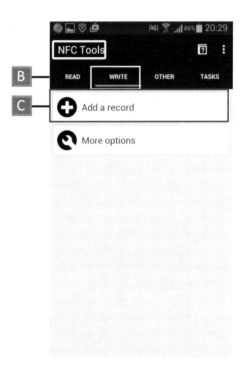

STEP 2

A · 點選『 Text 』。

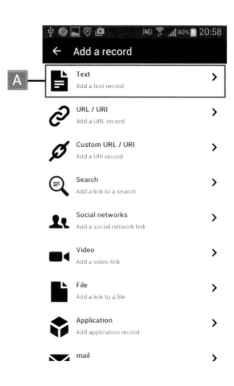

STEP 3

A · 在欄位內輸入文字資料。

B · 按下『 OK 』鈕結束。

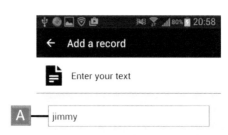

STEP 4

A · 重覆步驟 1、2，點選『 URL/URA 』。

B · 在欄位中輸入網址
   『 www.google.com.tw 』。

C · 按下『 OK 』鈕。

STEP 5

A · 將待寫入的 NFC 卡輕觸 NFC
   手機，開始將資料寫入 NFC
   卡片中。

B · 寫入完成後，出現『 Write
   complete 』視窗。

C · 按下『 OK 』鈕結束。

STEP 6

A. 寫入 NFC 卡的資料長度。

B. 寫入 NFC 卡的資料內容。

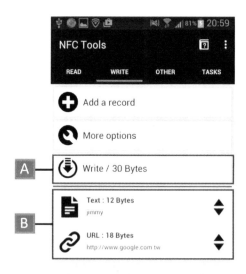

03

感知層之感測技術

　　物聯網感知層之感測技術如同人的視覺、聽覺、觸覺、嗅覺及味覺等五感功能，可以感應周圍環境的各種變化。感測器主要功能是將物理量、化學量或生物量轉換成電阻、電流或電壓值，經由比較器或類比轉數位 IC（analog to digital converter，簡記 ADC）轉換成數位訊號後，最後再由微控制器加以分析、運算、處理與記錄。感測器的種類相當多，依其技術來分類可分為溫度感測器、溼度感測器、氣體感測器、灰塵感測器、運動感測器、光感測器、水感測器、霍爾感測器、電磁感測器、聲音感測器、壓力感測器、生醫感測器等。

3-1　溫度感測器

　　所謂溫度感測器是指將溫度變化轉換成電壓、電流或電阻值輸出。常用的溫度感測器包含熱敏電阻（thermistor）、熱電偶（thermocouple）、電阻式溫度感測器（resistance temperature detector，簡記 RTD）及感溫積體電路（integrated circuit，簡記 IC）等，各種溫度感測器的特性比較如表 3-1 所示。

表 3-1　溫度感測器的特性比較

特性	熱敏電阻	熱電偶	電阻式溫度感測器	感溫積體電路
符號	T		RTD	+ -
穩定性	高	低	最高	高
準確度	高	低	最高	高
轉換速度	最快	快	最慢	慢
線性度	非線性	非線性	非線性	線性
溫度範圍	-100°C~300°C	-200°C~1800°C	-200°C~650°C	-55°C~150°C
材質	錳、鎳、銅	白金、鐵、鉻、銅	白金、鎳、銅	陶磁或半導體
輸出型式	電阻	電壓	電阻	電壓或電流

3-1-1　熱敏電阻

　　如圖 3-1 所示熱敏電阻是由半導體陶瓷材料所製成，電阻值大小會隨環境溫度的高低而改變，主要可分為**正溫度係數型**（positive temperature coefficient，簡記 **PTC**）及**負溫度係數型**（negative temperature coefficient，簡記 **NTC**）兩種。PTC 熱敏電阻值隨溫度上升而增加，而 NTC 熱敏電阻值隨溫度上升而減少。

(a) 元件

(b) 特性曲線

圖 3-1　熱敏電阻

　　本例使用 **NTC-NF52-103/3950 熱敏電阻**，其中 103 代表在 25°C 時的電阻值為 10kΩ，常數 B 值 3950 是一個描述電阻值變化率與溫度的關係。B 值與電阻值、溫度的關係式如下式：

$$B = \frac{\ln(R_1) - \ln(R_2)}{\dfrac{1}{T_1} - \dfrac{1}{T_2}}$$ ，R_1、R_2 單位為歐姆 Ω，T_1、T_2 單位為絕對溫度 K

　　如圖 3-2 所示熱敏電阻特性測量電路，輸出電壓 $V_o = 5 \times \dfrac{R}{10 + R}$ ，則其熱敏電阻的電阻值 R 計算如下式：

$$R = 10 / (\frac{5}{V_O} - 1) \quad k\Omega$$

　　已知環境溫度 T_1=25°C=298K 時的熱敏電阻值 R_1=10kΩ，所以只要知道現在環境溫度 T_2 下的電阻值 R_2=R，就可以知道現在的環境溫度 T_2 是多少。因此

$$T_2(K) = \frac{1}{\dfrac{1}{T_1} - \dfrac{\ln(R_1)\ln(R_2)}{B}} = \frac{1}{\dfrac{1}{298} - \dfrac{\ln(10k)\ln(R)}{3950}}$$ ，則 T_2(°C)=T_2(K)-273.2

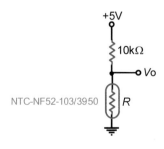

圖 3-2　熱敏電阻特性測量電路

▶動手做：使用熱敏電阻測量環境溫度

一 功能說明

如圖 3-3 所示熱敏電阻測量環境溫度電路接線圖，使用 Arduino 控制板配合 NTC-NF52-103/3950 熱敏電阻測量環境溫度，並將熱敏電阻兩端的電壓值、電阻值及環境溫度顯示於『序列埠監控視窗』中。

二 電路接線圖

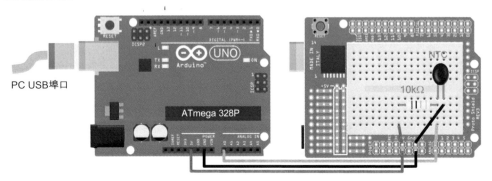

圖 3-3　熱敏電阻測量環境溫度電路接線圖

三 程式： ch3-1.ino

```
#include <math.h>                  //使用 math 算術函式。
int val;                           //熱敏電阻端電壓數位值。
float volts,R,T;                   //電壓值、電阻值及溫度值。
//初值設定
void setup()
{
    Serial.begin(9600);            //設定序列埠傳輸速率 9600bps。
}
//主迴圈
void loop()
{
    val=analogRead(0);             //讀取熱敏電阻端電壓數位值。
    volts=(float)val * 5 / 1024;   //轉成電壓值。
    Serial.print("Vo = ");
    Serial.print(volts);           //顯示熱敏電阻的電壓值。
    Serial.print("V");
```

```
R=(float)10000/(5/volts-1);          //計算目前溫度下的電阻值。
Serial.print(", R = ");              //顯示熱敏電阻目前的電阻值。
Serial.print(R/1000);                //單位轉換：Ω轉成 kΩ。
Serial.print("K");
T=(float)1/(1/298.2-(log(10000)-log(R))/4000);//計算目前環境溫度。
T=T-273.2;                           //°K 轉成°C。
Serial.print(", T = ");
Serial.print(T);                     //顯示環境溫度。
Serial.println("C");
delay(500);                          //延遲 0.5 秒。
}
```

3-1-2 熱電偶

　　如圖 3-4 所示熱電偶（Thermocouple，簡記 TC）的測溫原理，是將兩種不同材質的金屬或合金 A、B 連接在一起成為熱電極，在熱電極的一端稱為測量端，另一端稱為參考端。當在測量端加熱時，在金屬內傳導電荷的自由電子密度會隨著溫度升高而增加，不同金屬對溫度的反應不同，自由電子密度較高的區域會往密度較低的區域擴散，產生擴散（diffusion）電流，使兩金屬間形成電壓降 e_{AB}，利用電壓值的大小就可以換算出測量端溫度，即所謂的**席貝克效應**（Seebeck Effect）。實際測量溫度包含測量端溫度 t 加上參考端溫度 t_0，參考端又稱為冷接點（cold junction），必須予以補償以保持其穩定，才不會影響到測量端溫度 t 的正確性。

圖 3-4　熱電偶的測溫原理

　　如圖 3-5 所示熱電偶，可分成裝配熱電偶、鎧裝熱電偶、端面熱電偶、壓簧固定熱電偶、高溫熱電偶、防腐熱電偶、耐磨熱電偶、高壓熱電偶、特殊熱電偶、手持式熱電偶、微型熱電偶等多種。使用時必須依環境、用途及溫度範圍等，選用適當的熱電偶型別，並且依耐腐蝕、耐高溫及抗干擾等需求，選用適當的保護管與被覆材質。

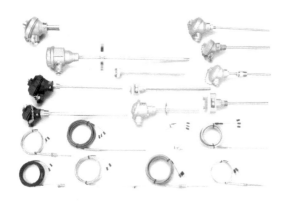

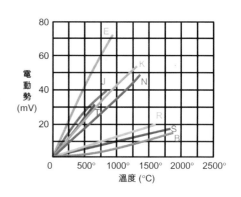

(a) 接點種類　　　　　　　　　　(b) 特性曲線

圖 3-5　熱電偶

　　如表 3-2 所示熱電偶種類，使用溫度範圍在-200°C~1800°C，有 E、J、T、K、N、R、S、B 等多型，以 **K 型最常用**，實際測量溫度範圍以技術手冊為準。由於溫度變化與電動勢變化呈非線性關係且電動勢極小，必須避免與電源線平行且至少保持 1 呎以上的距離，以免受到電源干擾。本例使用 **K 型鎧裝熱電偶**，所謂鎧裝是指在產品外層加裝金屬保護，具有可彎曲、耐高壓、堅固耐用、熱響應時間快等優點。

表 3-2　熱電偶種類 (參考 JIS C 1610)

種類 (Type)	材質 (正極)	材質 (負極)	使用溫度範圍
超高溫 B	30%白金、銠	6%白金、銠	100°C~1800°C
超高溫 R	13%白金、銠	白金	0°C~1700°C
超高溫 S	10%白金、銠	白金	0°C~1700°C
高溫用 K	鎳鉻合金	鋁鉻合金	-200°C~1370°C
高溫用 N	鎳鉻矽合金	鎳矽合金	-200°C~1300°C
高溫用 E	鎳鉻合金	鎳銅合金	-200°C~1000°C
中溫用 J	高純度鐵	鎳銅合金	-0°C~700°C
低溫用 T	高純度銅	鎳銅合金	-200°C~400°C

　　如圖 3-6 所示 K 型熱電偶模組，使用 MAXIM 公司生產的 MAX6675 晶片，具有冷接點（cold-junction）補償及開路偵測功能，可將溫度轉換為 12 位元數位值，精確度±0.25°C，因此最大可以測量溫度為 1024°C（$2^{12} \times 0.25°C = 1024°C$）。配合不同形式的溫度探頭，可以在狹小或是密閉空間中測量環境溫度，MAX6675 晶片使用 SPI 介面（CS、SO、SCK）與 Arduino 控制板溝通。

(a) 元件

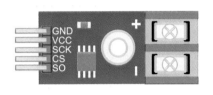

(b) 接腳

圖 3-6　K 型熱電偶模組

在使用 Arduino 板控制熱電偶前，必須先安裝 MAX6675 函式庫。MAX6675 函式庫可以在如圖 3-7 所示開源代碼平台 https://github.com/adafruit/MAX6675-library 下載，下載完成後再利用 Arduino IDE 將 MAX6675 函式庫加入。

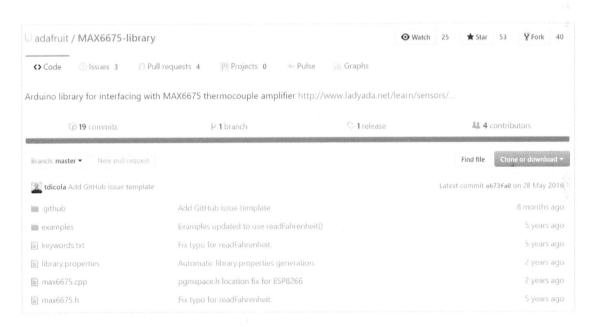

圖 3-7　MAX6675 函式庫下載

▶ 動手做：使用 K 型鎧裝熱電偶測量環境溫度

▬ 功能說明

如圖 3-8 所示 K 型鎧裝熱電偶測量環境溫度電路接線圖，使用 Arduino 控制板配合 K 型鎧裝熱電偶測量環境溫度，並將環境溫度顯示於『序列埠監控視窗』中。

三 電路接線圖

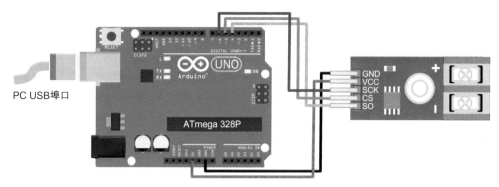

圖 3-8　K 型鎧裝熱電偶測量環境溫度電路接線圖

三 程式： ch3-2.ino

```
#include "max6675.h"                              //使用 max6675 函式庫。

int thermoSO = 4;                                 //K 型熱電偶模組 SO 腳連接至數位腳 D4。

int thermoCS = 5;                                 //K 型熱電偶模組 CS 腳連接至數位腳 D5。

int thermoSCK = 6;                                //K 型熱電偶模組 SCK 腳連接至數位腳 D6。

MAX6675 thermocouple(thermoSCK,thermoCS,thermoSO);//設定熱電偶接腳。
//初值設定
void setup()
{
    Serial.begin(9600);                           //設定序列埠傳輸速率為 9600bps。
    delay(500);                                    //等待 MAX6675 模組穩定。
}
//主迴圈
void loop()
{
    Serial.print("temperature = ");               //顯示字串。
    Serial.print(thermocouple.readCelsius());     //顯示環境溫度。
    Serial.println("C");                          //顯示字元"C"。
    delay(1000);                                   //每秒更新顯示值。
}
```

3-1-3 LM35 溫度感測器

如圖 3-9 所示為 Texas Instruments 公司生產的 LM35 溫度感測器，為電壓輸出型。具有 TO-92、TO-220 及 SOIC 等多種包裝，工作溫度範圍在-55°C~150°C 間，工作電壓+V_S在 4V~30V 間。**LM35 輸出電壓+V_{OUT}與攝氏（Celsius）溫度呈線性正比例關係 10mV/°C**，非線性誤差只有±0.25°C，在室溫 25°C 時具有±0.5°C 精確度。另外，GND 為接地腳，NC（No Connect）腳未使用。

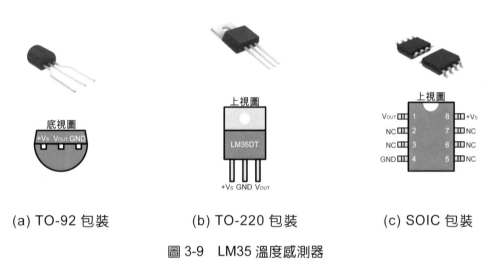

| (a) TO-92 包裝 | (b) TO-220 包裝 | (c) SOIC 包裝 |

圖 3-9　LM35 溫度感測器

除了 LM35 之外，另有 LM34 及 LM335 兩種溫度感測器，LM34 輸出電壓與華氏(Fahrenheit)溫度呈線性正比例關係 10mV/°F，而 LM335 輸出電壓與凱氏(Kelvin)溫度成線性比例關係 10mV/°K。攝氏溫度、華氏溫度及凱氏溫度的關係式如下所示。

華氏溫度 F=9/5×攝氏溫度 C+32 [單位：°F]

攝氏溫度 C=5/9×(華氏溫度 F-32) [單位：°C]

凱氏溫度 K=攝氏溫度 C+273.2 [單位：K]

▶ **動手做：使用 LM35 溫度感測器測量環境溫度**

■ 功能說明

如圖 3-10 所示 LM35 溫度感測器測量環境溫度電路接線圖，使用 Arduino 板配合 LM35 溫度感測器來測量環境溫度，並將環境溫度顯示於『序列埠監控視窗』中。

二 電路接線圖

PC USB埠口

圖 3-10　LM35 溫度感測器測量環境溫度電路接線圖

三 程式：　ch3-3.ino

```
#include <math.h>                      //使用 math 算術函式庫。
const int lm35Vo=0;                    //LM35 輸出連接至類比腳 A0。
int val;                               //數位值。
float degree;                          //溫度值。
//初值設定
void setup()
{
    Serial.begin(9600);                //設定序列埠傳輸速率 9600bps。
}
//主迴圈
void loop()
{
    val=analogRead(lm35Vo);            //讀取溫度類比值並轉成數位值。
    degree=(float)val*500/1000;        //將溫度數位值轉成實際攝氏溫度。
    Serial.print("temperature = ");    //顯示字串。
    Serial.print(degree);              //顯示環境溫度。
    Serial.println("C");               //顯示字元"C"。
    delay(1000);                       //每秒更新顯示值。
}
```

3-1-4 DS18B20 溫度感測器

　　如圖 3-11 所示為 Dallas 公司生產的 DS18B20 溫度感測器，具有 TO-92 及 SOIC
兩種包裝，工作溫度範圍在-55°C~125°C 間，在溫度範圍-10°C~85°C 內具有±0.5°C

的精確度，工作電壓 $+V_{DD}$ 在 3.0V~5.5V 之間。18B20 使用 **1-Wire 介面**，由接腳 DQ （Data Input/Ouput）傳輸資料，可程式解析度 9~12 位元，轉換一個 12 位元的溫度值最大需要 750ms。每一個 18B20 溫度感測器都有一組唯一的序號，所以允許微控制器可以**同時連接多個** 18B20 溫度感測器來感測多點溫度。

(a) TO-92 包裝　　　　　　　　(b) SOIC 包裝

圖 3-11　18B20 溫度感測器

如圖 3-12 所示 18B20 溫度感測器的連接方式，**DQ 接腳必須串聯一個 4.7kΩ的上拉電阻（pull-up resister），然後再連接至+5V 電源，才能得到正確的數據輸出。**

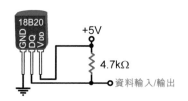

圖 3-12　18B20 溫度感測器的連接方式

在使用 Arduino 板控制 18B20 溫度感測器前，必須先安裝 **OneWire** 及 **DallasTemperature** 兩個函式庫。OneWire 函式庫可以在如圖 3-13 所示 arduino 官網 playground.arduino/Learning/OneWire 下載，下載完成後再加入 Arduino IDE 中。

圖 3-13　OneWire 函式庫下載

DallasTemperature 函式庫可以在如圖 3-14 所示開源代碼平台 https://github.com/milesburton/Arduino-Temperature-Control-Library 下載，下載完成後再利用 Arduino IDE 將 DallasTemperature 函式庫加入。

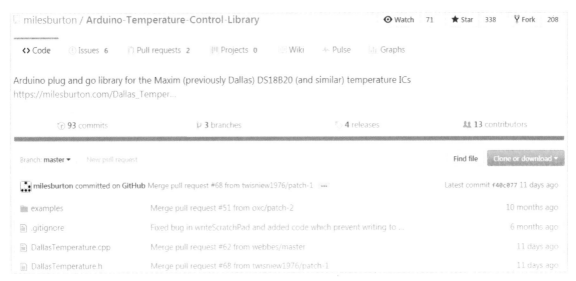

圖 3-14　DallasTemperature 函式庫下載

▶動手做：使用 DS18B20 溫度感測器測量環境溫度

功能說明

如圖 3-15 所示 DS18B20 溫度感測器測量環境溫度電路接線圖，使用 Arduino 控制板配合 DS18B20 溫度感測器來測量環境溫度，並且顯示於『序列埠監控視窗』。

電路接線圖

圖 3-15　DS18B20 溫度感測器測量環境溫度電路接線圖

三 程式： ch3-4.ino

```
#include <OneWire.h>                        //使用 OneWire 函式庫。
#include <DallasTemperature.h>              //使用 DallasTemperature 函式庫。
OneWire ds(2);                             //使用數位腳 D2 連接 18B20 的 DS 腳。
DallasTemperature DS18B20(&ds);            //初始化 DS18B20。
float degree;                              //溫度值。
//初值設定
void setup(){
    Serial.begin(9600);                    //設定序列埠傳輸速率 9600bps。
    DS18B20.begin();                       //啟動 DS18B20。
}
//主迴圈
void loop()
{
    DS18B20.requestTemperatures();         //請求 DS18B20 讀取環境溫度。
    degree=DS18B20.getTempCByIndex(0);     //取得裝置 0 的 DS18B20 元件溫度值。
    Serial.print("Temperature=");          //顯示"Temperature="字串。
    Serial.print(degree);                  //顯示環境溫度。
    Serial.println("C");                   //顯示字元"C"。
    delay(1000);                           //每秒更新顯示值。
}
```

3-1-5 DHT11/DHT22 溫溼度感測器

如圖 3-16 所示為 AOSONG 公司生產的 DHT11 / DHT22 溫溼度感測器，兩者接腳完全相同，內含 NTC 熱敏電阻溫度感測器，DHT11 使用電阻式溼度感測器而 DHT22 使用電容式溼度感測器。使用時**必須在 VCC 與 DATA 之間串連一個 4.7kΩ 提升電阻（pull-up resistor），DATA 腳才能得到正確的數據輸出。**

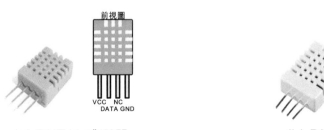

(a) DHT11 感測器　　　　　　　　(b) DHT22 感測器

圖 3-16　DHT11 / DHT22 溫溼度感測器

　　如表 3-3 所示 DHT11 與 DHT22 的特性比較，DHT22 可測量的溫度、溼度範圍及準確度都較 DHT11 高，但是 DHT22 的價格較 DHT11 高，而且反應速度較 DHT11 慢。DHT11 取樣率為 1Hz，即每 1 秒產生一次新數據，DHT22 取樣率為 0.5Hz，即每 2 秒產生一次新數據。如果只是單純實驗性質，使用 DHT11 是相當經濟而且實惠的選擇。

表 3-3　DHT11 與 DHT22 的特性比較

元件	溫度範圍	溼度範圍	工作電壓	價格
DHT11	0°~50°C±2°C	20~80%±5%RH	3~5.5V	30 元
DHT22	-40°~80°C±0.5°C	0~100%±(2~5%)RH	3.3~5.5V	160 元

　　在使用 Arduino 板控制 DHT11/DHT22 溫溼度感測器前，必須先安裝 **DHT** 及 **Adafruit_Sensor** 兩個函式庫。DHT 函式庫可以在如圖 3-17 所示開源代碼平台 https://github.com/adafruit/DHT-sensor-library 下載，下載完成後再利用 Arduino IDE 將 DHT 函式庫加入。

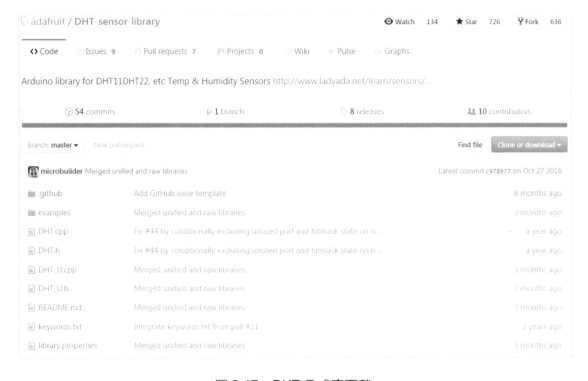

圖 3-17　DHT 函式庫下載

Adafruit_Sensor 函式庫可以在如圖 3-18 所示開源代碼平台 https://github.com/adafruit/Adafruit_Sensor 下載，下載完成後再利用 Arduino IDE 將 Adafruit_Sensor 函式庫加入。

圖 3-18　Adafruit_Sensor 函式庫下載

▶ 動手做：使用 DHT11 溫溼度感測器測量環境溫溼度

一 功能說明

如圖 3-19 所示 DHT11 溫溼度感測器測量環境溫溼度電路接線圖，使用 Arduino 控制板配合 DHT11 溫度感測器測量環境溫度及溼度，並且將環境溫度及溼度顯示於 『序列埠監控視窗』中。

二 電路接線圖

圖 3-19　DHT11 溫溼度感測器測量環境溫溼度電路接線圖

三 程式： ch3-5.ino

```
#include <Adafruit_Sensor.h>          //使用 Adafruit_Sensor 函式庫。
#include <DHT.h>                      //使用 DHT 函式庫。
#include <DHT_U.h>                    //使用 DHT_U 函式庫。
#define dhtPin 2                      //感測器連接數位腳 D2。
#define dhtType DHT11                 //使用 DHT11 溫度感測器。
DHT dht(dhtPin,dhtType);              //設定 DHT11 參數。
//初值設定
void setup()
{
    Serial.begin(9600);              //設定序列埠傳輸速率為 9600bps。
    dht.begin();                     //初始化 DHT11。
}
//主迴圈
void loop()
{
    delay(2000);                                 //延遲 2 秒，等待 DHT11 轉換。
    float h = dht.readHumidity();                //讀取環境溼度。
    float t = dht.readTemperature();             //讀取環境攝氏溫度。
    float f = dht.readTemperature(true);         //讀取環境華氏溫度。
    if (isnan(h)||isnan(t)||isnan(f))            //溫度或溼度的讀值錯誤？
    {
        Serial.println("Failed to read from DHT sensor!");//讀值錯誤。
        return;                                  //結束返回。
    }
    Serial.print("Temperature: ");
    Serial.print(t);                             //顯示環境溫度。
    Serial.print("C");
    Serial.print(" ,Humidity: ");
    Serial.print(h);                             //顯示環境溼度。
    Serial.println("%");
}
```

延 伸 練 習

1. 如圖 3-20 所示熱敏電阻測量環境溫度電路接線圖，使用 Arduino 控制板配合 NTC-NF52-103/3950 熱敏電阻測量環境溫度，並且將環境溫度顯示於 I2C 串列式 LCD 中。(ch3-1A.ino)

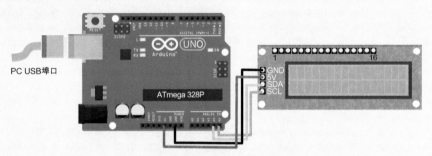

圖 3-20 熱敏電阻測量環境溫度電路接線圖

2. 使用 Arduino 控制板配合 K 型凱裝熱偶器測量環境溫度，並將環境溫度顯示於 I2C 串列式 LCD 中。(ch3-2A.ino)。

3. 使用 Arduino 控制板配合 LM35 溫度感測器測量環境溫度，並將環境溫度顯示於 I2C 串列式 LCD 中。(ch3-3A.ino)。

4. 使用 Arduino 控制板配合 18B20 溫度感測器測量環境溫度，並將環境溫度顯示於 I2C 串列式 LCD 中。(ch3-4A.ino)。

5. 使用 Arduino 控制板配合 DHT11/DHT22 溫溼度感測器測量環境溫度及相對溼度，並將環境溫度顯示於 I2C 串列式 LCD 中。(ch3-5A.ino/ch3-5B.ino)。

3-2　氣體感測器

　　所謂氣體感測器是指將空氣中含有的特定氣體濃度轉換成可以測量的電壓、電流或電阻值，如同人類的嗅覺，因此又稱為電子鼻。氣體感測器的種類相當多，依偵測原理主要可分為半導體式（Metal Oxide Semiconductor，簡記 MOS）、電化學式（electro-chemical）及觸媒燃燒式（catalytic combustion）等三種氣體感測器。

一、半導體式氣體感測器

　　如表 3-4 所示日本 FIGARO 公司生產的 TGS800 系列半導體式氣體感測器，主要是由金屬氧化物（二氧化錫，SnO_2）N 型半導體及加熱器所組成，外部由細孔不銹鋼包覆，具有快速傳熱及防止氣爆的功能。

表 3-4　日本 FIGARO 公司生產的 TGS800 系列半導式氣體感測器

主要應用	主要檢測氣體	型號	檢測濃度範圍
可燃氣體檢測	碳氫化合物	TGS813,TGS816	500~10,000ppm
	氫氣(H_2)	TGS821	30~1,000ppm
	甲烷(CH_4)	TGS842	500~10,000ppm
有機溶劑蒸氣檢測	酒精(Alcohol)	TGS822,TGS823	50~5,000ppm
有毒氣體檢測	一氧化碳(CO)	TGS203	50~1,000ppm
	硫化氫(H_2S)	TGS825	5~100ppm
	氨(NH_3)	TGS826	30~300ppm
烹調控制	濃煙	TGS880	10~1,000ppm
	酒精,臭氣	TGS882	50~5,000ppm
	水蒸汽	TGS883	$1g/m^3$~$150g/m^3$
空氣品質檢測	甲烷、酒精、一氧化碳	TGS800	1~30ppm
汽車通風控制	汽油排氣	TGS822	0~5,000ppm

　　半導體式氣體感測器的基本工作原理是由一條白金導線（platinum wire）加熱 SnO_2 至 200~300°C，在清淨空氣時，氣體感測器吸附空氣中的氧氣（O_2）發生**氧化作用**，使 N 型半導體中的電子密度減少，造成氣體感測器的電阻值上升。當可燃性氣體或有毒氣體等還原氣體接近氣體感測器時，會和氣體感測器周圍的氧氣發生**還原作用**，減少吸附在氣體感測器中的氧含量，使 N 型半導體中的電子密度增加，造成氣體感測器的電阻值下降。因此，只要利用氣體感測器的電阻變化就可以檢測出氣體的濃度。半導式氣體感測器應用範圍廣泛，優點是成本低，缺點是穩定性差。

二、電化學式氣體感測器

　　如表 3-5 所示河南漢威（HANWEI）公司所生產的 MQ 系列電化學式氣體感測器，其工作原理是利用可燃性氣體、有毒氣體的電化學氧化、還原反應特性來檢測待測氣體濃度。電化學式氣體感測器主要是應用在檢測一氧化碳、硫化氫、氫氣、氨氣等有毒氣體，優點是檢測靈敏度高、線性度佳，缺點是價格較高。

表 3-5　河南漢威（HANWEI）公司生產的 MQ 系列電化學式氣體感測器

主要應用	主要檢測氣體	型號	檢測濃度範圍
可燃氣體檢測	甲烷,丁烷,液化石油氣(LPG),煙霧	MQ-2	300~10,000ppm
有機溶劑蒸氣檢測	酒精,乙醇,煙霧	MQ-3	0.04~4mg/l
可燃氣體檢測檢測	甲烷,天燃氣(CNG)	MQ-4	300~10,000ppm
可燃氣體檢測檢測	LPG,天然氣(NG)	MQ-5	200~10,000ppm
可燃氣體檢測檢測	LPG,丁烷	MQ-6	200~10,000ppm
有毒氣體檢測檢測	一氧化碳(CO)	MQ-7	10~10,000ppm
可燃氣體檢測檢測	氫氣(H_2)	MQ-8	100~10,000ppm
有毒氣體檢測檢測	CO	MQ-9	10~1,000ppm
有毒氣體檢測檢測	甲烷,丙烷	MQ-9	100~10,000ppm

三、觸媒燃燒式氣體感測器

觸媒燃燒式氣體感測器的工作原理是在白金電阻的表面製造耐高溫的催化劑層，當可燃性氣體在其表面催化燃燒時，會使白金電阻的電阻值發生變化，因而可以檢測出待測氣體的濃度。觸媒燃燒式氣體感測器的優點是檢測準確、反應速度快、壽命長，缺點是燃燒時會釋放毒性，而且會有爆炸的危險。

3-2-1 瓦斯感測器

如圖 3-21 所示瓦斯感測器，圖 3-21(a)所示為 FIGARO 公司生產的 TGS800 氣體感測器，圖 3-21(b)所示為 HANWEI 公司生產的 MQ-2 氣體感測器，都可以用來檢測**甲烷**（CH_4）、**一氧化碳**（CO）、**酒精**（ethanol）及**氫**（hydrogen）等多種可燃氣體。

(a) TGS800

(b) MQ-2

(c) 底視圖

圖 3-21　瓦斯感測器

如表 3-6 所示為 TGS800 及 MQ-2 瓦斯感測器的特性比較，此類感測器通電後會發熱是正常現象，預熱時間約 90~130 秒即可進入穩定狀態，連續使用 48 小時進入極為靈敏的穩定狀態。另外，負載電阻 R_L 必須依所選用氣體感測器的電阻變化範圍調整，R_L 阻值太小則檢測較不靈敏，而且感測器容易燒毀，R_L 阻值太大則所得數據較不準確。

表 3-6　TGS800 及 MQ-2 瓦斯感測器的特性比較

特性	TGS800	MQ-2
半導體材料	SnO$_2$	SnO$_2$
檢測方式	半導體式	電化學式
加熱器電壓 V$_H$	5.0V±0.2V (AC 或 DC)	5.0V±0.2V (AC 或 DC)
電源電壓 V$_C$	≤24V (AC 或 DC)	≤24V (DC)
加熱器消耗功率 P$_H$	650mW	800mW
電源消耗功率 P$_S$	≤15mW	≤15mW
加熱器內阻 R$_H$	38Ω±3Ω	31Ω±3Ω
感測器電阻 R$_S$	10kΩ~130kΩ	3kΩ~30kΩ
檢測靈敏度 S	$\dfrac{R_S(10\text{ppm 氫})}{R_S(\text{空氣})}=0.2\sim0.6$	$\dfrac{R_S(10\text{ppm 丁烷})}{R_S(\text{空氣})}=0.2$
預熱時間	>48 小時	>48 小時
反應時間	<20 秒	<20 秒

因為瓦斯（Gas）中甲烷的含量約佔 90%，所以 TGS800 及 MQ-2 都可用來檢測瓦斯濃度。目前台灣所使用的瓦斯有液化石油氣（Liquefied Petroleum Gas，簡記 LPG）及天然氣（Natural Gas，簡記 NG）兩種，**液化石油氣又稱為『桶裝瓦斯』，而天然氣又稱為『自來瓦斯』，政府規定在作業環境空氣中瓦斯的容許濃度為 1000ppm**。

(一) 氣體感測器測試電路

如圖 3-22 所示氣體感測器測試電路，電源電壓 V_{CC} 及加熱器電壓 V_H 皆加上 5V 直流電壓，依電路分壓定則可知輸出電壓如下式：

$$V_{out} = V_{CC}\left(\frac{R_L}{R_S + R_L}\right)，則 R_S = R_L\left(\frac{V_{CC}}{V_{out}} - 1\right)$$

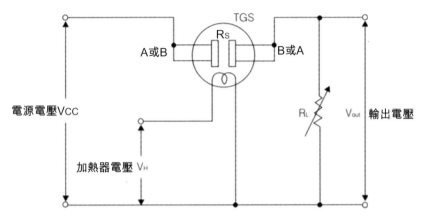

圖 3-22　氣體感測器測試電路

因為瓦斯感測器的腳徑較粗，而且不是 2.54mm 的標準間距，所以無法使用麵包板來製作電路。可以購買如圖 3-23 所示 MQ-2 瓦斯感測模組，具有檢測範圍廣、反應速度快及靈敏度高等優點。

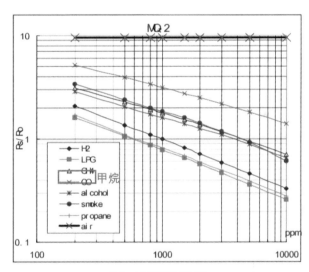

(a) 模組外觀　　　　　　　　(b) 檢測靈敏度

圖 3-23　MQ-2 瓦斯感測模組

MQ-2 瓦斯感測模組的輸出包含數位信號 DO 及類比信號 AO 兩種，數位信號 DO 只有邏輯 0 及邏輯 1 兩種準位，而類比信號輸出 AO 電壓範圍在 0.1V（乾淨空氣）~4V（最高濃度）之間。如圖 3-23(b)所示為 MQ-2 瓦斯感測器的檢測靈敏度，**R_o 是在 1000ppm 氫濃度測量標準下的電阻值，R_s 是在不同氣體濃度下的電阻值**，乾淨空氣（air）的 R_s/R_o 比值為 10。

（二）計算 R_O 值

　　連接好電路之後，以電壓表量測在乾淨空氣時 MQ-2 瓦斯感測模組的輸出電壓 V_{out}，因為模組使用的負載電阻 R_L=1kΩ，電源電壓 V_{CC}=5V，在乾淨空氣時 MQ-2 瓦斯感測器的電阻值 R_S 計算如下式：

$$R_S = R_L(\frac{V_{CC}}{V_{out}} - 1) = (\frac{5}{V_{out}} - 1)\ 【kΩ】$$

因此

$$R_O = \frac{R_S}{10}\ 【kΩ】$$

（三）計算氣體濃度

　　經由程式 **ch3-6-1.ino** 實際測試，得知 R_S=**30kΩ**，R_O=**3kΩ**。接著利用打火機對著 MQ-2 瓦斯感測模組釋放出一點瓦斯（gas）。當瓦斯濃度增加時，瓦斯感測器的電阻 R_S 減少，輸出電壓 V_{out} 增加。反之，當瓦斯濃度減少時，瓦斯感測器的電阻 R_S 增加，輸出電壓 V_{out} 減少。利用瓦斯感測模組所得到的電阻值 R_S 與上式計算所得電阻 R_O 的比值，對照圖 3-23(b)所示甲烷（CH4）的檢測靈敏度曲線，即可得到瓦斯濃度。若 R_L=1kΩ，在甲烷濃度 1000ppm 時 R_S/R_O 比值大約是 1.8，所以

$$R_S=1.8R_O=1.8×3kΩ=5.4kΩ$$

$$V_{out} = V_C \frac{R_L}{R_S + R_L} = 5 × \frac{1}{5.4 + 1} = 0.78V$$

因此，數位值計算如下：

$$val= \frac{0.78}{5} ×1024=160$$

▶ **動手做：瓦斯警報器**

━ 功能說明

　　如圖 3-24 所示瓦斯警報器電路接線圖，使用 Arduino 控制板配合 MQ-2 瓦斯感測模組檢測瓦斯濃度，以政府規定的容許濃度 1000ppm 為標準值。若瓦斯濃度超過

標準值時，LED 閃爍同時蜂鳴器產生嗶!嗶!聲警示，若瓦斯濃度未超過標準值時，關閉 LED 及蜂鳴器。

二 電路接線圖

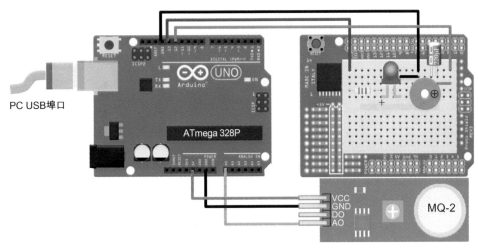

PC USB埠口

圖 3-24　瓦斯警報器電路接線圖

三 程式： ch3-6.ino

```
int soundPin=12;                        //D12 連接至蜂鳴器。
int ledPin=13;                          //D13 連接至 LED。
int val;                                //瓦斯濃度數位值。
//初值設定
void setup(){
    pinMode(soundPin,OUTPUT);           //設定 D12 為輸出埠。
    pinMode(ledPin,OUTPUT);             //設定 D13 為輸出埠。
}
//主迴圈
void loop(){
    val=analogRead(A0);                 //取瓦斯濃度數位值。
    if(val>160){                        //瓦斯濃度超過1000ppm?
        digitalWrite(ledPin,HIGH);      //LED 亮。
        tone(soundPin,1000);            //蜂鳴器發出 1kHz 聲音。
        delay(50);                      //延遲 50 毫秒。
        digitalWrite(ledPin,LOW);       //LED 滅。
        noTone(soundPin);               //關閉蜂鳴器。
        delay(50);                      //延遲 50 毫秒。
```

```
    }
    else                                  //瓦斯濃度未超過設定值。
    {
        digitalWrite(ledPin,LOW);         //關閉LED。
        noTone(soundPin);                 //關閉蜂鳴器。
    }
}
```

延 伸 練 習

1. 如圖 3-25 所示 LCD 瓦斯警報器電路接線圖，使用 Arduino 控制板配合 MQ-2 瓦斯
   感測模組檢測瓦斯濃度，若瓦斯濃度超過標準值時，LED 閃爍同時蜂鳴器嗶聲警
   示，若瓦斯濃度未超過標準值時，關閉 LED 及蜂鳴器，並以 I2C 串列式 LCD 顯示
   瓦斯濃度。瓦斯濃度與數位值依圖 3-23(b)所示計算如下表 3-7 所示。(ch3-6A.ino)

表 3-7　瓦斯濃度與數位值的關係

瓦斯濃度 ppm	Rs/Ro 比值	輸出電壓 Vout	數位值 val	瓦斯濃度 ppm	Rs/Ro 比值	輸出電壓 Vout	數位值 val
1000	1.8	0.78V	160	6000	0.9	1.35V	277
2000	1.5	0.91V	186	7000	0.85	1.41V	288
3000	1.2	1.09V	223	8000	0.8	1.47V	301
4000	1	1.25V	256	9000	0.75	1.54V	315
5000	0.95	1.30V	266	10000	0.7	1.61V	330

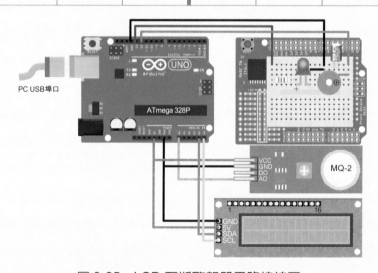

圖 3-25　LCD 瓦斯警報器電路接線圖

3-3 灰塵感測器

所謂 PM2.5 是指漂浮在空氣中類似灰塵的**粒狀懸浮微粒**（particulate matter，簡記 PM），其粒徑小於或等於 2.5 微米（μm），單位以微克/立方公尺（μg/m³）表示。如表 3-8 所示懸浮微粒分類，可知 PM2.5 則會經由氣管、支氣管進入肺泡，長期暴露在 PM2.5 的環境下，容易引起支氣管炎、氣喘、心血管疾病，嚴重的更會導致肺癌或死亡。

表 3-8　懸浮微粒分類

名稱	PM 粒徑（μm）	說明	影響
總懸浮微粒(TSP)	<100	海灘沙粒	懸浮於空氣中
懸浮微粒	<10	海灘沙粒直徑的 1/10	鼻腔、喉嚨
粗懸浮微粒	2.5~10	頭髮直徑的 1/20	呼吸系統
細懸浮微粒	<2.5	頭髮直徑的 1/28	肺泡、血管

3-3-1 GP2Y1010AU0F 灰塵感測器

如圖 3-26 所示 GP2Y1010AU0F 灰塵感測器是由 SHARP 公司所生產製造，設計用來感測空氣中的灰塵懸浮微粒，也能有效的檢測到非常細小的煙草煙霧微粒，常應用於空氣清淨器、空氣調節器等改善空氣品質的設備。

圖 3-26　GP2Y1010AU0F 灰塵感測器

如圖 3-27(a)所示 GP2Y1010AU0F 灰塵感測器內部電路，在對角放置**紅外線 LED**及**光電晶體**，用來檢測空氣中懸浮微粒反射光，並將灰塵密度轉換成類比電壓輸出。灰塵感測器具有非常低的電流消耗（最大 20mA），電源電壓 V_{CC} 最大可達 7V，紅外線 LED 電源 V-LED 最大電壓為 V_{CC}。另外，**必須將接地端連接至金屬外殼，以降低雜訊干擾**。如圖 3-27(b)所示灰塵密度與輸出電壓關係，由曲線得知最大可以檢測的灰塵密度為 0.5mg/m³，即 500μg/m³。灰塵密度與輸出電壓的關係式如下：

灰塵密度（mg/m³）= 0.17×輸出電壓（V）– 0.1

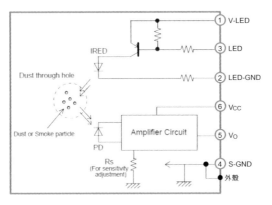
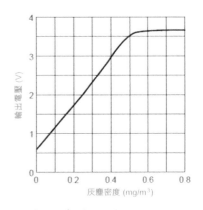

(a) 內部電路　　　　　　　　　(b) 灰塵密度與輸出電壓關係

圖 3-27　PM2.5 灰塵感測器內部電路與特性 (圖片來源：SHARP 公司)

　　如圖 3-28 所示 GP2Y1010AU0F 灰塵感測器的紅外線發射電路，電源電壓 V_{CC} 經由外接 R、C 濾波以提供穩定電源。第③腳必須輸入驅動信號使紅外線發射電路發射紅外線信號。

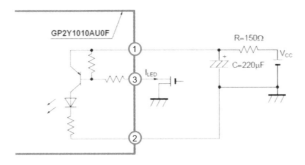

圖 3-28　GP2Y1010AU0F 灰塵感測器的紅外線發射電路 (圖片來源：SHARP 公司)

　　如圖 3-29 所示 GP2Y1010AU0F 灰塵感測器的紅外線發射電路驅動信號，依 SHARP 公司技術資料所記載：脈波週期 T=10ms，脈波寬度 Pw=0.32ms，取樣時間在 0.28ms，才能得到正確的電壓輸出。

(a) 驅動脈波　　　　　　　　　(b) 取樣時間

圖 3-29　PM2.5 灰塵感測器的紅外線發射電路驅動信號 (圖片來源：SHARP 公司)

▶ 動手做：PM2.5 空氣品質檢測器

一 功能說明

如圖 3-30 所示 PM2.5 空氣品質檢測電路接線圖，使用 Arduino 控制板配合
GP2Y1010AU0F 灰塵感測器檢測空氣中的懸浮微粒，並且將懸浮微粒密度及其數位
值、電壓值顯示於『序列埠監控視窗』中。

二 電路接線圖

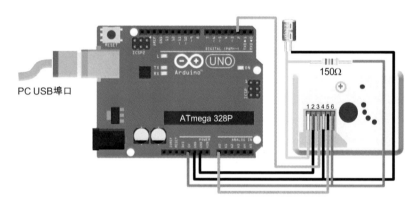

PC USB埠口

圖 3-30　PM2.5 空氣品質檢測電路接線圖

三 程式： ch3-7.ino

```
int VoPin = A0;                    //灰塵感測器 Vo 腳連接至 A0。
int ledPower = 2;                  //灰塵感測器 LED 腳連接至 D2。
int samplingTime = 280;            //取樣時間 0.28ms。
int deltaTime = 40;                //0.32ms-0.28ms=0.04ms
int sleepTime = 9680;              //10ms-0.32ms=9.68ms
int val = 0;                       //灰塵密度數位值。
float dustVolts = 0;               //灰塵密度電壓值。
float dustDensity = 0;             //灰塵密度。
//初值設定
void setup()
{
    Serial.begin(9600);            //設定序列埠速率為 9600bps。
    pinMode(ledPower,OUTPUT);      //設定 D2 為輸出。
}
//主迴圈
```

```
void loop()
{
    digitalWrite(ledPower,LOW);              //開啟(ON)紅外線發射電路。
    delayMicroseconds(samplingTime);         //延遲0.28ms後再取樣。
    val = analogRead(VoPin);                 //取樣灰塵感測器輸出電壓的數位值。
    delayMicroseconds(deltaTime);            //延遲0.04ms結束取樣。
    digitalWrite(ledPower,HIGH);             //關閉(OFF)紅外線發射電路。
    delayMicroseconds(sleepTime);            //延遲9.68ms完成一個驅動脈波。
    dustVolts=val*(5.0/1024.0);              //數位值轉換成電壓值。
    dustDensity=0.17*dustVolts-0.1;          //將電壓值轉換成灰塵密度(mg/m3)。
    Serial.print("Digital Value (0-1023): ");
    Serial.print(val);                       //顯示灰塵密度數位值。
    Serial.print(" ,Dust Voltage: ");
    Serial.print(dustVolts);                 //顯示灰塵密度電壓值。
    Serial.print(" ,Dust Density: ");
    Serial.print(dustDensity * 1000);        //轉換並顯示灰塵密度(ug/m3)。
    Serial.println(" ug/m3 ");
    delay(1000);
}
```

延 伸 練 習

1. 如圖 3-31 所示 PM2.5 空氣品質檢測電路接線圖，使用 Arduino 控制板配合 GP2Y1010AU0F 灰塵感測器檢測空氣中的懸浮微粒，並將懸浮微粒密度（ug/m3）顯示於 I2C 串列式 LCD 顯示器中。(ch3-7A.ino)

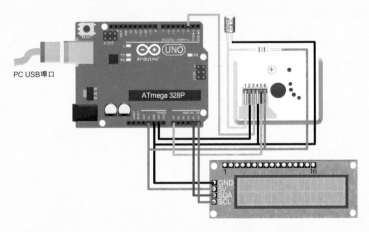

圖 3-31　PM2.5 空氣品質檢測電路接線圖

3-4 運動感測器

運動感測器是用來偵測物體的加速度、震動、衝擊、傾斜、旋轉及方位等變化狀況，常用的運動感測器有**加速度計**（accelerometer，簡記 g-sensor）、**陀螺儀**（gyroscope）及**電子羅盤**（e-compass）等。

3-4-1 加速度計

如圖 3-32 所示加速度計是用於計算物體在**三維空間中的加速度**，加速度的單位為公尺/秒^2（m/s^2）。物體在靜止狀態下 Z 軸受到向下的重力加速度（gravitational acceleration，簡記 g）為 **1g=9.8m/s^2**。圖 3-32(a)所示為加速度計各軸移動的動作情形，在不同傾斜角度所產生的重力加速度等於 g×sinθ，以圖 3-32(b)為例，加速度計 X 軸傾斜角 30°所產生的重力加速度等於 g×sin30°=0.5g。

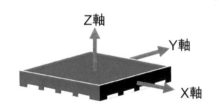

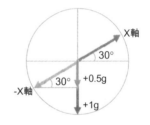

(a) 各軸移動的動作情形   (b) X 軸傾斜 30°所產生的 g 值

圖 3-32　加速度計

3-4-2 MMA7361 加速度計模組

如圖 3-33 所示為 TME 公司生產的 MMA7361 加速度計模組，可讀出 X、Y、Z 等三軸低量級傾斜、移動、撞擊和震動誤差。不同公司生產所引出的接腳位置可能不同，但其內部皆使用 Freescale 半導體公司生產的 MMA7361 加速度計。MMA7361 加速度計工作電壓範圍 2.2V~3.6V，工作電流 500μA，在休眠模式下只有 3μA。

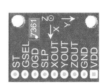

(a) 模組外觀   (b) 接腳圖

圖 3-33　MMA7361 加速度計模組

一、g 值靈敏度

如表 3-9 所示 MMA7361 加速度計的 g 值範圍及靈敏度（sensitivity），利用加速度計的 GSEL 接腳可以設定 ±1.5g 及 ±6g 等兩種 g 值範圍。當 GSEL 接腳空接或接地時的最大 g 值範圍為±1.5g，最大靈敏度為±800mV/g，1g 電壓變化為±0.8V。

表 3-9　MMA7260 加速度計的 g 值靈敏度

GSEL	g 值範圍	靈敏度
0	±1.5g	±800mV/g
1	±6g	±200mV/g

二、傾斜角度與 X、Y、Z 三軸輸出電壓的關係

如表 3-10 所示為 MMA7361 加速度計傾斜角與 X、Y、Z 三軸輸出電壓的關係，加速度計水平放置時 X 軸及 Y 軸的 g 值等於 0，輸出電壓為 1.65V。傾斜角度為θ時的 g 值等於 gsinθ，輸出電壓等於 1.65+0.8×sinθ。以物體 X 軸傾斜 30°為例，g 值等於 gsin30°=0.5g，輸出電壓等於 1.65+0.8×0.5=2.05V。因為 Arduino 板的類比輸入為 10 位元 ADC 轉換器，最小數位值約為 5mV，所以數位值等於 410。實際上，**三軸輸出電壓值會因電源電壓的穩定性及各軸差異而有誤差，必須自己反覆測試調校，才能得到正確的輸出。**

表 3-10　MMA7361 加速度計傾斜角與 X、Y、Z 三軸輸出電壓的關係

角度θ	-90°	-60°	-45°	-30°	0°	+30°	+45°	+60°	+90°
g 值	-1	-0.866	-0.707	-0.5	0	+0.5	+0.707	+0.866	+1
電壓值	0.85V	0.96V	1.08V	1.25V	1.65V	2.05V	2.22V	2.34V	2.45V
數位值	170	192	216	250	330	410	444	468	490

三、最大傾斜角度與 X、Y、Z 三軸輸出電壓的關係

如圖 3-34 所示為 MMA7361 加速度計三軸最大傾斜角度與輸出電壓的關係，圖 3-34(a)為 X 軸傾斜+90°時，X 輸出電壓為 2.45V，g 值為+1g。圖 3-34(b)為 X 軸傾斜-90°時，X 輸出電壓為 0.85V，g 值為-1g。圖 3-34(c)為 Y 軸傾斜+90°時，Y 軸輸出電壓為 2.45V，g 值為+1g。圖 3-34(d)為 Y 軸傾斜-90°時，Y 輸出電壓為 0.85V，g 值為-1g。圖 3-34(e)為 Z 軸傾斜+90°時，Z 輸出電壓為 2.45V，g 值為+1g；圖 3-34(f)為 Z 軸傾斜-90°時，Z 輸出電壓為 0.85V，g 值為-1g。

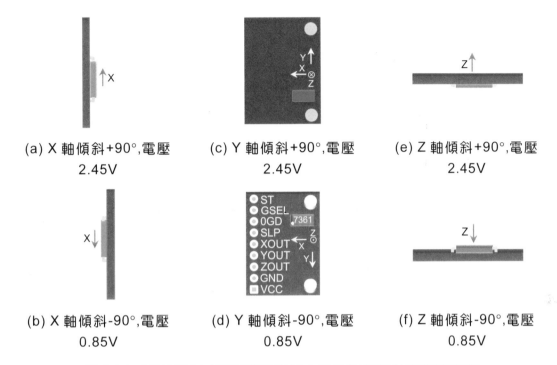

(a) X 軸傾斜 +90°, 電壓
2.45V

(c) Y 軸傾斜 +90°, 電壓
2.45V

(e) Z 軸傾斜 +90°, 電壓
2.45V

(b) X 軸傾斜 -90°, 電壓
0.85V

(d) Y 軸傾斜 -90°, 電壓
0.85V

(f) Z 軸傾斜 -90°, 電壓
0.85V

圖 3-34　MMA7361 加速度計三軸最大傾斜角度與輸出電壓的關係

▶ 動手做：使用 MMA7361 加速度計測量傾斜角

一 功能說明

　　如圖 3-35 所示 MMA7361 加速度計測量傾斜角電路接線圖，使用 Arduino 控制板配合 MMA7361 加速度計測量物體傾斜角，並將 g 值、數位值及傾斜角顯示於『序列埠監控視窗』中。

二 電路接線圖

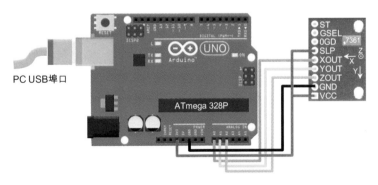

PC USB埠口

圖 3-35　MMA7361 加速度計測量傾斜角電路接線圖

三 程式： ch3-8.ino

```
#define PI 3.1416;                    //定義常數PI=3.1416
const int Xpin=0;                     //加速度計X輸出接至A0。
const int Ypin=1;                     //加速度計Y輸出接至A1。
const int Zpin=2;                     //加速度計Z輸出接至A2。
int Xval,Yval,Zval;                   //XYZ三軸輸出數位值。
double Xg,Yg,Zg;                      //XYZ三軸g值。
double Xdeg,Ydeg,Zdeg;                //XYZ三軸傾斜角。
//初值設定
void setup(){
    Serial.begin(9600);               //初始化序列埠，速率9600bps。
}
//主迴圈
void loop(){
    Xval=analogRead(Xpin);            //讀取X數位值。
    Yval=analogRead(Ypin);            //讀取Y數位值。
    Zval=analogRead(Zpin);            //讀取Z數位值。
    Xg=double(Xval-330)/160;          //計算X軸g值，依實際狀況調整數值。
    Yg=double(Yval-330)/160;          //計算Y軸g值，依實際狀況調整數值。
    Zg=double(Zval-330)/160;          //計算Z軸g值，依實際狀況調整數值。
    Xg=constrain(Xg,-1,1);            //X軸g值範圍-1g~+1g。
    Yg=constrain(Yg,-1,1);            //Y軸g值範圍-1g~+1g。
    Zg=constrain(Zg,-1,1);            //Z軸g值範圍-1g~+1g。
    Xdeg=asin(Xg)*180/PI;             //計算X軸傾斜角。
    Ydeg=asin(Yg)*180/PI;             //計算Y軸傾斜角。
    Zdeg=asin(Zg)*180/PI;             //計算Z軸傾斜角。
    Serial.print("value(X:Y:Z)=");    //顯示XYZ三軸數位值。
    Serial.print(Xval);               //顯示X軸數位值。
    Serial.print(":");
    Serial.print(Yval);               //顯示Y軸數位值。
    Serial.print(":");
    Serial.println(Zval);             //顯示Z軸數位值。
    Serial.print("g(X:Y:Z)=");        //顯示XYZ三軸g值。
    Serial.print(Xg);                 //顯示X軸的g值。
    Serial.print(":");
    Serial.print(Yg);                 //顯示Y軸的g值。
    Serial.print(":");
    Serial.print(Zg);                 //顯示Z軸的g值。
```

```
    Serial.println(" ");
    Serial.print("degree(X:Y:Z)=");        //顯示 XYZ 三軸傾斜角。
    Serial.print(Xdeg);                     //顯示 X 軸傾斜角。
    Serial.print(":");
    Serial.print(Ydeg);                     //顯示 Y 軸傾斜角。
    Serial.print(":");
    Serial.print(Zdeg);                     //顯示 Z 軸傾斜角。
    Serial.println(" ");
    delay(1000);
}
```

3-4-3 ADXL345 加速度計模組

如圖 3-36 所示為 ADI 公司生產的 ADXL345 加速度計模組，工作電壓 2.0V~3.6V，工作電流 23μA，休眠模式下只有 0.1μA。**MMA7361 加速度計為電壓輸出型，而 ADXL345 為數位輸出型**，且有 SPI 及 I2C 兩種介面可以選擇，內含 10~13 位元 ADC 轉換器。有 ±2g、±4g、±8g 及 ±16g 四種 g 值靈敏度範圍，解析度為 4mg/LSB。

　　　　　　　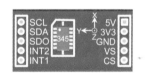

(a) 模組外觀　　　　　　　　　　(b) 接腳圖

圖 3-36　ADXL345 加速度計模組

在使用 Arduino 板控制加速度計之前，必須先安裝 **ADXL345** 函式庫。下載網址如圖 3-37 所示開源代碼平台 https://github.com/Anilm3/ADXL345-Accelerometer，下載完成後利用 Arduino IDE 將 ADXL345 函式庫加入。

ADXL345 Arduino Library			
ⓣ **15** commits	⑂ **1** branch	◌ **0** releases	⚎ **1** contributor
Branch: **master** ▾　New pull request			Find file　Clone or download ▾
🐱 **Anilm3** Now using scoped enums and added setrange function		Latest commit **fe6c32c** on May 12 2013	
📁 Arduino	Now using scoped enums and added setrange function		4 years ago
📁 Processing/pitch_roll	License		4 years ago

圖 3-37　ADXL345 函式庫下載

▶ 動手做：使用 ADXL345 加速度計測量傾斜角

■ 功能說明

　　如圖 3-38 所示 ADXL345 加速度計測量傾斜角電路接線圖，使用 Arduino 控制板配合 ADXL345 加速度計測量物體傾斜角，並將 g 值、數位值及傾斜角顯示於『序列埠監控視窗』中。

■ 電路接線圖

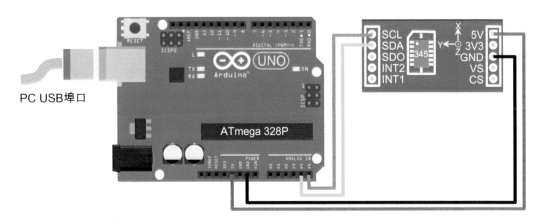

圖 3-38　ADXL345 加速度計測量傾斜角電路接線圖

■ 程式：　ch3-9.ino

```
#include <Wire.h>                  //使用 Wire 函式庫。
#include <ADXL345.h>               //使用 ADXL345 函式庫。
ADXL345 Gsensor;                   //設定 ADXL345 型態變數 Gsensor。
//初值設定
void setup(){
    Gsensor.begin();               //初始化 ADXL345 加速度計。
    Serial.begin(9600);            //初始化序列埠，速率 9600bps。
}
//主迴圈
void loop(){
    double Xg, Yg, Zg;             //三軸 g 值。
    double Xdeg,Ydeg,Zdeg;         //三軸傾斜角。
    Gsensor.read(&Xg, &Yg, &Zg);   //讀取三軸 g 值。
    Serial.print("Xg:Yg:Zg = ");   //顯示三軸 g 值。
```

```
    Serial.print(Xg);                    //顯示 X 軸的 g 值。
    Serial.print(":");
    Serial.print(Yg);                    //顯示 Y 軸的 g 值。
    Serial.print(":");
    Serial.println(Zg);                  //顯示 Z 軸的 g 值。
    Xg=constrain(Xg,-1,1);               //設定 X 軸 g 值範圍-1g~+1g。
    Yg=constrain(Yg,-1,1);               //設定 Y 軸 g 值範圍-1g~+1g。
    Zg=constrain(Zg,-1,1);               //設定 Z 軸 g 值範圍-1g~+1g。
    Xdeg=asin(Xg)*180/M_PI;              //計算 X 軸傾斜角。
    Ydeg=asin(Yg)*180/M_PI;              //計算 Y 軸傾斜角。
    Zdeg=asin(Zg)*180/M_PI;              //計算 Z 軸傾斜角。
    Serial.print("Xdeg:Ydeg:Zdeg = ");   //顯示三軸傾斜角。
    Serial.print(Xdeg);                  //顯示 X 軸的傾斜角。
    Serial.print(":");
    Serial.print(Ydeg);                  //顯示 Y 軸的傾斜角。
    Serial.print(":");
    Serial.println(Zdeg);                //顯示 Z 軸的傾斜角。
    delay(1000);
}
```

延伸練習

1. 如圖 3-39 所示 MMA7361 加速度計測量傾斜角電路接線圖，使用 Arduino 控制板配合 MMA7361 加速度計模組測量物體傾斜角（−90°~+90°之間），並將傾斜角顯示於 I2C 串列式 LCD 顯示器中。(ch3-8A.ino)

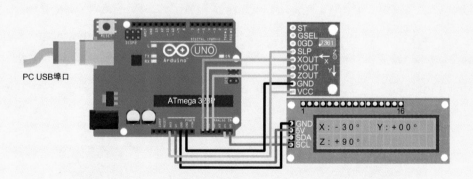

圖 3-39　MMA7361 加速度計測量傾斜角電路接線圖

2. 改用 ADXL345 加速度計模組測量物體傾斜角(-90°~+90°之間)，並將傾斜角顯示於 I2C 串列式 LCD 顯示器中。(ch3-9A.ino)

3-4-4 陀螺儀

如圖 3-40 所示陀螺儀是用來測量三軸所發生的**旋轉角速度**（angular velocity，簡記 ω）變化，單位為度/秒（degree per second，簡記 dps）。如圖 3-40(a)所示為三軸旋轉的動作情形，以 X 軸方向為基準，在 X 軸的旋轉稱為**滾動**（roll），在 Y 軸的旋轉稱為**俯仰**（pitch），在 Z 軸的旋轉稱為**偏航**（yaw）。如圖 3-40(b)所示陀螺儀繞著各軸逆時針旋轉時的角速度 ω 為正值，繞著各軸順時針旋轉時的角速度 ω 為負值。因此，旋轉角度 θ 可以計算如下：

旋轉角度 θ＝角速度 ω×單位時間 t，單位時間 t 任意設定，通常使用 10ms。

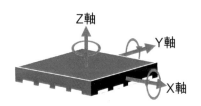 

(a) 三軸旋轉的動作情形 　　　　　(b) 繞 X 軸（離開紙面）旋轉

圖 3-40　陀螺儀

3-4-5 L3G4200 陀螺儀模組

如圖 3-41 所示 L3G4200 陀螺儀模組，內部使用 STMicroelectronics 公司所生產的 L3G4200 三軸數位 MEMS 陀螺儀，工作電壓範圍 2.4V~3.6V，輸出 16 位元數位值，有 SPI 及 I2C 兩種介面可以選擇。陀螺儀模組有 ±250dps（degree per second）、±500dps 及 ±2000dps 三種滿刻度可以選擇，滿刻度 ±250dps 的解析度為8.75mdps/digit，滿刻度 ±500dps 的解析度為 17.5mdps/digit，滿刻度 ±2000dps 的解析度為 70mdps/digit。

(a) 模組外觀 　　　　　　　　(b) 接腳圖

圖 3-41　L3G4200 陀螺儀模組

在使用 Arduino 板控制 L3G4200 陀螺儀模組前，必須先安裝 L3G4200D 函式庫。下載網址如圖 3-42 所示開源代碼平台 https://github.com/jarzebski/Arduino-L3G4200D，下載完成後再利用 Arduino IDE 將 L3G4200D 函式庫加入。

L3G4200D Triple Axis Gyroscope Arduino Library.

ⓘ 27 commits	⑂ 1 branch	◯ 0 releases	⚇ 1 contributor	⚖ GPL-3.0

Branch: master ▾	New pull request			Find file	Clone or download ▾

jarzebski Fix callibrate function   Latest commit d859848 on Oct 11 2014

📁 L3G4200D_pitch_roll_yaw	1.3.1	3 years ago
📁 L3G4200D_processing	1.3.1	3 years ago
📁 L3G4200D_simple	1.3.1	3 years ago
📁 L3G4200D_temperature	version 1.3	3 years ago
📄 Processing/L3G4200D_processing	fix units in charts	3 years ago
📄 CHANGELOG	Fix callibrate function	2 years ago
📄 L3G4200D.cpp	Fix callibrate function	2 years ago
📄 L3G4200D.h	Fix callibrate function	2 years ago

圖 3-42　L3G4200D 函式庫下載

▶ 動手做：使用 L3G4200 陀螺儀模組測量旋轉角

■ 功能說明

如圖 3-43 所示 L3G4200 陀螺儀測量旋轉角電路接線圖，使用 Arduino 控制板配合 L3G4200 陀螺儀測量物體三軸旋轉角，並且顯示於『序列埠監控視窗』中。

■ 電路接線圖

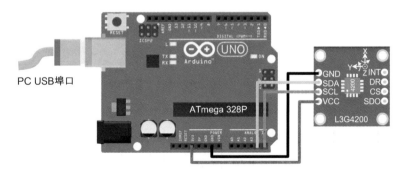

圖 3-43　L3G4200 陀螺儀測量旋轉角電路接線圖

三 程式： 💿 ch3-10.ino

```cpp
#include <Wire.h>                    //使用 Wire 函式庫。
#include <L3G4200D.h>                //使用 L3G4200D 函式庫。
L3G4200D gyro;                       //宣告 gyro 物件。
unsigned long timer=0;               //系統時間。
float timeStep=0.01;                 //計算旋轉角的單位時間 t=10ms。
float roll=0;                        //X 軸旋轉角速度。
float pitch=0;                       //Y 軸旋轉角速度。
float yaw=0;                         //Z 軸旋轉角速度。
//初值設定
void setup(){
    Serial.begin(115200);            //初始化序列埠，速率 115200bps。
    Serial.println("Initialize L3G4200D");
    while(!gyro.begin(L3G4200D_SCALE_2000DPS,L3G4200D_DATARATE_400HZ_50))
    {                                //2000dps，資料率 400Hz，頻寬 50Hz。
        Serial.println("Could not find L3G4200D sensor");
        delay(500);                  //延遲 0.5 秒。
    }
    gyro.calibrate(100);             //校正取樣率 100 次。
    gyro.setThreshold(1);            //校正係數。
}
//主迴圈
void loop()
{
    timer = millis();                //讀取目前系統時間。
    Vector norm=gyro.readNormalize(); //讀取三軸旋轉角速度。
    roll=roll+norm.XAxis*timeStep;   //計算 X 軸的旋轉角。
    pitch=pitch+norm.YAxis*timeStep; //計算 Y 軸的旋轉角。
    yaw=yaw+norm.ZAxis*timeStep;     //計算 Z 軸的旋轉角。
    Serial.print(" Roll = ");
    Serial.print(roll);              //顯示 X 軸的旋轉角。
    Serial.print(" Pitch = ");
    Serial.print(pitch);             //顯示 Y 軸的旋轉角。
    Serial.print(" Yaw = ");
    Serial.println(yaw);             //顯示 Z 軸的旋轉角。
    delay((timeStep*1000)-(millis()-timer)); //每 10ms 計算一次旋轉角。
}
```

延 伸 練 習

1. 如圖 3-44 所示 L3G4200 陀螺儀測量旋轉角電路接線圖，使用 Arduino 控制板配合 L3G4200 陀螺儀模組測量物體旋轉角，各軸旋轉範圍在±90°之間，並將旋轉角顯示於 I2C 串列式 LCD 顯示器中。(ch3-10A.ino)

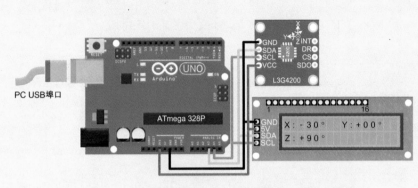

圖 3-44　L3G4200 陀螺儀測量旋轉角電路接線圖

3-4-6 串列式全彩 LED 驅動 IC

　　如圖 3-45(a)所示由 WORLDSEMI 公司生產的串列式全彩 LED 驅動 IC WS2811，包含紅（red，簡記 R）、綠（green，簡記 G）、藍（blue，簡記 B）三個通道的 LED 驅動輸出 OUTR、OUTG、OUTB，每個顏色由 8 位元數位值控制輸出不同脈寬的 PWM 信號產生 256 階顏色變化。WS2811 有 400kbps 及 800kbps 兩種數據傳送速度，不須再外接任何電路，傳送距離可以達到 20 公尺以上。如圖 3-45(b)所示 WS2812 是將驅動 IC WS2811 封裝在 5050 全彩 LED 中，如圖 3-45(c)所示 WS2812B 是 WS2812 的改良版，亮度更高、顏色更均勻，同時也提高了安全性、穩定性及效率。

(a) WS2811　　(b) WS2812　　(c) WS2812B

圖 3-45　串列式全彩 LED 驅動 IC

如圖 3-46 所示 WS2811 應用電路，使用串列通訊傳輸。在通電重置後，DIN 腳接收從控制器傳送過來的數據，第一個傳送過來的 24 位元數據由第一個 WS2811 提取並閂鎖在內部閂鎖器（latch）中，其餘數據由內部整形電路整形放大後，經由 DO 腳輸出傳送給下一個 WS2811，餘依此類推。未接收到 50μs 以上的低電位 RESET 信號時，OUTR、OUTG、OUTB 等輸出腳信號維持不變。當接收到 RESET 信號後，WS2811 才會將接收到的 24 位元 PWM 信號分別輸出到 OUTR、OUTG、OUTB 腳。

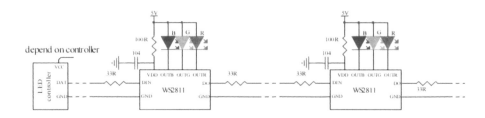

圖 3-46　WS2811 應用電路（圖片來源：https://cdn-shop.adafruit.com）

3-4-7 串列式全彩 LED 模組

如圖 3-47 所示串列式全彩 LED 模組，有環形、方形及長條形等不同數量的 LED 組合，可依實際使用場合選用適合產品，也可以購買 WS2812 自行組合所須形狀。

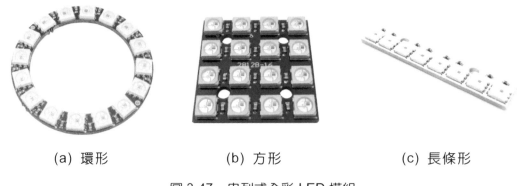

(a) 環形　　　　　　　　　(b) 方形　　　　　　　　　(c) 長條形

圖 3-47　串列式全彩 LED 模組

在使用 Arduino 板控制串列式全彩 LED 模組之前，必須先安裝 Adafruit_NeoPixel 函式庫。下載網址如圖 3-48 所示開源代碼平台 https://github.com/adafruit/Adafruit_NeoPixel，下載完成後再利用 Arduino IDE 將 Adafruit_NeoPixel 函式庫加入。

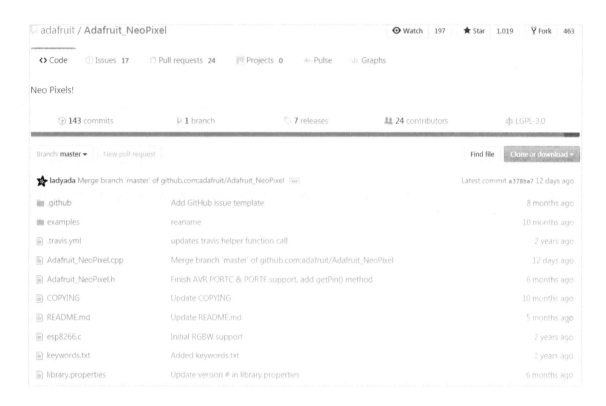

圖 3-48　串列式全彩 LED 程式庫下載

▶ 動手做：使用 16 位環形串列式全彩 LED 顯示七彩顏色

一 功能說明

如圖 3-49 所示 16 位元環形串列式全彩 LED 控制電路接線圖，使用 Arduino 板配合 16 位環形串列式全彩 LED 電路，依序顯示紅、橙、黃、綠、藍、靛、紫、白。

二 電路接線圖

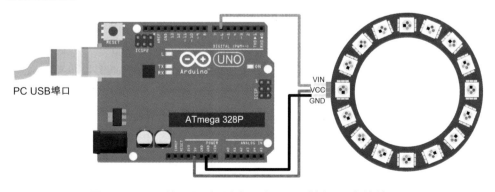

PC USB埠口

圖 3-49　16 位環形串列式全彩 LED 控制電路接線圖

三 程式： ch3-11.ino

```
#include <Adafruit_NeoPixel.h>              //使用 Adafruit_NeoPixel 函式庫。
#define PIN  6                              //控制腳 D6。
#define NUMPIXELS 16                        //16 位 LED。
int brightness=255;                         //亮度控制：1 最暗,255 最亮。
int rgb[8][3]={{255,0,0},{255,127,0},{255,255,0},{0,255,0},
               {0,0,255},{75,0,130},{143,0,255},{255,255,255}};
int i,j;                                    //迴圈變數。
Adafruit_NeoPixel pixels=Adafruit_NeoPixel(NUMPIXELS,PIN,NEO_GRB+NEO_KHZ800);
//初值設定
void setup(){
    pixels.begin();                         //初始化。
    pixels.setBrightness(brightness);       //設定亮度：1 最暗，255 最亮。
}
//主迴圈
void loop()
{
    for(i=0;i<8;i++){
        for(j=0;j<NUMPIXELS;j++){           //設定顏色。
            pixels.setPixelColor(j,rgb[i][0],rgb[i][1],rgb[i][2]);
                pixels.show();              //顯示顏色。
                delay(50);                  //延遲 50ms。
        }
    }
}
```

延 伸 練 習

1. 如圖 3-50 所示方向盤方向指示電路接線圖，使用 Arduino 控制板配合 L3G4200 陀
   螺儀及環形 16 位串列式 LED 模組，指示方向盤（Z 軸）轉動方向。(ch3-11A.ino)

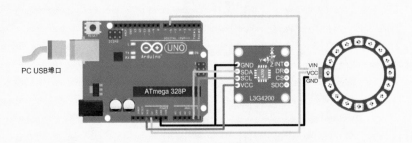

圖 3-50　方向盤方向指示電路接線圖

3-4-8 電子羅盤

如圖 3-51 所示電子羅盤是用來測量**磁場強度**及**方位角**（Azimuth），圖 3-51(a)
所示為地球磁場分佈的近似情形，地球的磁場強度約為 **0.5~0.6 高斯**（Gauss，簡記
G），高斯與特斯拉（Tesla，簡記 T）的單位轉換為 $1G=10^{-4}T$。因此，地球磁場強度
$H=0.5G\sim0.6G=50\mu T\sim60\mu T$。在使用電子羅盤（e-compass）測量磁場強度時，必須將
X 軸對準地球磁北極，再利用磁電效應來改變內部磁阻（magnetic resistance）大小，
經由磁阻電橋的電壓變化計算出各軸的磁場強度。依所測量的 X、Y、Z 等各軸的磁
場強度，即可計算出如圖 3-51(b)所示方位角。

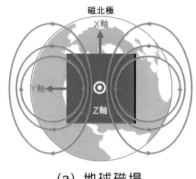

(a) 地球磁場

(b) 方位角

圖 3-51　電子羅盤

如圖 3-52 所示電子羅盤放置角度與磁場強度的關係，假設電子羅盤水平放置，
X 軸指向磁北極，順時針繞著 Z 軸旋轉，Z 軸磁場強度將不會改變，只有 X 軸及 Y
軸的磁場強度會改變。X、Y 軸向上的磁場強度為正值，向下的磁場強度為負值。

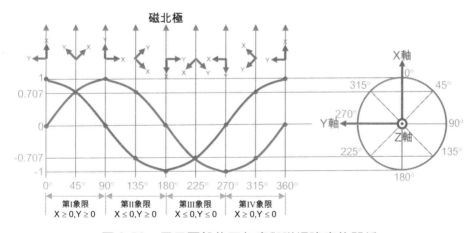

圖 3-52　電子羅盤放置角度與磁場強度的關係

假設磁北極的磁場強度為 H，則 X 軸及 Y 軸方向的磁場強度計算如下式，例如在磁北磁時θ=0°，則 X 軸磁場強度 X 最強等於 H，Y 軸磁場強度等於 0。

$$X = H\cos\theta \text{，} \quad X = H\sin\theta$$

$$因此，\quad \theta = \tan^{-1}\left(\frac{\sin\theta}{\cos\theta}\right) = \tan^{-1}\left(\frac{H\sin\theta}{H\cos\theta}\right) = \tan^{-1}\left(\frac{Y}{X}\right)$$

如果檢測出 X 軸方向的磁場強度為 X，Y 軸方向的磁場強度為 Y，則磁場強度與方位角的關係如表 3-11 所示。

表 3-11　磁場強度與方位角的關係

磁場強度	象限	atan2(Y,X)角度	電子羅盤角度	方位角計算
X ≥ 0,Y ≥ 0	第一象限	0°~90°	0°~90°	atan2(Y,X)
X ≤ 0,Y ≥ 0	第二象限	90°~180°	90°~180°	atan2(Y,X)
X ≤ 0,Y ≤ 0	第三象限	-90°~-180°	180°~270°	360°+atan2(Y,X)
X ≥ 0,Y ≤ 0	第四象限	0°~-90°	270°~360°	360°+atan2(Y,X)

電子羅盤會受到週圍電子零件如蜂鳴器、麥克風及金屬元件等**硬磁**（Hard Iron）干擾而產生如圖 3-53(a)所示硬磁失真，也會受到電池電量變化的**軟磁**（Soft Iron）干擾。因此在使用前必須先校正，最簡單的校正方法就是如圖 3-53(b)所示將電子羅盤對著天空劃 **8 字型**，以得到裝置磁場強度的最大值及最小值，計算出圓心及偏移量，再以軟體進行校正。另外，東西向及南北向的傾斜角也會影響測量的準確度。

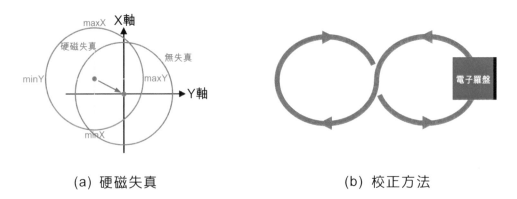

(a) 硬磁失真　　　　　　　　　　(b) 校正方法

圖 3-53　硬磁干擾

3-4-9 GY-271 電子羅盤模組

如圖 3-54 所示 GY-271 電子羅盤模組，使用 Honeywell 公司所生產的低磁場感測晶片 HMC5883L，內含 HMC118X 系列磁阻感測器，使用**異向磁阻**（Anisotropic magnetoresistance，簡記 AMR）的技術，具有高靈敏度、高精度、低工作電壓（2.16~3.6V）及超低功耗（100uA）等特點。GY-271 電子羅盤模組的測量範圍從數毫高斯到 8 高斯，羅盤精確度在 1°~2° 之間。HMC5883L 內部 ASIC 集成電路包括放大器、自動消磁電路和偏差校準電路，使用 **I2C 串列介面**，很容易與微控制器連接，可以應用在低成本的電子羅盤和磁場檢測電路。

(a) 模組外觀

(b) 接腳圖

圖 3-54　GY-271 電子羅盤模組

在使用 Arduino 板控制 GY-271 電子羅盤模組之前，必須先安裝如圖 3-55 所示 HMC5883L 函式庫。下載網址 https://github.com/jarzebski/Arduino-HMC5883L，下載完成後再利用 Arduino IDE 將 HMC5883L 函式庫加入。

HMC5883L Triple Axis Digital Compass Arduino Library		
6 commits　1 branch　0 releases　1 contributor　GPL-3.0		

Branch: master ▾　New pull request　　Find file　Clone or download ▾

jarzebski 1.1.0　　Latest commit 8b27c96 on Oct 26 2014

HMC5883L_calibrate	1.1.0	2 years ago
HMC5883L_calibrate_MPU6050	1.1.0	2 years ago
HMC5883L_compass	1.1.0	2 years ago
HMC5883L_compass_MPU6050	1.1.0	2 years ago
HMC5883L_compensation_ADXL345	1.1.0	2 years ago
HMC5883L_compensation_MPU6050	1.1.0	2 years ago
HMC5883L_processing	1.1.0	2 years ago
HMC5883L_processing_MPU6050	1.1.0	2 years ago

圖 3-55　HMC5883L 函式庫

▶ 動手做：使用 GY-271 電子羅盤模組測量方位角

一 功能說明

如圖 3-56 所示電子羅盤電路接線圖，使用 Arduino 控制板配合 GY-271 電子羅盤模組測量方位角，並將方位角顯示於『序列埠監控視窗』中。

二 電路接線圖

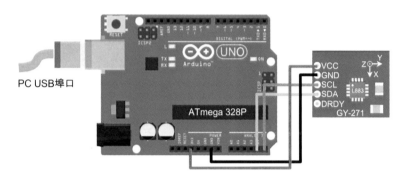

圖 3-56 電子羅盤電路接線圖

三 程式： ch3-12.ino

```
#include <Wire.h>                          //使用 Wire 函式庫。
#include <HMC5883L.h>                      //使用 HMC5883L 函式庫。
HMC5883L compass;                          //宣告物件變數 compass。
double Tx,Ty,Tz;                           //三軸磁場強度(單位：tesla)。
double azimuth;                            //方位角。
//初值設定
void setup()
{
    Serial.begin(9600);                   //設定序列埠速率 9600bps。
    Serial.println("Initialize HMC5883L");
    while(!compass.begin())               //檢查裝置是否存在?
    {
        Serial.println("Could not find HMC5883L sensor!");
        delay(500);
    }
    compass.setDataRate(HMC5883L_DATARATE_0_75_HZ);//輸出率 0.75Hz
    compass.setSamples(HMC5883L_SAMPLES_8); //每 8 次取樣 1 次。
```

```
    compass.setRange(HMC5883L_RANGE_1_3GA);  //最大±1.3G。
}
```

```
//主迴圈
void loop()
{
    Vector raw=compass.readRaw();                   //讀取三軸磁場強度數位值。
    Vector norm=compass.readNormalize();            //讀取三軸磁場強度高斯值。
    Tx=norm.XAxis*0.1;                              //單位轉換1mG=0.1T。
    Ty=norm.YAxis*0.1;                              //單位轉換1mG=0.1T。
    Tz=norm.ZAxis*0.1;                              //單位轉換1mG=0.1T。
    if(Tx>=0 && Ty>=0)                              //第一象限？
        azimuth=atan2(Ty,Tx)*180/PI;               //方位角在0°~90°。
    else if(Tx<=0 && Ty>=0)                         //第二象限？
        azimuth=atan2(Ty,Tx)*180/PI;               //方位角在270°~360°。
    else if(Tx<=0 && Ty<=0)                         //第三象限？
        azimuth=360+atan2(Ty,Tx)*180/PI;           //方位角在180°~270°。
    else if(Tx>=0 && Ty<=0)                         //第四象限？
        azimuth=360+atan2(Ty,Tx)*180/PI;           //方位角在90°~180°。
    Serial.print("X:Y:Z = ");                       //顯示三軸磁場強度。
    Serial.print(Tx);                               //顯示X軸磁場強度。
    Serial.print("uT");
    Serial.print(":");
    Serial.print(Ty);                               //顯示Y軸磁場強度。
    Serial.print("uT");
    Serial.print(":");
    Serial.print(Tz);                               //顯示Z軸磁場強度。
    Serial.println("uT");
    Serial.print(" Azimuth = ");                    //顯示方位角。
    Serial.println((int)azimuth);
    delay(200);                                     //延遲0.2秒。
}
```

延 伸 練 習

1. 如圖 3-57 所示電子羅盤電路接線圖，使用 Arduino 控制板配合 GY-271 電子羅盤模組測量方位角，並且將方位角顯示於 I2C 串列式 LCD 顯示器中。(ch3-12A.ino)

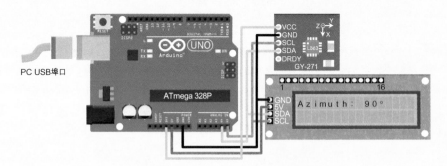

圖 3-57　電子羅盤電路接線圖

2. 如圖 3-58 所示指北針電路接線圖，使用 Arduino 控制板配合 GY-271 電子羅盤模組及環形 16 位串列式 LED 模組測量磁北極。如圖 3-59 所示將電子羅盤模組的 X 軸對準磁北極，無論電子羅盤如何轉動，LED 模組指向磁北極方向永遠亮紅燈，且紅燈的左右兩邊永遠亮綠燈。(ch3-12B.ino)

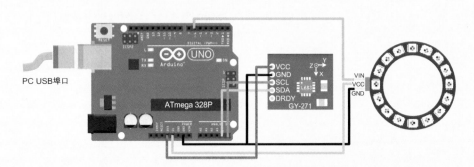

圖 3-58　指北針電路接線圖

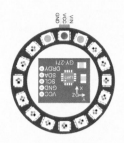

圖 3-59　指北針指示方向

3-5　光感測器

光感測器（Light Sensor）是一種將光信號轉換成電氣信號的感測器，一般是由**光發射器、光學通路**及**光接收器**三個部分組成。光發射器的光源如紅外線、可見光或紫外線等，而光接收器如光敏電阻、光電池、光二極體或光電晶體等。

一、光敏電阻

如圖 3-60 所示光敏電阻，又稱為光電阻或光導管，標準尺寸有 5mm、12mm 及 20mm，常用製作材料為**硫化鎘**（CdS）。當有光線照射時，在半導體材料中原本穩定的電子受到激發而成為自由電子，其電阻值隨著入射光強度增加而減少。如圖 3-60(b) 所示光敏電阻規格表，**光敏電阻的電阻值改變範圍在 2kΩ~20MΩ之間**，其中亮電阻是指在標準照度下所測量到的電阻值，暗電阻是指黑暗中測量到的電阻值。

型號	最大電壓 (VDC)	最大功率 (mW)	環境溫度 (°C)	光譜峰值 (nm)	亮電阻 (10Lx)(KΩ)	暗電阻 (MΩ)min	γ min	響應時間(ms) 上升	下降
PGM5506	100	90	-30 ~ +70	540	2 ~ 6	0.15	0.6	30	40
PGM5516	100	90	-30 ~ +70	540	5 ~ 10	0.2	0.6	30	40
PGM5526	150	100	-30 ~ +70	540	8 ~ 20	1.0	0.6	20	30
PGM5537	150	100	-30 ~ +70	540	16 ~ 50	2.0	0.7	20	30
PGM5539	150	100	-30 ~ +70	540	30 ~ 90	5.0	0.8	20	30
PGM5549	150	100	-30 ~ +70	540	45 ~ 140	10.0	0.8	20	30
PGM5616D	150	100	-30 ~ +70	560	5 ~ 10	1.0	0.6	20	30
PGM5626D	150	100	-30 ~ +70	560	8 ~ 20	2.0	0.6	20	30
PGM5637D	150	100	-30 ~ +70	560	16 ~ 50	5.0	0.7	20	30
PGM5639D	150	100	-30 ~ +70	560	30 ~ 90	10.0	0.8	20	30
PGM5649D	150	100	-30 ~ +70	560	50 ~ 160	20.0	0.8	20	30
PGM5659D	150	100	-30 ~ +70	560	150 ~ 300	20.0	0.8	20	30

(a) 元件外觀　　　　　(b) 光敏電阻規格表（來源：www.token.com.tw）

圖 3-60　光敏電阻

二、槽型光感測器

如圖 3-61(a)所示槽型光感測器，是將光發射器和光接收器**面對面**地安裝在一個槽的兩側。正常情況下光接收器會接收到由光發射器所發射的光源，當被檢測物體從槽中通過，遮斷光源通路時，光接收器的電氣信號準位會改變。槽型光感測器的檢測距離因為受整體結構的限制一般只有**幾毫米（ mm ）**。

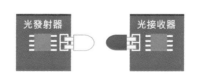

(a) 槽型　　　　　　(b) 對射型　　　　　　(c) 反射型

圖 3-61　光感測器

三、對射型光感測器

如圖 3-61(b)所示對射型光感測器，是將光發射器和光接收器**分開放置**，檢測距離可達到**數米到數十米（m）**。正常情況下，光接收器會接收到由光發射器所發射的光源，當被檢測物體遮斷光源通路時，光接收器的電氣信號準位才會改變。

四、反射型光感測器

如圖 3-61(c)所示反射型光感測器，是將光發射器和光接收器安裝在**同一裝置**內。正常情況下，光接收器不會接收到光發射器所發射的光源，當光源經由被檢測物體反射形成光源通路時，光接收器的電氣信號準位才會改變。檢測距離**幾毫米（cm）**。

3-5-1 光敏電阻模組

如圖 3-62 所示光敏電阻模組，有數位輸出 DO 及類比輸出 AO 兩種選擇。當使用數位輸出 DO 時，調整電位器旋鈕可以改變環境光線亮度的設定值，當環境光線亮度未達到設定值時，DO 輸出高電位且開關指示燈暗，當環境光線亮度已達到設定值時，DO 輸出低電位且開關指示燈亮。如果要測量更準確的環境光線亮度，可以使用類比輸出 AO，再使用 Arduino 草稿碼程式來控制。

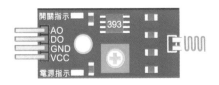

(a) 模組外觀　　　　　　　　　　　　(b) 接腳圖

圖 3-62　光敏電阻模組

▶動手做：環境光線亮度顯示電路

 功能說明

如圖 3-63 所示環境光線亮度顯示電路接線圖，使用 Arduino 控制板配合光敏電阻模組，並且將環境光線亮度的數位值及電壓準位顯示於『序列埠監控視窗』中。

電路接線圖

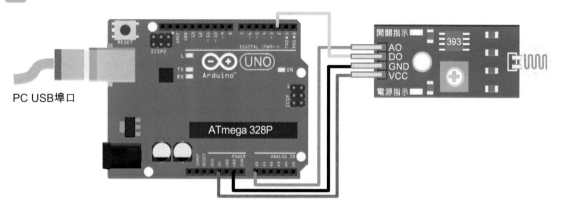

PC USB埠口

圖 3-63　環境光線亮度顯示電路接線圖

程式： ch3-13.ino

```
int val;                        //類比輸入值。
//初值設定
void setup()
{
    Serial.begin(9600);         //設定序列埠傳輸速率 9600bps。
}
//主迴圈
void loop()
{
    val=analogRead(0);          //讀取光敏電阻模組的類比輸出 AO 值。
    Serial.print("AO=");
    Serial.print(val);          //顯示光敏電阻模組的類比輸出 AO 值。
    Serial.print(" ,DO=");      //顯示光敏電阻模組數位輸出準位。
    if(digitalRead(2)==0)       //數位輸出 DO=0？
        Serial.println("LOW");  //DO=0，顯示 LOW。
    else
        Serial.println("HIGH"); //DO=1，顯示 HIGH。
    delay(500);                 //延遲 0.5 秒。
}
```

延 伸 練 習

1. 如圖 3-64 所示節能小夜燈電路接線圖,使用 Arduino 控制板配合光敏電阻模組及
   環形 16 位串列式 LED 模組。依環境光線亮度不同,LED 模組會有五段白光變化,
   當環境光線亮度最亮時,LED 模組完全不亮,當環境光線亮度最暗時,LED 模組
   顯示最亮的白光。(ch3-13A.ino)

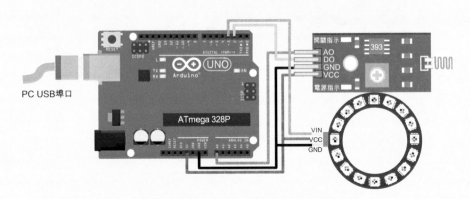

圖 3-64　節能小夜燈電路接線圖

3-5-2 反射型光感測模組

　　如圖 3-65 所示反射型光感測模組,由紅外線發射二極體、紅外線接收二極體及
LM393 比較器所組成,工作電壓範圍 3.3V~5V,可以調整電位器旋鈕來改變 2～30cm
的有效距離範圍。在正常況狀下,**開關指示燈**不亮,同時 OUT 腳輸出高電位信號。
當紅外線發射二極體所發的紅外線信號遇到障礙物(反射面)時,反射回來的紅
外線信號被紅外線接收二極體接收,經由比較電路處理後,**開關指示燈**點亮,同時
OUT 腳輸出低電位信號。反射型光感測模組可以應用在自走車的循跡或避障、生產
線計數器、室內人員進出計數器及停車場剩餘車位計數器等用途。

(a) 模組外觀

(b) 接腳圖

圖 3-65　反射型光感測模組

▶動手做：人員進出計數電路

一 功能說明

如圖 3-66 所示人員進出計數電路接線圖，使用 Arduino 控制板配合兩組紅外線避障模組 IR1 及 IR2 來偵測人員的進出。當人員進入時，先經過 IR1 模組再經過 IR2 模組，計數值加 1。當人員出去時，先經過 IR2 模組再經過 IR1 模組，計數值減 1。目前室內人員總數量將會顯示於『序列埠監控視窗』中。

二 電路接線圖

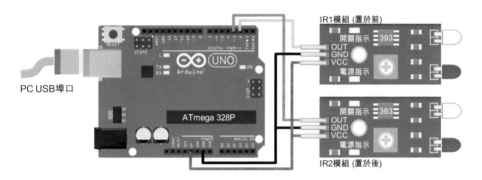

圖 3-66　人員進出計數電路接線圖

三 程式： ch3-14.ino

```
unsigned int count;                        //計數器。
unsigned long temp0,temp1;                 //除彈跳用計時器。
unsigned int buf[2]={1,1};                 //IR 避障模組輸出初值為 HIGH。
//初值設定
void setup()
{
    Serial.begin(9600);                    //設定序列埠速率為 9600bps。
    attachInterrupt(0,Ir0Check,FALLING);   //設定 Ir0 模組使用外部中斷 0。
    attachInterrupt(1,Ir1Check,FALLING);   //設定 Ir1 模組使用外部中斷 1。
}
//主迴圈
void loop()
{}
//Ir0 模組避障感測處理函式
void Ir0Check()                            //外部中斷 0 函式。
```

```
{
    if(millis()-temp0>=200)                     //消除彈跳現象。
    {
        temp0=millis();                         //紀錄目前系統時間。
        buf[0]=0;                               //紀錄 IR0 模組為被觸發狀態。
        if(buf[1]==0)                           //IR1 模組已先被觸發過？
        {
            if(count>0)                         //室內人員大於 0？
            count--;                            //人員離開，計數器減 1。
            buf[0]=1;                           //重設 IR0 模組為未被觸發狀態。
            buf[1]=1;                           //重設 IR1 模組為未被觸發狀態。
            Serial.print("count=");
            Serial.println(count);              //更新目前室內人數。
        }
    }
}
//Ir1 模組避障感測處理函式
void Ir1Check()                                 //外部中斷 1 函式。
{
    if(millis()-temp1>=200)                     //消除彈跳現象。
    {
        temp1=millis();                         //紀錄目前系統時間。
        buf[1]=0;                               //紀錄 IR1 模組為被觸發狀態。
        if(buf[0]==0)                           //IR0 模組已先被觸發過？
        {
            if(count<100)                       //室內人數小於 100 人？
            count++;                            //人員進入，計數器加 1。
            buf[0]=1;                           //重設 IR0 模組為未被觸發狀態。
            buf[1]=1;                           //重設 IR1 模組為未被觸發狀態。
            Serial.print("count=");
            Serial.println(count);              //更新目前室內人數。
        }
    }
}
```

延 伸 練 習

1. 如圖 3-67 所示停車場車位計數電路接線圖，使用 Arduino 控制板配合兩組紅外線避障模組 IR1、IR2 及一個 MAX7219 顯示電路，並將目前停車場剩餘車位顯示於 MAX7219 顯示電路中。(ch3-14A.ino)

   (1) 當車子進入停車場時，計數值減 1，最小停車位 0 個。

   (2) 當車子離開停車場時，計數值加 1，最大停車位 100 個。

   (3) 如圖 3-68 所示為 MAX7219 顯示電路接線圖，相關資料請參考『Arduino 最佳入門與應用』一書。

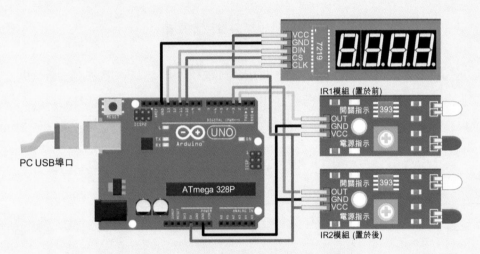

圖 3-67　停車場車位計數電路接線圖

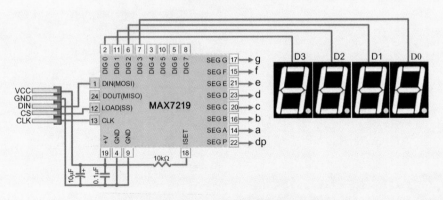

圖 3-68　MAX7219 顯示電路接線圖

3-5-3 紫外線感測模組

如圖 3-69 所示紫外線感測模組，使用深圳市誠立信公司所生產的 UVM30A 晶片，可檢測波長 200~370nm 的紫外光線，工作電壓範圍 3~5V，輸出電壓 0~1V。

(a) 模組外觀　　　　　　　　　　　(b) 接腳圖

圖 3-69　紫外線感測模組

如圖 3-70 所示為 UVM30A 響應曲線，測試精確度±1UV 指數，響應時間小於 0.5 秒。對照世界衛生組織紫外線指數（ultraviolet light index，簡記 UV index）分級標準 1~11+（以上）可分為五大級，分別是微量級（Low）以綠色標示、一般級（Moderate）以黃色標示、高量級（High）以橙色標示、過量級（Very High）以紅色標示、危險級（Extreme）以紫色標示。

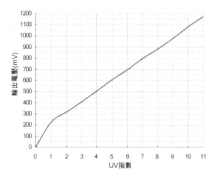

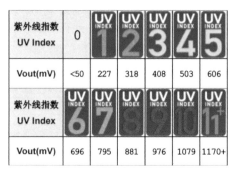

紫外线指数 UV Index	0	1	2	3	4	5
Vout(mV)	<50	227	318	408	503	606
紫外线指数 UV Index	6	7	8	9	10	11+
Vout(mV)	696	795	881	976	1079	1170+

(a) 輸出電壓　　　　　　　　　　　(b) UV 指數表

圖 3-70　UVM30A 響應曲線 (圖片來源：深圳市誠立信公司)

 動手做：紫外線指數測量電路

一　功能說明

如圖 3-71 所示紫外線指數測量電路接線圖，使用 Arduino 控制板配合 UVM30A 紫外線感測模組，並且將紫外線指數顯示於『序列埠監控視窗』中。

二 電路接線圖

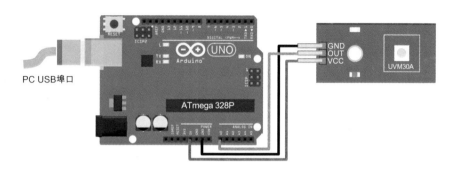

圖 3-71　紫外線指數測量電路接線圖

三 程式：　ch3-15.ino

```
unsigned long val,volts;            //數位值，輸出電壓。
int i,index;                        //紫外線指數。
int UV[11]={50,227,318,408,503,606,696,795,881,976,1079};//指數表。
//初值設定
void setup(){
    Serial.begin(9600);             //設定序列埠速率 9600bps。
}
//主迴圈
void loop(){
    val=0;
    for(i=0;i<1024;i++)             //取樣 1024 次以保持顯示數值的穩定性。
        val+=analogRead(0);         //將每次取樣的數位值加總。
    val>>=10;                       //將加總值除以 1024。
    volts=val*5000/1024;            //將紫外線數位值轉成毫伏電壓。
    index=0;                        //清除 UV 指數為零。
    for(i=1;i<11;i++)               //將毫伏電壓轉成 UV 指數。
        if(volts>UV[i])             //目前紫外線指數超過 UV 指數表數值 UV[i]？
            index++;                //下一級 UV 指數。
    Serial.print("volts=");
    Serial.print(volts);            //顯示 UV 指數相對的毫伏電壓。
    Serial.print("mV");
    Serial.print(" ,UV index=");
    Serial.println(index);          //顯示 UV 指數。
}
```

延 伸 練 習

1. 如圖 3-72 所示紫外線指數測量電路接線圖，使用 Arduino 控制板配合紫外線感測
   模組及 16 位環形串列式全彩 LED 模組。UV0 不顯示，UV1~2 微量級顯示綠色，
   UV3~5 一般級顯示黃色，UV6~7 高量級顯示橙色，UV8~10 過量級顯示紅色、UV11+
   危險級顯示紫色。(ch3-15A.ino)

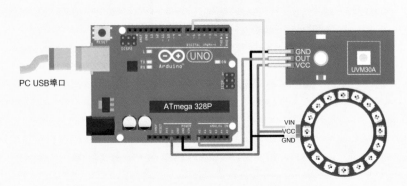

圖 3-72　紫外線指數測量電路接線圖

3-6　水感測器

　　水感測器是將水位、土壤溼度或雨量等轉換為電氣信號的感測器，一般是由金
屬感應板、電晶體偏壓電路及比較器等三個部分組成。工作原理是利用水的導電性
來改變金屬板上印刷電路板（printed circuit board，簡記 PCB）電路的等效電阻，進
而改變輸出電壓。

3-6-1　土壤溼度感測模組

　　如圖 3-73 所示土壤溼度感測模組，利用兩個表面鍍鎳處理的加寬金屬板，來感
測土壤中的溼度。當土壤中的溼度減少時，輸出電壓減少，當土壤中的溼度增加時，
輸出電壓增加。

(a) 元件外觀　　　　　　　　　　　　(b) 接腳圖

圖 3-73　土壤溼度感測模組

▶ 動手做：土壤溼度檢測電路

一 功能說明

如圖 3-74 所示土壤溼度檢測電路接線圖，使用 Arduino 控制板配合土壤溼度感測模組來檢測土壤溼度，Arduino 板會將土壤溼度感測模組的輸出電壓轉成數位值，並且顯示於『序列埠監控視窗』中。

二 電路接線圖

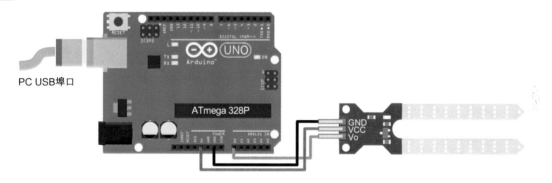

PC USB埠口

圖 3-74　土壤溼度檢測電路接線圖

三 程式： ch3-16.ino

```
//初值設定
void setup()
{
    Serial.begin(9600);              //設定序列埠傳輸速率 9600bps。
}
//主迴圈
void loop()
{
    Serial.print("Digital Value=");
    Serial.println(analogRead(A0));  //讀取並顯示土壤溼度數位值。
    delay(500);                      //延遲 0.5 秒。
}
```

延 伸 練 習

1. 如圖 3-75 所示土壤溼度檢測電路接線圖，使用 Arduino 控制板配合土壤溼度感測模組、紅色 LED 及綠色 LED 檢測土壤溼度。當數位值在 0~300 之間，表示土壤乾燥則顯示紅燈；當數位值在 300~600 之間，表示土壤溼度適中則顯示綠燈，當數位值大於 600 以上時，表示土壤中水份過多則顯示紅燈。(ch3-16A.ino)

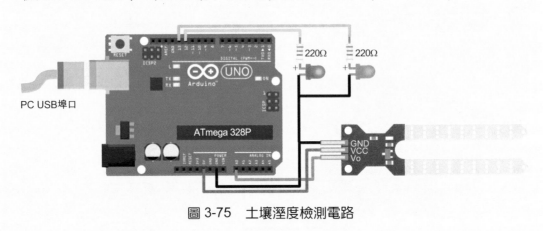

圖 3-75　土壤溼度檢測電路

3-6-2 雨滴感測模組

　　如圖 3-76 所示雨滴感測模組，有數位輸出 DO 及類比輸出 AO 兩種。當感應板上沒有雨滴時，DO 輸出高電位，AO 輸出最大值 5V。當感應板上有雨滴時，DO 輸出低電位，AO 輸出電壓與雨量大小成反比。

(a) 元件外觀

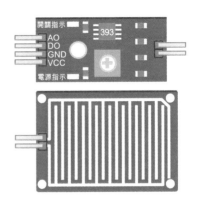

(b) 接腳圖

圖 3-76　雨滴感測模組

▶動手做：雨量檢測電路

一 功能說明

如圖 3-77 所示雨量檢測電路接線圖，使用 Arduino 控制板配合雨滴感測模組來檢測雨量，並且將雨量的數位值顯示於『序列埠監控視窗』中。

二 電路接線圖

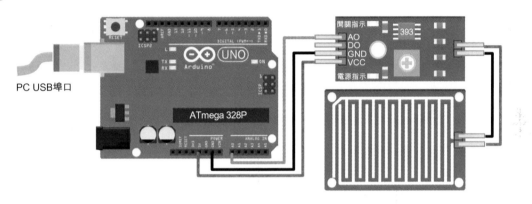

PC USB埠口

圖 3-77　雨量檢測電路接線圖

三 程式：　ch3-17.ino

```
void setup(){
    Serial.begin(9600);                     //設定序列埠傳輸速率 9600bps。
}
//主迴圈
void loop()
{
    Serial.print("Digital Value=");//顯示字串。
    Serial.println(analogRead(A0));//讀取並顯示土壤溼度數位值。
    delay(500);                             //延遲 0.5 秒。
}
```

延伸練習

1. 如圖 3-77 所示雨量檢測電路接線圖，使用 Arduino 控制板配合雨量感測器、紅色 LED 及綠色 LED 來檢測雨量大小。晴天沒有下雨時，綠色 LED 亮；下雨時，紅色 LED 亮度與雨量成正比例顯示，雨量愈大，紅色 LED 愈亮。(ch3-17A.ino)

3-7 霍爾感測器

　　如圖 3-78 所示 SS49E 霍爾感測器，是一種將磁場變化轉換為電氣信號的感測器。1879 年，霍爾（Edwin Hall）發現將流過電流的導體或半導體放置在磁場內，在其內部的電荷載子會受到**勞倫茲**（Lorentz）力而偏向一邊，進而產生電壓，這種現象稱為**霍爾效應**（Hall effect）。如圖 3-78(b)所示霍爾感測器的特性曲線，在磁場強度為 0 時，輸出電壓為 2.5V，當 N 極靠近霍爾感測器正面時，輸出電壓大於 2.5V，且磁場強度為正值；當 S 極靠近霍爾感測器正面時，輸出電壓小於 2.5V，且磁場強度為負值，輸出電壓在 0.8V~4.2V 之間成線性正比變化。SS49E 可以測量的磁場強度範圍為±1000 高斯或是±100 毫特斯拉。

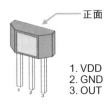

1. VDD
2. GND
3. OUT

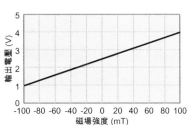

(a) 元件外觀　　　　　　　　　　(b) 特性曲線

圖 3-78　SS49E 霍爾感測器

3-7-1 霍爾感測模組

　　如圖 3-79 所示霍爾感測模組，內部使用 SS49E 霍爾元件，具有小型、多用途、線性輸出、低雜訊等特性。霍爾感測模組有數位輸出 DO 及類比輸出 AO 兩種，VR1 電位器用來調整使數位輸出 DO 轉態的磁場強度臨界值。

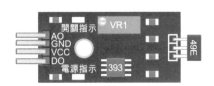

(a) 模組外觀　　　　　　　　　　(b) 模組接腳圖

圖 3-79　霍爾感測模組

　　由圖 3-78(b)所示 SS49E 霍爾感測器的特性曲線可知，類比輸出電壓 AO 與磁場強度成線性正比，任取兩點可知磁場強度對輸出電壓的變化量如下式：

$(100-0)/(4-2.5)=100/1.5$【mT/V】。

▶ 動手做：磁場強度檢測電路

─ 功能說明

如圖 3-80 所示磁場強度檢測電路接線圖，使用 Arduino 控制板配合霍爾感測模組來檢測磁場強度，並且將磁場強度顯示於『序列埠監控視窗』中。

二 電路接線圖

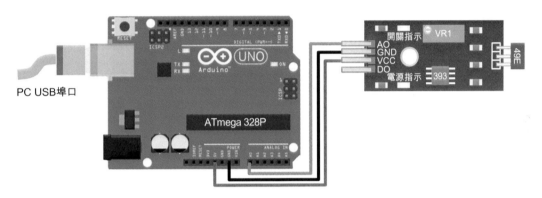

圖 3-80　磁場強度檢測電路接線圖

三 程式： ⊙ ch3-18.ino

```
int val;                          //磁場強度數位值。
float volts;                      //磁場強度電壓值。
float mag;                        //磁場強度(單位：mT)。
void setup(){
    Serial.begin(9600);           //設定序列埠傳輸速率 9600bps。
}
//主迴圈
void loop()
{
    val=analogRead(A0);           //讀取磁場強度的數位值。
    volts=(float)val*5/1024;      //將數位值轉成電壓值。
    mag=(volts-2.5)*100/1.5;      //將電壓值轉成磁場強度(mT)。
    Serial.print("Field Intensity(mT)=");
    Serial.println(mag);          //顯示磁場強度。
    delay(500);                   //延遲 0.5 秒。
}
```

1. 使用 Arduino 控制板配合霍爾感測器、紅色 LED、綠色 LED 檢測磁場強度。當沒有磁極靠近霍爾感測器時，紅色 LED 及綠色 LED 皆不亮；當 N 極靠近霍爾感測器時，綠色 LED 亮；當 S 極靠近霍爾感測器時，紅色 LED 亮。(ch3-18A.ino)

3-7-2 128×64 OLED 模組

如圖 3-81 所示 OLED 模組，內部使用晶門科技（SOLOMON SYSTECH）所生產製造的 SSD1306 晶片，常用規格為 0.96 吋及 1.3 吋。本文使用 0.96 吋 OLED 模組，最大解析度 128 節（Segment）×64 行（Common），內含 128×64 位元 SRAM 顯示緩衝區用來儲存顯示內容。

(a) I2C 介面   (b) SPI 介面

圖 3-81　OLED 模組

SSD1306 晶片有 I2C、3 線/4 線 SPI、6800、8080 等多種介面可以選擇，在市面上較常見的有圖 3-81(a)所示 **I2C 介面** OLED 模組及圖 3-81(b)所示 **SPI 介面** OLED 模組等兩種。SSD1306 需要兩種電源，一為邏輯電路電源 V_{DD}（1.65V~3.3V），一為面板驅動電源 V_{CC}（7V~15V），可以透過內部電路將 V_{DD} 電壓提升至 7.5V 供給面板所需的驅動電源。

如圖 3-82 所示 SSD1306 圖形顯示資料記憶體（Graphic Display Data RAM，簡記 GDDRAM），使用位元對映（bitmap）方式，最大可驅動 128 節×64 行的 OLED 面板。SSD1306 使用**共陰驅動方式**，當 Segment 為高電位且 Common 為低電位時，對應點亮；當 Segment 為低電位時，對應點不亮。Segment 最大輸出電流 100μA，Common 最大輸入電流 15mA，足夠驅動 128 Segment 所須的輸出電流。

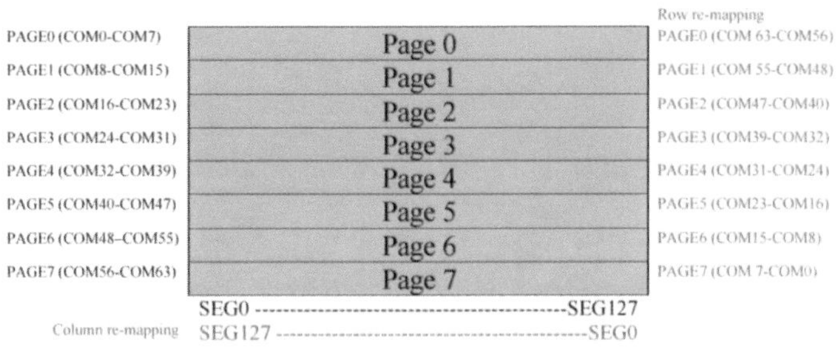

圖 3-82　SSD1306 圖形顯示資料記憶體 GDDRAM (來源: https://cdn-shop.adafruit.com)

如圖 3-83 所示 SSD1306 GDDRAM 的頁對映方式，是將 64 行（COM0~COM63）分成 8 頁（PAGE0~PAGE7），每頁由 8 行組成。以 PAGE2 為例，是由 COM16~COM23 組成。

圖 3-83　SSD1306 GDDRAM 的頁對映方式 (來源: https://cdn-shop.adafruit.com)

在使用 Arduino 板控制 OLED 模組前，必須先安裝 **Adafruit_SSD1306** 及 **Adafruit_GFX** 兩個函式庫。如圖 3-84 所示 Adafruit_SSD1306 函式庫，下載網址 https://github.com/adafruit/Adafruit_SSD1306。 Adafruit_GFX 函式庫的下載網址 https://github.com/adafruit/Adafruit-GFX-Library，下載完成後再利用 Arduino IDE 將 Adafruit_SSD1306 及 Adafruit_GFX 兩個函式庫加入。

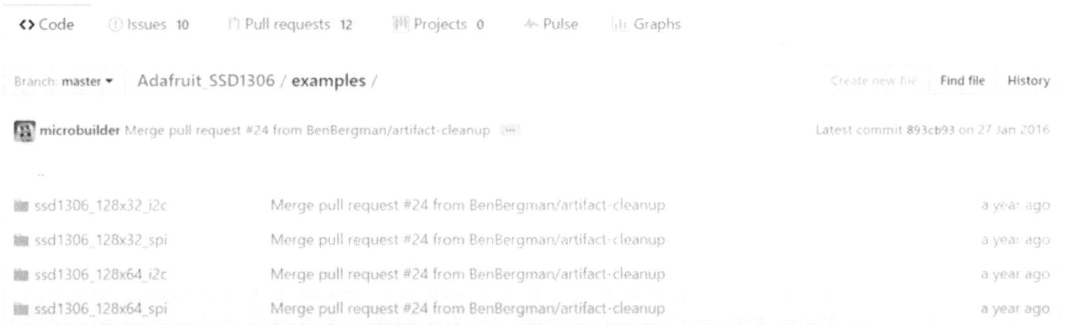

圖 3-84　Adafruit_SSD1306 函式庫

一、Adafruit_SSD1306 函式庫常用函式說明

如表 3-12 所示 Adafruit_SSD1306 函式庫常用函式說明，**初始化**（begin）函式是用在設定 I2C 位址、SPI 接腳及設定 OLED 面板所使用的電源來源。其它函式的主要功能是在控制 SSD1306 顯示緩衝區的內容，包含**更新顯示內容**（display）、**清除顯示內器**（clearDisplay）、**畫面捲動**（scroll）及**畫點**（drawPixel）等功能。

表 3-12　Adafruit_SSD1306 程式庫常用函式說明

函式	功能	參數說明
begin(vccstate,i2caddr)	初始化	vccstate:面板電源的來源設定。 i2caddr: I2C 位址。
display( )	更新顯示	無。
clearDisplay( )	清除顯示	無。
invertDisplay(i)	反白顯示	I=0:正常顯示,I=1:反白顯示。
drawPixel(x, y, color)	畫點	x:x 座標 0~127。y:y 座標 0~63。 color:黑(BLACK),白(WHITE),反相(INVERSE)
write(uint8_t c)	顯示字元	c:字元 ASCII 碼。
print(str) / println(str)	顯示字串	str:字串內容。
startscrollright(start, stop)	水平向右捲動	start:開始頁,stop:結束頁。
startscrollleft(start, stop)	水平向左捲動	start:開始頁,stop:結束頁。
startscrolldiagright(start, stop)	對角向右捲動	start:開始頁,stop:結束頁。
startscrolldiagleft(start, stop)	對角向左捲動	start:開始頁,stop:結束頁。
Stopscroll()	停止捲動	無。

二、Adafruit_GFX 函式庫常用函式說明

如表 3-13 所示 Adafruit_GFX 函式庫常用函式說明，主要功能是用來畫圖，而且必須使用 Adafruit_SSD1306 函式庫中的 drawPixel()函式來完成。Adafruit_GFX 函式庫的函式種類繁多，常用函式如**顯示 bmp 圖**（drawBitmap）、**畫直線**（drawLine）、**畫空心圓**（drawCircle）、**畫實心圓**（fillCircle）、**畫空心矩形**（drawRect）、**畫實心矩形**（fillRect）、**畫圓角空心矩形**（drawRoundRect）、**畫圓角實心矩形**（fillRoundRect）、**畫空心三角形**（drawTriangle）、**畫實心三角形**（fillTriangle）等。其餘請自行參考 Adafruit_GFX.cpp 檔。

表 3-13 Adafruit_GFX 函式庫常用函式說明

函式	功能	參數說明
setCursor(x, y)	設定座標	x:x 座標 0~127。 y:y 座標 0~63。
setTextColor(c)	設定文字顏色	c: 黑(BLACK),白(WHITE),反相(INVERSE)
setTextSize(s)	設定文字大小	s:文字大小 0~7。
drawBitmap(x,y,*bitmap,w,h,color)	顯示 bmp 圖形	x,y:座標。 *bitmap:bmp 圖形緩衝區。 w: bmp 圖形的寬度(width)。 h: bmp 圖形的高度(height)。 color: bmp 圖形顏色。
drawLine(x0,y0,x1,y1,color)	畫線	x0 ,y0:開始座標。 x1,y1:結束座標。 color:顏色。
drawRect(x,y,w,h,color)	畫空心矩形	x ,y:開始座標。 w ,h:矩形的寬度及高度。 color:顏色。
drawCircle(x0, y0,r,color)	畫空心圓	x0,y0:圓心座標。 r:圓半徑。 color:顏色。
drawTriangle(x0,y0,x1,x2,x2,x3,color)	畫三角形	x0,y0:第一角座標。 x1,y1:第二角座標。 x2,y2:第三角座標。 color:顏色。

▶ 動手做：使用 I2C 介面 OLED 模組顯示 ASCII 內容

一 功能說明

　　如圖 3-85 所示 I2C 介面 OLED 模組顯示電路接線圖，使用 Arduino 控制板配合 0.96 寸 I2C 介面 OLED 顯示器，顯示 ASCII 碼 0~255 的內容。I2C 介面 OLED 模組 的 SDA、SCL 接腳必須連接至 Arduino 控制板的 A4 及 A5，不可任意改變。

二 電路接線圖

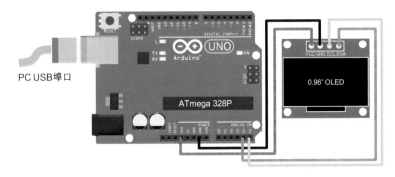

圖 3-85　I2C 介面 OLED 模組顯示電路接線圖

三 程式：　ch3-19.ino (I2C 介面 OLED 模組)

```
#include <Adafruit_SSD1306.h>              //使用 Adafruit_SSD1306 函式庫。
#define OLED_RESET 9                       //定義 I2C 介面 OLED 的重置腳為 D9。
Adafruit_SSD1306 oled(OLED_RESET);         //初始化 OLED 使用 I2C 介面。
int i;                                     //迴圈變數。
//初值設定
void setup()
{
    oled.begin(SSD1306_SWITCHCAPVCC,0x3C); //設定 OLED 電源及 I2C 位址。
    oled.clearDisplay();                   //清除顯示。
    oled.setTextSize(2);                   //設定文字大小為 12×16。
    oled.setTextColor(WHITE);              //設定文字顏色為白色。
    oled.setCursor(0,32);                  //設定 x,y 座標為 0,32。
    oled.println("Hello OLED");            //顯示字串 Hello OLED。
    oled.display();                        //更新顯示。
    delay(2000);                           //延遲 2 秒。
    oled.clearDisplay();                   //清除顯示。
}
//主迴圈
void loop()
{
    oled.setTextSize(1);                   //設定文字大小為 6×8。
    oled.setCursor(0,0);                   //設定 x,y 座標為 0,0。
    drawAsciiChar();                       //顯示 ASCII 碼 0~255 的內容。
    oled.display();                        //更新顯示。
```

```
    delay(5000);                    //延遲 5 秒。
    oled.clearDisplay();            //清除顯示。
}
//ASCII 字元顯示函式
void drawAsciiChar(void)
{
    for (i=0;i<255;i++)             //顯示 ascii 0~255 內容。
    {
        if (i == 'n') continue;     //如果 ascii 碼是換列碼則不顯示。
            oled.write(i);          //顯示 ascii 內容。
        if ((i > 0) && (i % 21 == 0))  //每列顯示 21 個 ascii 碼。
            oled.println();         //換列顯示。
    }
    oled.display();                 //更新顯示。
    delay(1);                       //延遲 1ms。
}
```

延 伸 練 習

1. 如圖 3-85 所示 I2C 介面 OLED 模組顯示電路接線圖，使用 Arduino 控制板配合 0.96
   寸 I2C 介面 OLED 顯示器顯示如圖 3-86 所示 OLED 顯示圖形。(ch3-19A.ino)

圖 3-86　OLED 顯示圖形

▶ 動手做：使用 SPI 介面 OLED 模組顯示 ASCII 內容

■ 功能說明

　　如圖 3-87 所示 SPI 介面 OLED 模組顯示電路接線圖，使用 Arduino 控制板配合
0.96 寸 SPI 介面 OLED 顯示器，顯示 ASCII 碼 0~255 的內容。SPI 介面 OLED 模組
的 D0、D1、DC、RST、CS 等接腳可以任意設定使用 Arduino 板的數位腳 D2~D13，
其中 D0 功能如同 SCK 腳、D1 功能如同 MOSI 腳、CS 功能如同 SS 腳，而 DC 是

SSD1306 的資料/命令選擇腳。RST 是 SSD1306 的重置腳，正常工作時 RST 必須維持在高電位，當 RST 為低電位時，會初始化 SSD1306 晶片。

二 電路接線圖

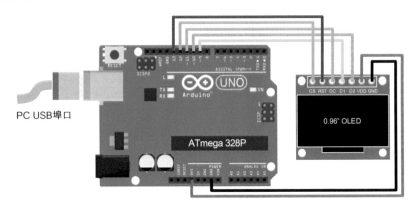

PC USB埠口

圖 3-87　SPI 介面 OLED 顯示電路接線圖

三 程式：💿 ch3-20.ino (SPI 介面 OLED 模組)

```
#include <Adafruit_SSD1306.h>          //使用 Adafruit_SSD1306 函式庫。
#define OLED_MOSI    9                 //定義 MOSI 腳連接至 D9。
#define OLED_CLK    10                 //定義 CLK 腳連接至 D10。
#define OLED_DC     11                 //定義 DC 腳連接至 D11。
#define OLED_CS     12                 //定義 CS 腳連接至 D12。
#define OLED_RESET  13                 //定義 RESET 腳連接至 D13。
Adafruit_SSD1306 oled(OLED_MOSI,OLED_CLK,OLED_DC, OLED_RESET, OLED_CS);
int i;                                 ;迴圈變數。
//初值設定
void setup()
{
    oled.begin(SSD1306_SWITCHCAPVCC);  //設定 OLED 面板電源。
    oled.clearDisplay( );              //清除顯示。
    oled.setTextSize(2);               //設定文字大小為12×16。
    oled.setTextColor(WHITE);          //設定文字顏色為白色。
    oled.setCursor(0,32);              //設定 x,y 座標為 0,32。
    oled.println("Hello OLED");        //顯示字串 Hello OLED。
    oled.display();                    //更新顯示。
    delay(2000);                       //延遲 2 秒。
    oled.clearDisplay();               //清除顯示。
```

```
}
//主迴圈
void loop()
{
    oled.setTextSize(1);              //設定文字大小為 6×8。
    oled.setCursor(0,0);             //設定 x,y 座標為 0,0。
    drawAsciiChar();                 //顯示 ASCII 碼 0~255 的內容。
    oled.display();                  //更新顯示。
    delay(5000);                     //延遲 5 秒。
    oled.clearDisplay();             //清除顯示。
}
//寫字元至 OLED
void drawAsciiChar(void)
{
    for (i=0;i < 255;i++)            //顯示 ASCII 碼 0~255 的內容。
    {
        if (i == '\n') continue;    //如果 ASCII 碼是換列碼則不顯示。
            oled.write(i);          //顯示 ASCII 內容。
        if ((i > 0) && (i % 21 == 0))  //每列顯示 21 個 ASCII 碼。
            oled.println();         //換列顯示。
    }
    oled.display();                  //更新顯示。
    delay(1);                        //延遲 1ms。
}
```

延 伸 練 習

1. 使用 Arduino 控制板配合 SPI 介面 OLED 顯示器顯示如圖 3-86 所示直線、方形、矩形、圓形、三角形等圖形。(ch3-20A.ino)

3-7-3 使用 OLED 顯示 BMP 圖形

OLED 模組最大可以顯示 128×64 解析度的 BMP 圖形,對於其它如 JPG、PNG 等圖檔格式,必須先使用『**Windows 小畫家**』或其它圖形轉檔程式,將其轉成適當大小的 BMP 檔,再使用『**LCD Assistant**』程式將 BMP 檔轉成 Byte 陣列檔,最後將 Byte 陣列檔加入 Arduino 草稿碼中,即可使用 OLED 顯示 BMP 圖形。步驟如下:

▶ 動手做：將 PNG 圖形轉成 Byte 陣列

STEP 1

A · 開啟『 Windows 小畫家 』。

B · 點選【 檔案 】【 開啟舊檔 O 】
開啟所要轉換的 PNG 圖形檔
mickey1.png。

C · 按『 開啟(O) 』鈕載入
mickey1.png 圖形檔。

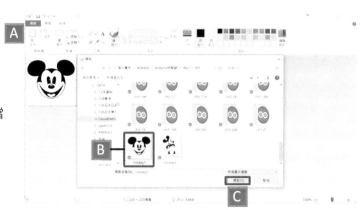

STEP 2

A · 調整圖片大小：點選『 調整大
小 』鈕。

B · 將 mickey1 圖片調整為
『 64×64 像素 』的圖形。

C · 按『 確定 』鈕結束設定。

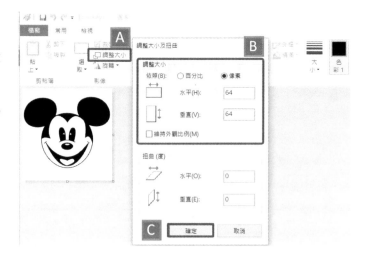

STEP 3

A · 點選【 檔案 】【 內容 】，開啟『 影
像內容 』視窗。

B · 因為是使用單色 OLED 顯示
器，所以必須將影像內容的色
彩改為『 黑白(B) 』。

C · 按『 確定 』結束『 影像內容 』
設定。

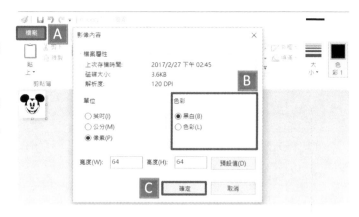

STEP 4

A · 點選【檔案】【另存新檔】開啟『另存新檔』視窗。

B · 『檔案名稱(N)』輸入 log1，『存檔類型(T)』選擇單色點陣圖。

C · 按『存檔(S)』結束。

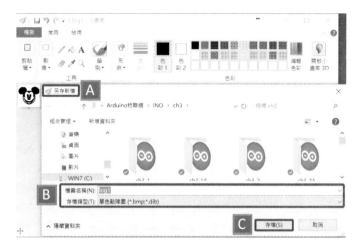

STEP 5

A · 下載並開啟『LCD Assistant』轉檔程式。

B · 點選【File】【Load image】

C · 點選『log1.bmp』圖檔。

D · 按下『開啟(O)』鈕，開啟 log1.bmp 圖檔。

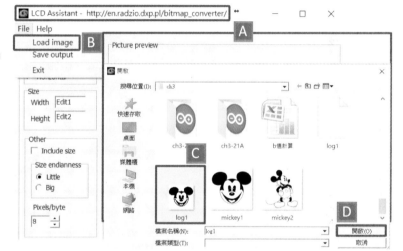

STEP 6

A · 因為 Adafruit_GFX 函式庫中的 drawBitmap() 函式顯示方式是先由左而右，再由上而下，所以此處選擇『Horizotal』。

B · 其餘設定不變。

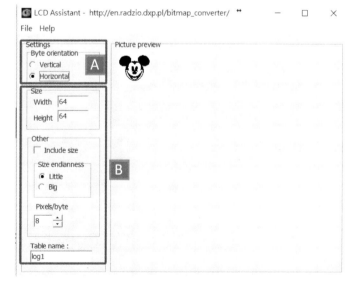

STEP 7

A・點選【 File 】【 Save output 】開啟『另存新檔』視窗。

B・在『 檔案名稱(N): 』欄位中輸入檔案名稱『 log1 』,『 存檔類型(T) 』無法輸入。

C・點選『 存檔(S) 』將,將 bmp 圖檔轉存成 Byte 陣列檔。

STEP 8

A・以『 Windows 記事本 』開啟 log1 陣列檔。

B・複製 log1 陣列檔的內容至 Arduino 程式中,再編寫 Arduino 草稿檔控制 OLED 顯示 BMP 圖形。

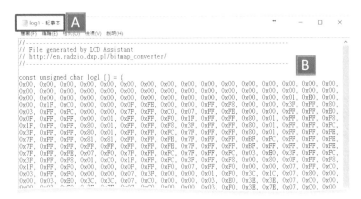

▶ 動手做：使用 I2C 介面 OLED 模組顯示 BMP 圖形

─ 功能說明

如圖 3-85 所示 I2C 介面 OLED 模組顯示電路接線圖,使用 Arduino 控制板配合 I2C 介面 OLED 顯示模組,顯示如圖 3-88 所示米老鼠 BMP 圖形。

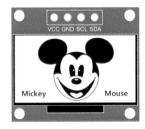

圖 3-88　米老鼠 BMP 圖形 (圖片來源：迪士尼公司)

二 電路接線圖

如圖 3-85 所示電路接線圖。

三 程式： ⊙ ch3-21.ino

```
#include <Adafruit_SSD1306.h>          //使用 Adafruit_SSD1306 函式庫。
#define OLED_RESET 9                    //SSD1306 重置腳連接至 D9。
Adafruit_SSD1306 oled(OLED_RESET);      //初始化 SSD1306。
int i;                                  //定義變數 i。
const unsigned char PROGMEM log1[]={    //log1 圖形存至 Flash Memory 中。
0x00,0x00,0x00,0x00,0x00,0x00,0x00,0x00,0x00,0x00,0x00,0x00,
0x00,0x00,0x00,0x00,0x00,0x00,0x00,0x00,0x00,0x00,0x00,0x00,
0x00,0x00,0x00,0x00,0x00,0x00,0x00,0x00,0x00,0x00,0x00,0x00,
0x00,0x00,0x00,0x00,0x00,0x00,0x00,0x00,0x00,0x00,0x00,0x00,
0x00,0x07,0x00,0x00,0x00,0x07,0xFC,0x00,0x00,0x7F,0xF0,0x00,
0x00,0x3F,0xFF,0x00,0x01,0xFF,0xFC,0x00,0x00,0x7F,0xFF,0x80,
0x07,0xFF,0xFE,0x00,0x00,0xFF,0xFF,0xE0,0x07,0xFF,0xFF,0x00,
0x00,0xFF,0xFF,0xF0,0x1F,0xFF,0xFF,0x00,0x00,0xFF,0xFF,0xF8,
0x1F,0xFF,0xFF,0x00,0x01,0xFF,0xFF,0xF8,0x3F,0xFF,0xFF,0x80,
0x01,0xFF,0xFF,0xFC,0x3F,0xFF,0xFF,0x80,0x01,0xFF,0xFF,0xFC,
0x3F,0xFF,0xFF,0x80,0x01,0xFF,0xFF,0xFC,0x7F,0xFF,0xFF,0x00,
0x00,0xFF,0xFF,0xFE,0x7F,0xFF,0xFF,0x1F,0xF8,0xFF,0xFF,0xFE,
0x7F,0xFF,0xFF,0xFF,0xFF,0xFF,0xFF,0xFE,0x7F,0xFF,0xFF,0x1F,
0xFD,0xFF,0xFF,0xFE,0x7F,0xFF,0xFC,0x07,0xE0,0x3F,0xFF,0xFC,
0x3F,0xFF,0xFC,0x03,0xC0,0x1F,0xFF,0xFC,0x3F,0xFF,0xF8,0x01,
0x80,0x0F,0xFF,0xF8,0x1F,0xFF,0xF0,0x00,0x80,0x0F,0xFF,0xF8,
0x0F,0xFF,0xF0,0x00,0x00,0x07,0xFF,0xE0,0x07,0xFF,0xF0,0x00,
0x00,0x07,0xFF,0xC0,0x01,0xFE,0xF0,0x00,0x00,0x07,0x00,0x00,
0x00,0x01,0xE0,0x1C,0x1C,0x07,0x80,0x00,0x00,0x01,0xE0,0x3C,
0x3C,0x07,0x80,0x00,0x00,0x01,0xE0,0x3E,0x3C,0x07,0x80,0x00,
0x00,0x03,0xE0,0x3E,0x3C,0x07,0xC0,0x00,0x00,0x03,0xE0,0x3A,
0x5C,0x07,0xC0,0x00,0x00,0x03,0xF0,0x3E,0x7C,0x07,0xC0,0x00,
0x00,0x03,0xF0,0x3E,0x7C,0x07,0xC0,0x00,0x00,0x06,0x30,0x1E,
0x7C,0x00,0xE0,0x00,0x00,0x04,0x00,0x1E,0x7C,0x00,0x60,0x00,
0x00,0x04,0x00,0x18,0x18,0x00,0x60,0x00,0x00,0x00,0x80,0x20,
0x04,0x01,0x40,0x00,0x00,0x02,0x40,0x07,0xF0,0x03,0x40,0x00,
0x00,0x02,0x40,0x0F,0xF0,0x02,0x40,0x00,0x00,0x02,0x20,0x0F,
0xF0,0x06,0x40,0x00,0x00,0x00,0x30,0x0F,0xF0,0x0C,0x40,0x00,
```

```
0x00,0x01,0x18,0x03,0xC0,0x1C,0x00,0x00,0x00,0x01,0x1C,0x00,
0x00,0x38,0x80,0x00,0x00,0x00,0x0F,0x00,0x00,0xF8,0x00,0x00,
0x00,0x00,0x87,0x80,0x01,0xF1,0x00,0x00,0x00,0x00,0x47,0xF0,
0x07,0xF0,0x00,0x00,0x00,0x00,0x43,0xFF,0xFF,0xE2,0x00,0x00,
0x00,0x00,0x21,0xFF,0xFF,0xC4,0x00,0x00,0x00,0x00,0x10,0xE3,
0xC7,0x88,0x00,0x00,0x00,0x00,0x08,0x60,0x07,0x10,0x00,0x00,
0x00,0x00,0x00,0x30,0x0E,0x20,0x00,0x00,0x00,0x00,0x01,0x1C,
0x3C,0xC0,0x00,0x00,0x00,0x00,0x00,0xC7,0xF3,0x00,0x00,0x00,
0x00,0x00,0x00,0x38,0x0C,0x00,0x00,0x00,0x00,0x00,0x00,0x00,
0x00,0x00,0x00,0x00,0x00,0x00,0x00,0x00,0x00,0x00,0x00,0x00,
0x00,0x00,0x00,0x00,0x00,0x00,0x00,0x00,0x00,0x00,0x00,0x00,
0x00,0x00,0x00,0x00,0x00,0x00,0x00,0x00,0x00,0x00,0x00,0x00,
0x00,0x00,0x00,0x00,0x00,0x00,0x00,0x00,0x00,0x00,0x00,0x00,
0x00,0x00,0x00,0x00,0x00,0x00,0x00,0x00,0x00,0x00,0x00,0x00,
0x00,0x00,0x00,0x00,0x00,0x00,0x00,0x00};
//初值設定
void setup()
{
    oled.begin(SSD1306_SWITCHCAPVCC,0x3C);  //設定面板電源及 I2C 位址。
    oled.clearDisplay();                     //清除 OLED 顯示內容。
    oled.invertDisplay(1);                   //設定為反白顯示。
    oled.drawBitmap(32,0,log1,64,64,WHITE);  //座標(32,0)顯示 64×64 圖。
    oled.setTextColor(WHITE);                //設定文字顏色。
    oled.setCursor(9,50);                    //設定座標(x,y)=(9,50)。
    oled.print("Mickey");                    //顯示文字 Mickey。
    oled.setCursor(90,50);                   //設定座標(x,y)=(90,50)。
    oled.print("Mouse");                     //顯示文字 Mouse。
    oled.display();                          //更新顯示。
}
//主迴圈
void loop()
{
}
```

延 伸 練 習

1. 使用 Arduino 控制板配合 I2C 介面 OLED 模組顯示如圖 3-89 所示米老鼠 BMP 圖形。(ch3-21A.ino)

圖 3-89　米老鼠 BMP 圖形 (圖片來源：迪士尼公司)

2. 如圖 3-90 所示磁場強度檢測電路接線圖，使用 Arduino 控制板配合霍爾感測模組檢測磁場強度，並將磁場強度顯示於 I2C 介面 OLED 顯示器中。(ch3-21B.ino)

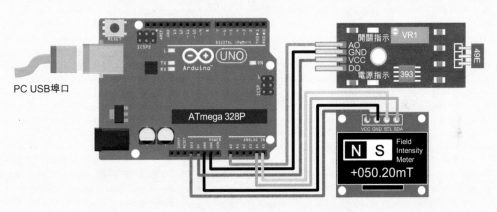

圖 3-90　磁場強度檢測電路接線圖

3-8　壓力感測器

　　如圖 3-91 所示壓力感測器（Force Sensing Resistor，簡記 FSR）FSR402 型，由 Interlink electronics 公司所生產製造。**FSR402 是一種將壓力（FORCE）轉換為電阻的感測器**，在 18.28mm 直徑圓的範圍內，最大可以感應到 10 公斤壓力。在沒有壓力時的電阻值大於 10MΩ，施加壓力後的電阻值會隨著壓力增加而減少。FSR402 壓力感測器價格低、使用容易，但是所施加的壓力與電阻值呈非線性變化，所以無法準確的測量出壓力值。

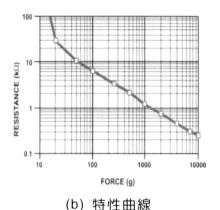

(a) 元件外觀   (b) 特性曲線

圖 3-91 FSR402 壓力感測器 (圖片來源：www.interlinkelectronics.com)

　　如圖 3-92 所示 FSR402 壓力感測器應用電路，外接 5V 直流電源至 FSR402 壓力感測器與電阻 R_M 的串聯電路，再經由 OPA 隨耦器輸出以減少負載效應。當壓力增加時，因 FSR402 電阻值減少，使輸出電壓 V_{OUT} 增加，其輸出電壓 V_{OUT} 等於

$$V_{OUT} = 5 \times \frac{R_M}{R_M + R_{FSR}}$$

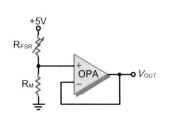
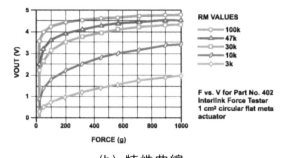

(a) 應用電路   (b) 特性曲線

圖 3-92 FSR402 壓力感測器應用電路 (圖片來源：www.interlinkelectronics.com)

▶ 動手做：重量檢測電路

一 功能說明

　　如圖 3-93 所示重量檢測電路接線圖，使用 Arduino 控制板配合 FSR402 壓力感測器來檢測物體重量。當物體重量未超過 500 公克時，LED 不亮；當物體重量超過 500 公克時，LED 亮。如圖 3-92(b)所示 FSR402 特性曲線，若 R_M=10kΩ 且在壓力為 500 公克時，FSR402 電阻值 R_{FSR}=2kΩ，代入上述方程式計算得輸出電壓為 4.17V。

■ 電路接線圖

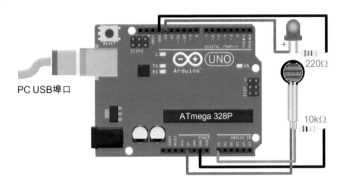

PC USB埠口

220Ω

ATmega 328P

10kΩ

圖 3-93　重量檢測電路接線圖

■ 程式：　ch3-22.ino

```
const int led=13;                     //LED 連接至 D13。
float volts;                          //壓力的電壓值。
int value;                            //壓力的數位值。
//初值設定
void setup(){
    Serial.begin(9600);               //設定序列埠傳輸速率 9600bps。
    pinMode(led,OUTPUT);              //設定 D13 為輸出埠。
    digitalWrite(led,LOW);           //LED 不亮。
}
//主迴圈
void loop()
{
    value=analogRead(A0);             //讀取壓力值。
    volts=(float)value*5/1024;        //將壓力數位值轉成電壓。
    Serial.print("Force Sensing=");
    Serial.println(value);            //顯示壓力數位值。
    Serial.print("Voltage=");
    Serial.println(volts);            //顯示輸出電壓。
    if(volts>4.17)                    //壓力超過 500 公克?
        digitalWrite(led,HIGH);      //點亮 LED。
    else                              //壓力未超過 500 公克。
        digitalWrite(led,LOW);       //關閉 LED。
    delay(500);                       //延遲 0.5 秒。
}
```

延 伸 練 習

1. 如圖 3-93 所示重量檢測電路接線圖，使用 Arduino 控制板配合 FSR402 壓力感測器
   檢測物體重量，當物體重量未超過 100 公克時，LED 不亮；當物體重量超過 100
   公克時，LED 亮。(ch3-22A.ino)

04

藍牙與 ZigBee
無線通訊技術

在物聯網中的**網路層如同人體的神經系統**，負責將神經末梢所感應的資訊傳送到大腦進行分析、判斷。在感知層與網路層之間的無線通訊主要使用藍牙（Bluetooth）、ZigBee 及 Wi-Fi 等三種無線通訊技術，特性比較如表 4-1 所示。Bluetooth 與 ZigBee 滿足低成本、低功耗、快速連結、安全性高等需求，常應用在**無線個人區域網路**（Wireless personal area network，簡記 **WPAN**），而 Wi-Fi 通訊距離長而且可以連上網際網路，常應用在**無線區域網路** （Wireless area network，簡記 **WLAN**）。

表 4-1　Bluetooth、ZigBee 及 Wi-Fi 無線通訊技術比較

特性	Bluetooth	ZigBee	Wi-Fi
協會 logo			
傳輸標準	IEEE 802.15.1	IEEE 802.15.4	IEEE 802.11
使用頻率	2.4GHz	868MHz、915MHz、2.4GHz	2.4GHz、5GHz
傳輸速度	中 (1~3Mbps)	慢 (10~250Kbps)	快 (11~54Mbps)
傳輸距離	10 公尺	10~100 公尺	50~100 公尺
消耗功率	中 (20mA)	低 (5mA)	高 (50mA)
節點數目	≤ 7	≤ 65,000	≤ 32
設備成本	中	低	高
安全性	高	中	低
網路拓撲	點對點(point-to-point)	點對點、星狀(star)、網狀	網狀(mesh)

4-1　藍牙（Bluetooth）技術

藍牙技術是由 Ericsson、IBM、Intel、NOKIA、Toshiba 等五家公司協議，傳輸標準 IEEE 802.15.1，為一**低成本、低功率、涵蓋範圍小的 RF 系統**。因為藍牙所使用的載波頻帶不需要申請使用執照，大家都可以任意使用，所以有可能造成通訊設備之間的干擾問題。

藍牙使用**跳頻展頻**（Frequency Hopping Spread Spectrum，簡記 **FHSS**）技術來減少通訊設備之間的干擾及電磁波的干擾。另外，使用加密技術來提高資料的保密性。所謂 **FHSS 技術**是指載波在極短的時間內快速不停地切換頻率，依 FHSS 技術規範，至少必須使用 75 個以上的頻率範圍，而且兩個不同頻寬之間跳頻的最大間隔時間為 0.04 秒（每秒至少跳頻 25 次以上）。藍牙技術的傳輸規範是使用 **79 個頻率範**

圍，每秒鐘跳頻 1600 次。藍牙使用 2.4GHz 載波傳輸，傳輸不會受到物體阻隔的限制，因此適用於連結電腦與電腦、電腦與周邊以及電腦與其他行動數據裝置如手機、遊戲機、平板電腦、藍牙耳機、藍牙喇叭等裝置。每個藍牙連接裝置都是依 IEEE 802 標準所制定的 48 位元位址，可以一對一或一對多連接。**藍牙 V2.0 傳輸率 1Mbps，藍牙 V2.0+EDR（ Enhanced Data Rate ）傳輸率 3Mbps，藍牙 V3.0+HS（ High Speed ）傳輸率 24Mbps**。一般藍牙傳輸距離約 10 公尺，藍牙 4.0 提高傳輸距離至 60 公尺，並且提升了電源效率及網路節點數目。

4-1-1 藍牙模組

如圖 4-1 所示為廣州匯承信息科技所生產製造的 HC 系列藍牙模組，符合藍牙 V2.0+EDR 規格，並且支援 SPP（ Serial Port Profile ）。使用者透過藍牙連線時可將其視為序列埠裝置，藍牙模組出廠時的預設參數為自動連線『**從端（ Slave ）**』角色，鮑率為 9600 bps、8 個資料位元、無同位元及 1 個停止位元，PIN 碼為 1234。在藍牙模組的周邊如郵票的齒孔為其接腳，需自行焊接於萬孔板或專用底板上，常見的藍牙模組如圖 4-1(a)所示 HC-05 藍牙模組及如圖 4-1(b)所示 HC-06 藍牙模組兩種，HC-05 同時具有『**主控端（ Master ）**』及『**從端（ Slave ）**』兩種工作模式，出廠前已經預設為從端模式，但可使用 AT 命令更改工作模式。HC-06 只具有主控端或從端其中一種工作模式，但出廠前已經設定為『**從端**』模式，不能再使用 AT 命令更改。

(a) 模組外觀

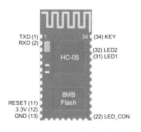
(b) HC-05 模組接腳

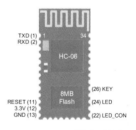
(c) HC-06 模組接腳

圖 4-1　HC-05 及 HC-06 藍牙模組

藍牙模組是一種能將原有的全雙工串列埠 UART TTL 介面轉換成無線傳輸的裝置。藍牙模組不限作業系統、不需安裝驅動程式，就可以直接與各種微控制器連接，使用起來相當容易，只要注意電源及串列埠 RXD、TXD 的接腳，就能正確配對連線。HC-06 是較早期的版本，不能更改工作模式，AT 命令也相對較少，建議購買 HC-05 藍牙模組，HC-05 藍牙模組的主要接腳功能說明如表 4-2 所示。

表 4-2 HC-05 藍牙模組的主要接腳功能說明

模組接腳	功能說明
1	TXD：藍牙串列埠傳送腳，連接至單晶片的 RXD 腳。
2	RXD：藍牙串列埠接收腳，連接至單晶片的 TXD 腳。
11	RESET：模組重置腳，低電位動作，不用時可以空接。
12	3.3V：電源接腳，電壓範圍 3.0V~4.2V，典型值為 3.3V，工作電流小於 50mA。
13	GND：模組接地腳。
31	LED1：工作狀態指示燈，有三種狀態說明如下： (1) 配對完成時，此腳輸出 2Hz 方波，也就是每秒快閃二下。 (2) 模組通電同時令 KEY 腳為高電位，此腳輸出 1Hz 方波（慢閃），表示進入【AT 命令回應模式】，使用 38400 bps 的傳輸速率。 (3) 模組通電同時令 KEY 腳為低電位，此腳輸出 2Hz 方波（快閃），表示進入【自動連線模式】。如果再令 KEY 腳為高電位，可進入【AT 命令回應模式】，但此腳仍輸出 2Hz 方波（快閃）。
32	LED2：配對指示燈。配對連線成功後，輸出高電位且 LED2 恒亮。
34	KEY：模式選擇腳，有兩種模式。 (1) 當 KEY 為低電位或空接時，模組通電後進入【自動連線模式】。 (2) 當 KEY 為高電位時，模組通電後進入【AT 命令回應模式】。

4-1-2 含底板 HC-05 藍牙模組

為了減少使用者焊接的麻煩，元件製造商會將藍牙模組的 KEY、VCC、GND、TXD、RXD、RESET、LED1、LED2 等主要接腳，焊接組裝成如圖 4-2 所示含底板 HC-05 藍牙模組，不同製造廠商會有不同的引出接腳名稱，但大同小異。多數微控制器的工作電壓為 5V，而藍牙模組的工作電壓為 3.3V。因此，在底板內含一個 3.3V 的直流電壓調整 IC（LD33V），可將 5V 輸入電壓穩壓為 3.3V 供電給藍牙模組使用。

(a) 模組外觀

(b) 接腳圖

圖 4-2 含底板 HC-05 藍牙模組

4-1-3 藍牙工作模式

藍牙模組分成『**自動連線**』及『**AT 命令回應**』兩種工作模式,當藍牙模組的 KEY 腳為低電位或空接時,藍牙模組工作在『自動連線』模式。在『自動連線』模式下又可分成『主端(Master)』、『從端(Slave)』及『回應測試(Slave-Loop)』三種工作角色(ROLE)。Master 角色為主動連接,Slave 角色為被動連接,而 Slave-Loop 角色為被動連接接收遠端藍牙設備數據並將數據原樣傳回。**使用藍牙模組前必須先進行配對,配對完成進行連線,連線成功後才能開始進行資料傳輸。**藍牙模組還沒有連線前的電流約為 30mA,連線後不論通訊與否的電流約為 8mA,沒有休眠模式。當藍牙模組的 KEY 腳為高電位時,工作在『AT 命令回應』模式。藍牙模組處於『AT 命令回應』模式時,能執行所有 AT 命令,**可以使用 Arduino IDE『序列埠監控視窗』,並且將鮑率設定為 38400bps,再使用 AT 命令來設定藍牙模組的所有參數。**

4-1-4 藍牙參數設定

多數的藍牙模組都能讓使用者自行調整參數,在出廠時預設為『**自動連線**』模式,模組使用設定好的參數來傳送或接收資料,並不會解讀資料內容。如果要設定藍牙模組的參數,必須進入『AT **命令回應**』模式來執行 AT 命令,**AT 命令不是透過藍牙無線傳輸來設定**,必須使用如圖 4-3 所示 USB 對 TTL 轉換器,將藍牙模組連接至電腦,再以序列埠監控軟體(例如 AccessPort 通訊軟體)來設定藍牙參數。

(a) 連接線外觀　　　　　　　　　　　　(b) 接腳

圖 4-3　USB 對 TTL 轉換器

如圖 4-4 所示為 USB 對 TTL 轉換器與 HC-05 藍牙模組的連線方式,USB 對 TTL 轉換器的 TXD、RXD 腳必須與 HC-05 藍牙模組的 RXD、TXD 腳配對連接才能通訊。另外,轉換器與藍牙模組的 VCC 腳及 GND 腳互相連接、轉換器的 KEY 腳連接至藍牙模組的 3V3 腳。藍牙模組通電進入『AT **命令回應**』模式後,再開啟 AccessPort 通訊軟體就可以開始使用 AT 命令來設定藍牙參數。

圖 4-4　USB 對 TTL 轉換器與 HC-05 藍牙模組的連線方式

在 Arduino UNO 板上有一個 USB 晶片 ATmega16u2，負責將 USB 信號轉換成 TTL 信號，因此可以節省購買 USB 對 TTL 轉換器的經費。另外，Arduino IDE 的『序列埠監控視窗』也可以取代 AccessPort 通訊軟體，只須設定傳輸速率為 38400bps，並且使用結束字符 "\r\n" 作結尾，就可以輸入 AT 命令來設定藍牙參數

AT 命令沒有大、小寫之分，只要輸入 AT 命令後再按 Enter ↵ 鍵，即可自動產生結束字符。不同廠商的 AT 命令可能會有些不同，在購買藍牙模組時必須向廠商索取 AT 命令規格書。如表 4-3 所示為 HC-05 藍牙模組常用 AT 命令說明，可以實際測試比較容易了解其功能。因為藍牙模組出廠時所使用的模組名稱相同，所以在使用藍牙模組前必須先更改藍牙名稱，才不會造成干擾。

表 4-3　HC-05 藍牙模組常用 AT 命令說明

功能	AT 命令	回應	參數說明
模組測試	AT	OK	無
模組重置	AT+RESET	OK	無
查詢模組軟體版本	AT+VERSION?	+VERSION:參數 OK	軟體版本及製造日期
恢復出廠設定狀態	AT+ORGL	OK	無
取得模組藍牙位址	AT+ADDR?	+ADDR:參數	模組藍牙位址
查詢模組名稱	AT+NAME?	+NAME:參數 OK	模組名稱
設定模組名稱	AT+NAME=參數	OK	模組名稱
查詢模組工作角色	AT+ROLE?	+ROLE:參數 OK	0:從端角色(Slave)(預設值) 1:主端角色(Master) 2:回應角色(Slave-Loop)
設定模組工作角色	AT+ROLE=參數	OK	同上
查詢模組配對碼	AT+PSWD?	+PSWD:參數 OK	配對碼(預設值 1234)

功能	AT 命令	回應	參數說明
設定模組配對碼	AT+PSWD=參數	OK	配對碼
查詢串列埠參數	AT+UART	+UART=參數 1,2,3 OK	參數 1:傳輸速率 參數 2:停止位元 參數 3:同位位元 預設值 9600,0,0
設定串列埠參數	AT+UART= 參數 1,參數 2,參數 3	OK	參數 1:傳輸速率 4800, 9600,19200,38400, 57600,115200,230400 460800,921600,1382400 參數 2:停止位元 0:1 位,1:2 位 參數 3:同位位元 0:None,1:Odd,2:Even
查詢連接模式	AT+CMODE?	+CMODE:參數 OK	0:指定藍牙位址(預設值) 1:任意藍牙位址 2:回應角色
設定連接模式	AT+CMODE=參數	OK	連接模式
查詢綁定藍牙位址	AT+BIND?	+BIND:參數 OK	綁定藍牙位址 00:00:00:00:00:00(預設值)
設定綁定藍牙位址	AT+BIND=參數		綁定藍牙位址,只有在指定 藍牙位址時才有效。

▶ 動手做：藍牙參數設定電路

一 功能說明

　　如圖 4-5 所示藍牙參數設定電路接線圖，將 **KEY 腳連接至高電位**，在藍牙模組通電後就會進入藍牙的『**AT 命令回應**』模式，此時 LED1 指示燈由快閃變成慢閃狀態。將 ch4-1.ino 草稿碼上傳至 Arduino 控制板後，再打開『序列埠監控視窗』，就可以在監控視窗的輸入欄位中輸入 AT 命令來設定藍牙參數。

二 電路接線圖

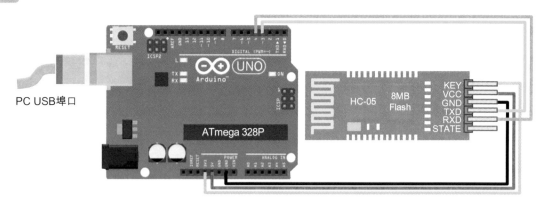

圖 4-5　藍牙參數設定電路接線圖

三 程式： ch4-1.ino

```
#include <SoftwareSerial.h>              //使用 SoftwareSerial 函式庫。
SoftwareSerial BluetoothSerial(3,4);    //設定 D3 為 RXD 腳 ,D4 為 TXD 腳。
//初值設定
void setup()
{
    Serial.begin(38400);                //設定序列埠傳輸速率為 38400bps。
    BluetoothSerial.begin(38400);       //設定藍牙傳輸速率為 38400bps。
}
//主迴圈
void loop()
{
    if(BluetoothSerial.available())            //藍牙模組有傳送數據資料?
        Serial.write(BluetoothSerial.read());  //讀取藍牙數據。
    else if(Serial.available())                //序列埠已接收到 AT 命令?
        BluetoothSerial.write(Serial.read());  //將 AT 命令傳給藍牙模組。
}
```

一、測試藍牙模組

STEP 1

A· 開啟 CH4-1.ino 草稿碼，並且上傳至 Arduino 板中。

B· 開啟『序列埠監控視窗』。

STEP 2

A· 設定序列埠傳輸速率為 38400bps

B· 選擇【 NL&CR 】，才能執行 AT 命令。

C· 在傳送欄位中輸入『AT』命令並按下鍵盤『ENTER 鍵』。

D· 如果連線正常，藍牙回應『OK』。

二、查詢藍牙模組名稱

STEP 1

A· 在傳送欄位中輸入『AT+NAME』命令並按下鍵盤『ENTER 鍵』。

B· 若藍牙模組接收到命令，會回傳模組名稱『+NAME:HC-05』及『OK』訊息，HC-05 為出廠預設名稱（視廠商不同而異）。

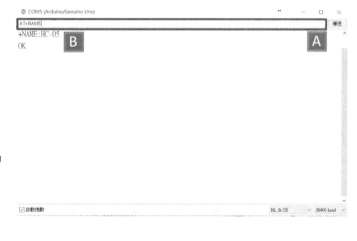

三、查詢藍牙工作角色

STEP 1

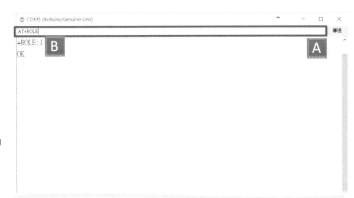

A · 在傳送欄位中輸入
『AT+ROLE』命令並按下電
腦鍵盤『ENTER 鍵』。

B · 藍牙回傳『+ROLE:1』及『OK』
訊息。1 表示藍牙模組為主
(Master)角色。

延 伸 練 習

1. 如圖 4-5 所示藍牙參數設定電路接線圖，連線完成後更改藍牙名稱為『BT01』。

2. 如圖 4-5 所示藍牙參數設定電路接線圖，連線完成後查詢並且設定藍牙序列埠傳輸
速率為 9600bps。

4-2　藍牙傳輸

　　藍牙是一種低功耗、短距離的無線通訊技術，普遍被應用在各種電腦週邊產品、
行動裝置及穿戴裝置上，是實現物聯網應用的關鍵技術之一。藍牙 4.0 規格更是能節
省達近九成的電力，並且將有效傳輸距離提升至 200 英尺（約 60 公尺）。本節將應
用 Android 手機透過藍牙連線來控制 Arduino 板所連接的週邊模組。Android 的中文
名稱『**安卓**』，是由 Google 特別為行動裝置所設計，以 **Linux 語言為基礎的開放原
始碼作業系統**，主要應用在智慧型手機和平板電腦等行動裝置上。Android 一字的原
意是『**機器人**』，使用如圖 4-6 所示 Android 綠色機器人符號來代表一個輕薄短小、
功能強大的作業系統。Android 作業系統完全免費，任何廠商都可以不用經過 Google
的授權，即可任意使用，但必須尊重其智慧財產權。

圖 4-6　Android 綠色機器人符號

　　Android 作業系統支援鍵盤、滑鼠、相機、觸控螢幕、多媒體、繪圖、動畫、無線裝置、藍牙裝置及 GPS、加速度計、陀螺儀、氣壓計、溫度計等多種感測器。雖然使用 Android 原生程式碼來開發手機應用程式是最能直接控制到這些裝置，但是繁雜的程式碼對於一個初學者來說往往是最困難的。所幸 Google 實驗室發展出 Android 手機應用程式的開發平台 App Inventor，捨棄了複雜的程式碼，改用**視覺導向程式拼塊**堆疊來完成 Android 應用程式。Google 已於 2012 年 1 月 1 日將 App Inventor 開發平台移交給麻省理工學院（Massachusetts Institute of Technology，簡記 MIT）行動學習中心繼續維護開發，並於同年 3 月 4 日以 MIT App Inventor 名稱公佈使用。目前 MIT 行動學習中心已發表最新版本 MIT App Inventor 2。本章使用 App Inventor 2 來完成手機藍牙控制程式，App 的使用方法請參考相關書籍說明。

4-2-1 手機與 HC-05 藍牙模組連線

　　藍牙模組已經是智慧型行動裝置的基本配備，它可以讓您與他人分享檔案，也可以與其它具有藍牙模組的耳機、喇叭等裝置進行無線通訊。無論您想利用藍牙來做什麼工作，第一個步驟都是先將您的手機與其它藍牙裝置進行配對。所謂**配對是指設定藍牙裝置而使其可以連線到手機的程序**。以 Android 手機來說明配對的程序如下：

STEP 1

A · 開啟 Android 手機的【設定】視窗，並開啟（ON）藍牙裝置。

B · 按下藍牙裝置，開始進行配對程序。

STEP 2

A· 在【配對裝置】中會出現 BTCAR 藍牙裝置，之後就可以使用手機藍牙遙控 App 程式進行連線。

B· 如果要改用其它藍牙裝置，可以按下【搜尋】鈕，開始搜尋未配對的藍牙裝置，再進行配對。

STEP 3

A· 手機會在【可用裝置】欄位中列出搜尋到的可用藍牙裝置。

B· 以 HC-07 為例，點選 HC-07 即可進行配對。

STEP 4

A· 利用下列鍵盤輸入該裝置的 PIN 碼，出廠預設值通常是 1234 或 0000。

B· 輸入該裝置的 PIN 碼後，再按下【確定】鍵，就可以與 HC-07 進行配對。

STEP 5

A· 配對完成後，在【配對裝置】中會出現 HC-07 藍牙裝置。

▶ 動手做：藍牙調光燈電路

一 功能說明

如圖 4-7 所示藍牙調光燈電路接線圖，使用手機與 HC-05 藍牙模組連線，連線成功後，再利用手機 App 程式控制連接在 Arduino 板上燈光的亮度。

二 電路接線圖

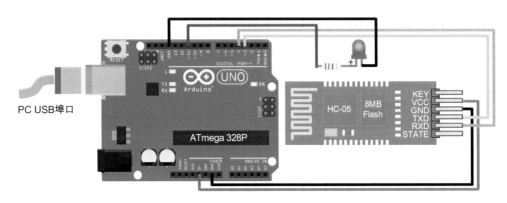

PC USB埠口

圖 4-7　藍牙調光燈電路接線圖

三 程式：　ch4-2.ino

```
#include <SoftwareSerial.h>            //使用 SoftwareSerial 函式庫。
SoftwareSerial BluetoothSerial(3,4);  //設定 D3 為 RXD 腳，D4 為 TXD 腳。
int led=11;                           //D11 連接 LED 燈。
char code;                            //字元變數。
byte value;                           //8 位元資料變數。
//初值設定
void setup()
{
    BluetoothSerial.begin(9600);      //設定藍牙模組傳輸速率為 9600bps。
    pinMode(led,OUTPUT);              //設定 D11 為輸出埠。
    digitalWrite(led,LOW);           //關閉 LED 燈。
}
//主迴圈
void loop()
{
    if(BluetoothSerial.available())   //已接收到手機藍牙傳送的資料?
```

```
    {
        delay(50);                        //延遲50ms，等待信號穩定。
        code=BluetoothSerial.read();      //讀取手機藍牙傳送的字元?
        if(code=='0')                     //字元為'0'?
            digitalWrite(led,LOW);        //關閉LED燈。
        else if(code=='1')                //字元為'1'?
            digitalWrite(led,HIGH);       //開啟LED燈。
        else if(code=='s')                //字元為's'?
        {
            value=BluetoothSerial.read(); //讀取藍牙傳送的第2個資料。
            if(value<20)                  //資料數值小於20?
                analogWrite(led,0);       //關閉LED燈。
            else                          //資料數值value大於等於20。
                analogWrite(led,value);   //依value值設定LED燈的亮度。
        }
    }
}
```

四 App 介面配置及說明(APP/ch4/BToneLED.aia)

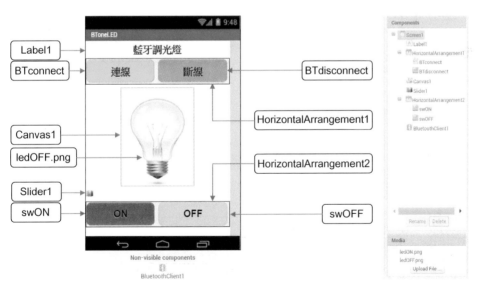

名稱	元件	主要屬性說明
Label1	Label	FontSize=24
BTconnect	ListPicker	Height=50pixels,Width=Fill parent

名稱	元件	主要屬性說明
BTdisconnect	Button	Height=50pixels,Width=Fill parent
Canvas1	Canvas	Backgroundimage=ledOFF.png
Slider1	Slider	MinValue=0,MaxValue=255
swON，swOFF	Button	Height=50pixels,Width=Fill parent

五 App 方塊功能說明 （APP/ch4/BToneLED.aia）

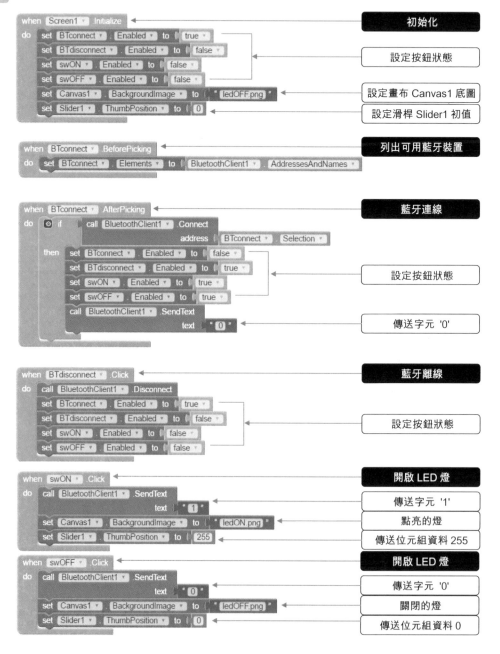

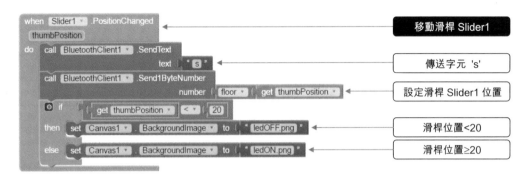

	移動滑桿 Slider1
	傳送字元 's'
	設定滑桿 Slider1 位置
	滑桿位置<20
	滑桿位置≥20

延 伸 練 習

1. 如圖 4-8 所示藍牙全彩調光燈電路接線圖，使用手機與 HC-05 藍牙模組連線，利用手機藍牙傳送數據給 Arduino 板來控制 16 燈串列式全彩 LED 模組的顏色及亮度，所設定的顏色會顯示在畫布 Canvas2 上(ch4-2A.ino)。App 介面配置及說明如圖 4-9 所示(APP/ch4/BTrgbLED.aia)。

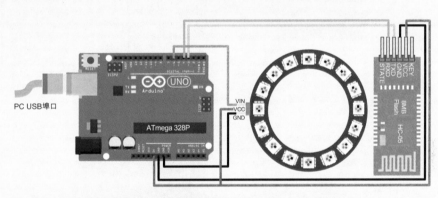

圖 4-8　藍牙全彩調光燈電路接線圖

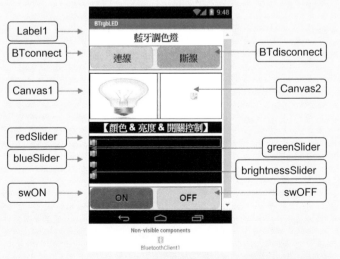

圖 4-9　App 介面配置及說明

▶ 動手做：藍牙溫溼度監控電路

一 功能說明

如圖 4-10 所示藍牙溫溼度監控電路接線圖，使用手機與 HC-05 藍牙模組連線，利用 Arduino 板配合 DHT11 溫溼度模組，監控環境溫度及溼度並將數據傳給手機。

二 電路接線圖

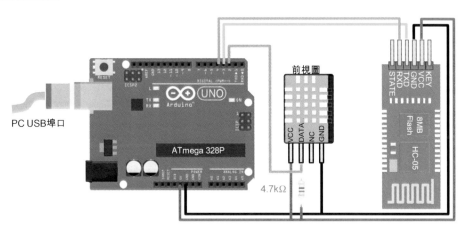

圖 4-10　藍牙溫溼度監控電路接線圖

三 程式：　ch4-3.ino

```
#include <DHT.h>                    //使用 DHT 函式庫。
#include <SoftwareSerial.h>         //使用 SoftwareSerial 函式庫。
SoftwareSerial BTSerial(3,4);       //設定 D3 為 RXD 腳，D4 為 TXD 腳。
#define DHTPIN 2                    //設定 D2 讀取 DHT11 的溫溼度值。
#define DHTTYPE DHT11               //定義溫溼度感測器型號。
DHT dht(DHTPIN, DHTTYPE);           //初始化 DHT11。
//初值設定
void setup()
{
    BTSerial.begin(9600);           //設定藍牙模組傳輸速率 9600bps。
    Serial.begin(9600);             //設定序列埠傳輸速率 9600bps。
    delay(1000);                    //延遲 1 秒。
}
//主迴圈
void loop()
```

```
{
    float h = dht.readHumidity();          //讀取溼度值。
    float t = dht.readTemperature();       //讀取溫度值。
    if (isnan(t) || isnan(h))              //溫度值或溼度值不是數值?
        Serial.println("Failed to read from DHT");//顯示字串。
    else
    {
        Serial.print("Temp=");
        Serial.print(t);                   //顯示溫度值。
        Serial.print(" *C");
        BTSerial.write("t");               //藍牙模組傳送字元"t"給手機。
        BTSerial.write(t);                 //藍牙模組傳送溫度值給手機。
        Serial.print(" ");
        Serial.print("Humidity=");
        Serial.print(h);                   //顯示溼度值。
        Serial.println("% ");
        BTSerial.write("h");               //藍牙模組傳送字元"h"給手機。
        BTSerial.write(h);                 //藍牙模組傳送溼度值給手機。
    }
    delay(1000);                           //每秒更新顯示。
}
```

四 App 介面配置及說明 (APP/ch4/BTdht11.aia)

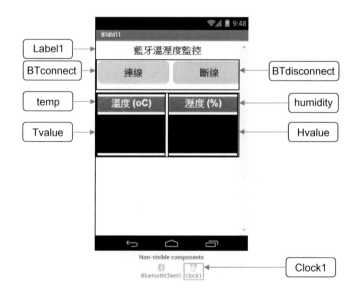

名稱	元件	主要屬性說明
Label1	Label	FontSize=24
BTconnect	ListPicker	Height=50pixels,Width=Fill parent
BTdisconnect	Button	Height=50pixels,Width=Fill parent
temp	Label	Height=30pixels,Width=49 percent
Tvalue	Label	Height=80pixels,Width=49 percent
humidity	Label	Height=30pixels,Width=49 percent
Hvalue	Label	Height=80pixels,Width=49 percent
Clock1	Clock	TimerInterval=1000

五 App 方塊功能說明 (APP/ch4/BTdht11.aia)

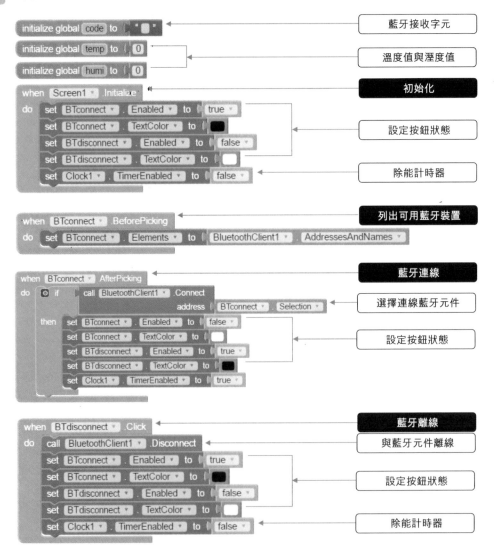

4-20

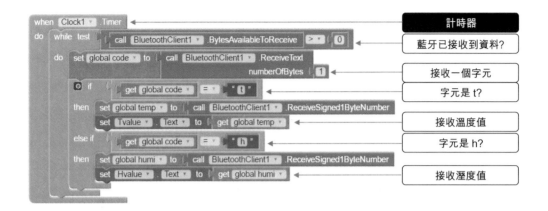

延伸練習

1. 如圖 4-10 所示藍牙溫溼度監控電路接線圖,使用手機與 HC-05 藍牙模組連線,利用 Arduino 板配合 DHT11 溫溼度模組,監控環境溫度及溼度,再將數據傳送給手機 (ch4-3.ino)。App 介面配置及說明如圖 4-11 所示,除了顯示溫度及溼度值之外,同時顯示溫度變化曲線(APP/ch4/BTdht11Curve.aia)。

圖 4-11　App 介面配置及說明

▶ 動手做：藍牙遠端類比輸入監控電路

一 功能說明

　　如圖 4-12 所示藍牙遠端類比輸入監控電路接線圖，使用手機與 HC-05 藍牙模組連線，並且利用 Arduino 板監控一個類比輸入 A0 的電壓值，再將數據傳送給手機。

二 電路接線圖

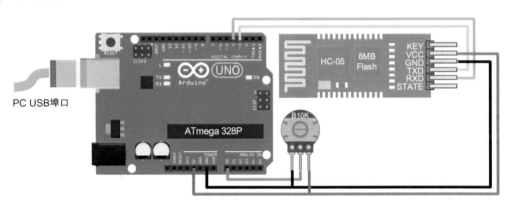

圖 4-12　藍牙遠端類比輸入監控電路接線圖

三 程式： ch4-4.ino

```
#include <DHT.h>                    //使用 DHT 函式庫。
#include <SoftwareSerial.h>         //使用 SoftwareSerial 函式庫。
SoftwareSerial BTSerial(3,4);       //設定 D3 為 RXD 腳，D4 為 TXD 腳。
int value;                          //類比輸入 A0 的數位值。
//初值設定
void setup()
{
    BTSerial.begin(9600);           //設定藍牙模組的傳輸速率為 9600bps。
    Serial.begin(9600);             //設定序列埠的傳輸速率為 9600bps。
    delay(1000);                    //延遲 1 秒。
}
//主迴圈
void loop()
{
    value=analogRead(A0);           //讀取 A0 的電壓數位值。
    Serial.print("A0=");
```

```
    Serial.println(value);          //顯示電壓數位值。
    BTSerial.write("A");            //藍牙模組傳送代碼"A"。
    BTSerial.write(value/256);      //藍牙模組傳送數位值高位元組。
    BTSerial.write(value%256);      //藍牙模組傳送數位值低位元組。
    delay(1000);                    //每秒更新顯示。
}
```

四 App 介面配置及說明 (APP/ch4/BTanalog.aia)

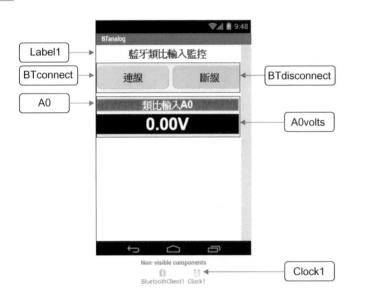

名稱	元件	主要屬性說明
Label1	Label	FontSize=24
BTconnect	ListPicker	Height=50pixels,Width=Fill parent
BTdisconnect	Button	Height=50pixels,Width=Fill parent
A0	Label	Height=Automatic,Width=Fill parent
A0volts	Label	Height=Automatic,Width=Fill parent
Clock1	Clock	TimerInterval=1000

五 App 方塊功能說明 (APP/ch4/BTanalog.aia)

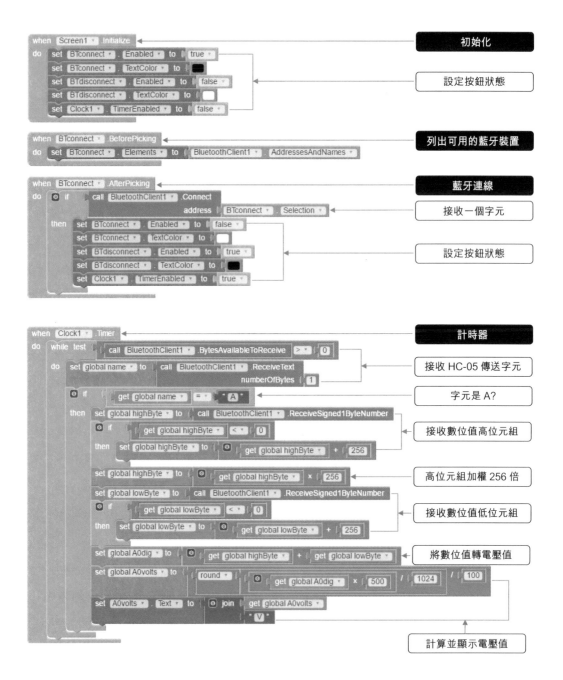

初始化

設定按鈕狀態

列出可用的藍牙裝置

藍牙連線

接收一個字元

設定按鈕狀態

計時器

接收 HC-05 傳送字元

字元是 A?

接收數位值高位元組

高位元組加權 256 倍

接收數位值低位元組

將數位值轉電壓值

計算並顯示電壓值

延 伸 練 習

1. 如圖 4-13 所示藍牙類比輸入監控電路接線圖,使用手機與 HC-05 藍牙模組連線,並利用 Arduino 板監控六個類比輸入 A0~A5 的電壓值(ch4-4A.ino)。App 介面配置及說明如圖 4-14 所示(APP/ch4/BTanalog6.aia)。

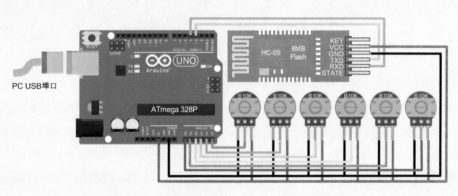

圖 4-13　藍牙類比輸入監控電路接線圖

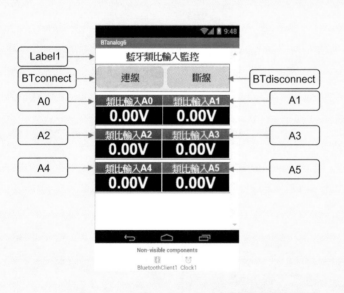

圖 4-14　App 介面配置及說明

▶ 動手做：藍牙防丟尋物器電路

一 功能說明

如圖 4-16 所示藍牙防丟尋物器電路接線圖，手機安裝並開啟如圖 4-15(a)所示 App 程式/ino/ch4/BTSearch.aia。藍牙尋物器有兩種工作模式，第一種模式為『**防丟**』模式，如圖 4-15(b)所示按下 連線 鈕與 HC-05 藍牙模組連線，當人員或物品在藍牙連線有效範圍內時，LED 恆亮；當人員或物品離開藍牙連線有效範圍外時，LED 快閃且蜂鳴器及手機同時發出嗶嗶警示聲。第二種模式為『**尋物**』模式，如圖 4-15(c) 所示按下 尋物 鈕開始尋找人員或物品，此時電路中的 LED 快閃且蜂鳴器及手機同時發出嗶嗶警示聲以辨別方位，再按一下 尋物 鈕又進入『**防丟**』模式。

(a) 藍牙斷線

(b) 防丟模式

(c) 尋物模式

圖 4-15　藍牙防丟尋物器手機畫面

二 電路接線圖

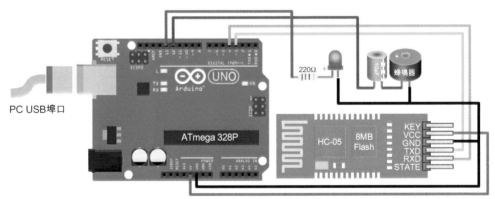

圖 4-16　藍牙防丟尋物器電路接線圖

≡ 程式： ⊙ ch4-5.ino

```
#include <SoftwareSerial.h>              //使用 SoftwareSerial 函式庫。
SoftwareSerial BTSerial(3,4);           //設定 D3 為 RXD 腳，D4 為 TXD 腳。
const int bz=12;                        //D12 連接至蜂鳴器。
const int led=13;                       //D13 連接至 LED。
char code;                              //藍牙模組接收識別碼。
unsigned long timeout;                  //逾時計時器。
//初值設定
void setup()
{
    BTSerial.begin(9600);               //設定藍牙傳輸速度為 9600bps。
    pinMode(bz,OUTPUT);                 //設定 D12 為輸出埠。
    pinMode(led,OUTPUT);                //設定 D13 為輸出伴。
    digitalWrite(bz,LOW);               //設定蜂鳴器靜音。
    digitalWrite(led,LOW);              //設定 LED 不亮。
    delay(1000);                        //延遲 1 秒。
    timeout=millis();                   //讀取現在系統時間。
}
//主迴圈
void loop()
{
    if(BTSerial.available())            //藍牙模組接收到資料?
    {
        delay(50);                      //延遲 50 毫秒。
        code=BTSerial.read();           //讀取識別碼。
        if(code=='A')                   //手機傳送的識別碼為 A?
        {
            BTSerial.write("B");        //藍牙模組傳送識別碼 B 給手機。
            delay(50);                  //延遲 50 毫秒。
            timeout=millis();           //重設逾時計時器內容。
            digitalWrite(led,HIGH);     //LED 亮，指示藍牙連線。
            noTone(bz);                 //蜂鳴器靜音。
        }
    }
    if((millis()-timeout)>3000||code=='S')//逾時 3 秒或接收到識別碼 S?
    {
        digitalWrite(led,HIGH);         //LED 閃爍。
```

```
    tone(bz,1000);                        //蜂鳴器發出嗶嗶聲。
    delay(100);
    digitalWrite(led,LOW);
    noTone(bz);
    delay(100);
  }
}
```

四 App 介面配置及說明 (APP/ch4/BTsearch.aia)

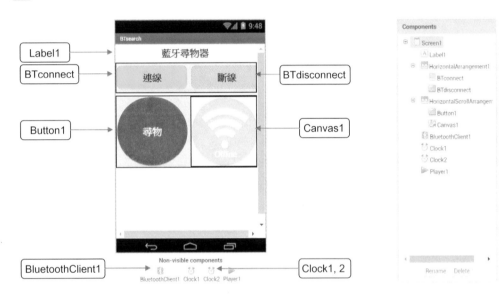

名稱	元件	主要屬性說明
Label1	Label	FontSize=24
BTconnect	ListPicker	Height=50pixels,Width=Fill parent
BTdisconnect	Button	Height=50pixels,Width=Fill parent
Button1	Button	Height=50pixels,Width=50percent
Canvas1	Canvas	Height=50pixels,Width=50pixels
BluetoothClient1	BluetoothClient1	CharacterEncoding=UTF-8
Clock1	Clock1	TimerInterval=1000
Clock2	Clock2	TimerInterval=500
Player1	Player	Volume=75

五 App 方塊功能說明 （APP/ch4/BTsearch.aia）

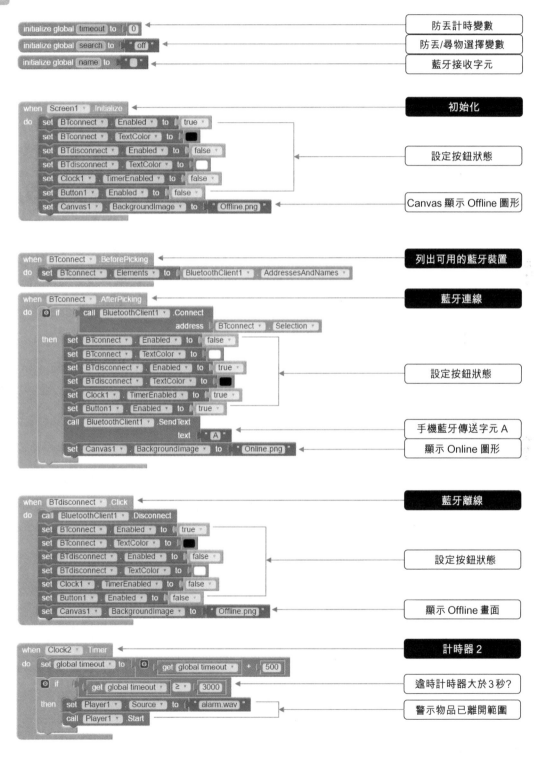

防丟計時變數

防丟/尋物選擇變數

藍牙接收字元

初始化

設定按鈕狀態

Canvas 顯示 Offline 圖形

列出可用的藍牙裝置

藍牙連線

設定按鈕狀態

手機藍牙傳送字元 A

顯示 Online 圖形

藍牙離線

設定按鈕狀態

顯示 Offline 畫面

計時器 2

逾時計時器大於3秒？

警示物品已離開範圍

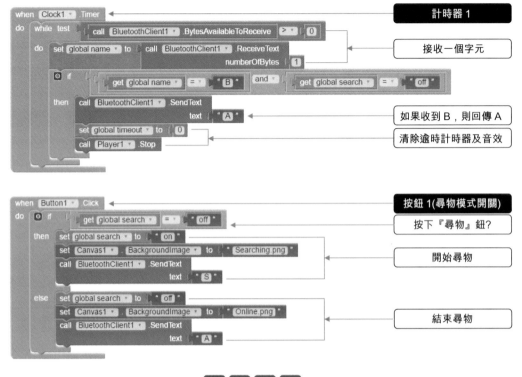

計時器 1

接收一個字元

如果收到 B，則回傳 A

清除逾時計時器及音效

按鈕 1(尋物模式開關)

按下『尋物』鈕?

開始尋物

結束尋物

延 伸 練 習

1. 如圖 4-17 所示藍牙防丟雙向尋物器電路接線圖，手機安裝並開啟 App 程式 app/ch4/BTsearch2.aia。如圖 4-15(b)所示按下 [連線] 鈕與藍牙模組連線後，LED 恆亮進入『防丟』模式，當人員或物品離開藍牙連線範圍時，LED 快閃且蜂鳴器 發出嗶嗶警示聲。如圖 4-15(c)所示按下 [尋物] 鈕進入『尋物』模式開始尋物， LED 快閃且蜂鳴器發出嗶嗶聲，再按一次 [尋物] 鈕又進入『防丟』模式。第三 種模式為『尋手機』模式，按下圖 4-17 中的 TACK 開關，可以尋找手機位置同時 LED 亮，再按一下 TACK 開關結束尋找手機同時 LED 暗。(ch4-5A.ino)

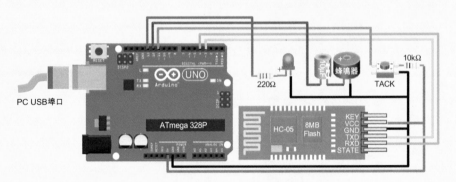

圖 4-17 藍牙防丟雙向尋物器電路接線圖

4-2-2 兩個 HC-05 藍牙模組連線

藍牙模組可以分為**主端（Master）**及**從端（Slave）**兩種角色（role），HC-05 藍牙模組可以設定為主端或從端角色，出廠預設為從端角色，而 HC-06 藍牙模組只能當從端角色。在進行配對時，主端可以主動連接其它的藍牙裝置，而從端只能被動的等待主端藍牙裝置連接，如果要讓兩個藍牙模組進行連線，則至少要有一個是 HC-05 藍牙模組而且使用『**AT+ROLE**』命令將其設定為主端角色。

兩個藍牙進行連線通訊前，必須使用『**AT+CMODE**』命令將主端及從端兩個藍牙模組設定為連接指定藍牙位址，並且使用『**AT+UART**』命令設定相同的傳輸速率。每一個藍牙模組都有唯一的藍牙位址，可以先使用『**AT+ADDR**』命令取得從端的藍牙位址，主端再以『**AT+BIND**』命令來連結（bind）從端藍牙模組。設定完成後，在每次重新通電（開機）時，Arduino 不需再寫入任何程式碼，兩個藍牙模組就可以自動連線並且互相傳送資料。

一、從端藍牙模組設定步驟

如圖 4-5 所示藍牙參數設定電路接線圖，將 HC-05 藍牙模組與 Arduino 控制板正確連接，並且依下列步驟完成設定。

STEP 1

A · 開啟 ch4-1.ino 程式碼並且上傳至 Arduino 控制板中。

B · 開啟『序列埠監控視窗』。

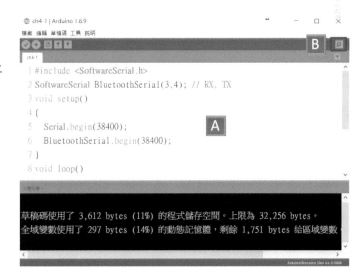

STEP 2

A· 設定序列埠傳輸速率為 38400bps。

B· 選擇【 NL&CR 】，才能正常執行 AT 命令。

C· 在傳送欄位中輸入『 AT 』命令並且按下鍵盤『 ENTER 』鍵。

D· 如果連線正常，藍牙模組會回應『 OK 』訊息。

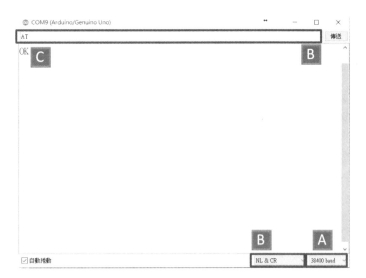

STEP 3

A· 在 傳 送 欄 位 中 輸 入 『 AT+NAME=BT02 』設定從端藍牙模組的名稱為 BT02。

B· 如果設定成功，藍牙模組會回應『 OK 』訊息。

STEP 4

A· 在 傳 輸 欄 位 中 輸 入 『 AT+ROLE=0 』設定藍牙模組為從端角色。

B· 如果設定成功，藍牙模組會回應『 OK 』訊息。

STEP 5

A · 在傳輸欄位中輸入『AT+CMODE=0』設定連接指定的藍牙位址。

B · 如果設定成功，藍牙模組會回應『OK』訊息。

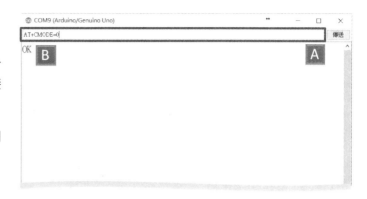

STEP 6

A · 在傳輸欄位中輸入『AT+ADDR?』取得藍牙位址。

B · 如果成功，藍牙模組會回應藍牙位址及『OK』訊息。

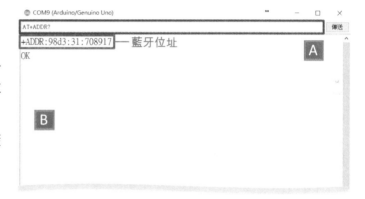

二、主端藍牙模組設定步驟

如圖 4-5 所示藍牙參數設定電路接線圖，將 HC-05 藍牙模組與 Arduino 控制板正確連接，並且依下列步驟完成設定。

STEP 1

A · 在傳輸欄位中輸入『AT+NAME=BT01』設定主端藍牙模組的名稱為 BT01。

B · 如果設定成功，藍牙模組回應『OK』。

STEP 2

A· 在傳輸欄位中輸入『AT+ROLE=1』設定藍牙模組為主端角色。

B· 如果連線正常，藍牙模組會回應『OK』訊息。

STEP 3

A· 在傳送欄位中輸入『AT+CMODE=0』設定連接指定的藍牙位址。

B· 如果設定成功，藍牙模組會回應『OK』訊息。

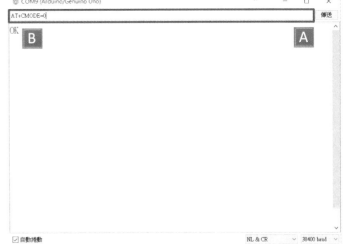

STEP 4

A· 在傳輸欄位中輸入『AT+BIND=98d3,31,708917』連結從端藍牙模組。必須注意位址必須以逗號『,』隔開，而不是以冒號『:』隔開。

B· 如果設定成功，藍牙模組會回應『OK』訊息。

▶ 動手做：藍牙遠端控制 LED 亮滅電路

一 功能說明

　　如圖 4-18 所示藍牙遠端控制 LED 亮滅電路接線圖，請完成兩組相同的電路，並且將第一組電路的藍牙模組設定為『主端』角色，第二組電路的藍牙模組設定為『從端』角色。使用 TACK 按鍵來控制 LED 亮滅，每按一次 TACK 按鍵，LED 狀態改變，同時將控制訊號經由藍牙模組傳送給遠端藍牙模組同步控制 LED 亮滅。

二 電路接線圖

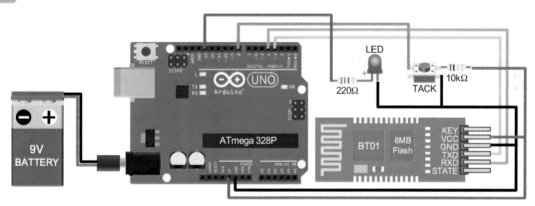

圖 4-18　藍牙遠端控制 LED 亮滅電路接線圖

三 程式： ch4-6.ino

```
#include <SoftwareSerial.h>          //使用 SoftwareSerial 函式庫。
SoftwareSerial BTSerial(3,4);        //設定 D3 為 RXD 腳，D4 為 TXD 腳。
const int sw=8;                      //按鍵開關接 D8。
const int led=13;                    //LED 接 D13。
char code;                           //藍牙接收字元。
boolean ledStatus=LOW;               //LED 狀態。
//初值設定
void setup()
{
    pinMode(sw,INPUT);               //設定 D8 為輸入。
    digitalWrite(sw,HIGH);           //設定 D8 內含提升電阻。
    pinMode(led,OUTPUT);             //設定 D13 為輸出。
    digitalWrite(led,LOW);           //關閉 LED。
    delay(1000);                     //延遲 1 秒。
```

```arduino
    BTSerial.begin(9600);                  //初始化藍牙序列埠。
}
//主迴圈
void loop()
{
    if(BTSerial.available())               //藍牙模組接收到資料?
    {
        delay(50);                         //延遲50毫秒。
        code=BTSerial.read();              //讀取藍牙模組所接收到的字元。
        if(code=='H')                      //字元資料是H ?
            ledStatus=HIGH;                //設定LED狀態為HIGH。
        else if(code=='L')                 //字元資料為L。
            ledStatus=LOW;                 //設定LED狀態為LOW。
        digitalWrite(led,ledStatus);       //更新LED狀態。
    }
    if(digitalRead(sw)==LOW)               //按鍵被按下?
    {
        delay(20);                         //消除開關機械彈跳。
        while(digitalRead(sw)==LOW)        //按鍵未放開?
            ;                              //等待按鍵放開。
        ledStatus=!ledStatus;              //按鍵已放開,改變LED狀態。
        digitalWrite(led,ledStatus);       //改變LED狀態。
        if(ledStatus==HIGH)                //目前LED為亮燈(HIGH)狀態?
            BTSerial.write('H');           //藍牙模組傳送字元H。
        else                               //目前LED為不亮(LOW)狀態。
            BTSerial.write('L');           //藍牙模組傳送字元L。
    }
}
```

延 伸 練 習

1. 如圖 4-19 所示藍牙遠端腳踏車燈控制電路接線圖，連接兩組相同電路，並且依前文說明完成主端及從端的設定。使用 TACK 按鍵來控制 LED 車燈狀態，LED 車燈狀態改變依序為全暗→單燈右移→單燈左移→全燈閃爍→單燈左右移，同時經由藍牙模組將控制訊號傳送給遠端同步控制遠端 LED 車燈狀態。(ch4-6A.ino)

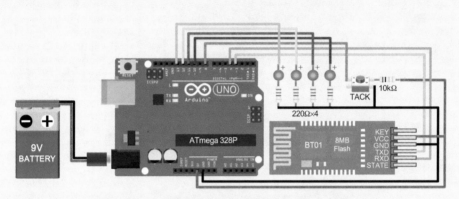

圖 4-19　藍牙遠端腳踏車燈控制電路接線圖

▶ 動手做：藍牙遠端溫溼度監控電路

一 功能說明

如圖 4-20 所示藍牙遠端溫溼度監控電路接線圖，『從端』電路的 DHT11 模組將所感測的溫度及溼度顯示於 OLED 顯示器，並且經由 BT02 藍牙模組傳給『主端』電路。『主端』電路可以利用 TACK 按鍵開關控制從端照明 LED 燈的 ON/OFF。

二 電路接線圖

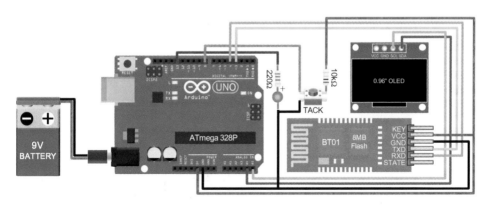

(a) 主端電路

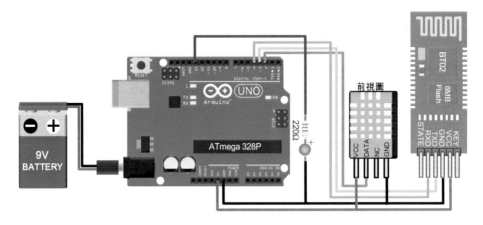

(b) 從端電路

圖 4-20　藍牙遠端溫溼度監控電路接線圖

程式： ch4-7.ino

```
#include <SoftwareSerial.h>              //使用 SoftwareSerial 函式庫。
SoftwareSerial BTSerial(3,4);            //設定 D3 為 RXD 腳，D4 為 TXD 腳。
#include <Adafruit_Sensor.h>             //使用 Adafruit_Sensor 函式庫。
#include <DHT.h>                         //使用 DHT11 函式庫。
#include <DHT_U.h>                       //使用 DHT_U 函式庫。
#define dhtPin 2                         //DHT11 輸出資料連接至 D2。
#define dhtType DHT11                    //使用 DHT11 感測器。
DHT dht(dhtPin,dhtType);                 //設定 DHT 型式且輸出連接至 D2。
#include <Adafruit_SSD1306.h>            //使用 Adafruit_SSD1306 函式庫。
#define OLED_RESET 9                     //OLED 重置腳連接至 D9。
Adafruit_SSD1306 oled(OLED_RESET);       //初始化 OLED。
const int sw=8;                          //按鍵開關連接至 D8。
const int led=13;                        //LED 連接至 D13。
char code;                               //藍牙模組接收字元。
byte humi ,temp;                         //溼度、溫度資料。
boolean ledStatus=LOW;                   //LED 狀態。
unsigned long time;                      //定義無號長整數變數 time。
//初值設定
void setup()
{
    pinMode(sw,INPUT);                   //設定 D8 為輸入。
    digitalWrite(sw,HIGH);               //使用內部提升電阻。
```

```
    pinMode(led,OUTPUT);                        //設定 D13 為輸出。
    digitalWrite(led,LOW);                      //關閉 LED。
    BTSerial.begin(9600);                       //設定藍牙模組傳輸速率為 9600bps。
    dht.begin();                                //初始化 DHT11。
    oled.begin(SSD1306_SWITCHCAPVCC,0x3C);  //初始化 OLED，位址 0x3C。
    oled.setTextSize(2);                        //設定 OLED 字型大小 2 倍(12×16)。
    oled.setTextColor(WHITE);                   //設定 OLED 文字顏色為白色。
    oled.clearDisplay();                        //清除 OLED 螢幕。
    oled.setCursor(0,32);                       //設定 OLED 座標 X=0，Y=32。
    oled.print("Waiting...");                   //顯示 "Waiting..." 字串。
    oled.display();                             //更新 OLED 螢幕。
    delay(1000);                                //延遲 1 秒。
    oled.clearDisplay();                        //清除 OLED 螢幕。
    time=millis();                              //讀取系統時間。
}
//主迴圈
void loop()
{
    float h = dht.readHumidity();               //讀取相對溼度值。
    float t = dht.readTemperature();            //讀取攝氏溫度值。
    if((millis()-time)>=1000)                   //每秒傳送一次溫、溼度值。
    {
        time=millis();                          //讀取系統時間。
        if (!isnan(h)&&!isnan(t))               //讀取到正確的溼度及溫度值?
        {
            BTSerial.print('H');                //傳送相對溼度值的識別碼H。
            delay(50);                          //延遲 50ms。
            BTSerial.write(h);                  //將相對溼度值由藍牙模組傳送出去。
            delay(50);                          //延遲 50ms。
            BTSerial.write('T');                //傳送攝氏溫度值的識別碼T。
            delay(50);                          //延遲 50ms。
            BTSerial.write(t);                  //將攝氏溫度值由藍牙模組傳送出去。
            delay(50);                          //延遲 50ms。
        }
    }
    if(BTSerial.available())                    //藍牙模組已接收到數據資料?
    {
```

```
        delay(50);                        //延遲50毫秒，穩定接收資料。
        oled.print("Temp:");              //顯示"Temp:"字串。
        code=BTSerial.read();             //讀取藍牙模組所接收到的數據資料。
        if(code=='H')                     //接收到的資料為H?
        {
            delay(50);                    //延遲50毫秒，避免接收錯誤。
            humi=BTSerial.read();         //讀取藍牙模組接收到的相對溼度值。
        }
        else if(code=='T')                //接收到的資料為T?
        {
            delay(50);                    //延遲50毫秒，避免接收錯誤。
            temp=BTSerial.read();         //讀取藍牙模組接收到的攝氏溫度值。
        }
        else if(code=='Y')                //接收到的資料為Y?
        {
            ledStatus=HIGH;               //設定LED狀態為HIGH。
            digitalWrite(led,HIGH);       //開啟(ON)LED。
        }
        else if(code=='N')                //接收到的資料為N?
        {
            ledStatus=LOW;                //設定LED狀態為LOW。
            digitalWrite(led,LOW);        //關閉(OFF)LED。
        }
        oled.clearDisplay();              //清除OLED螢幕。
        oled.setCursor(0,20);             //設定OLED座標X=0，Y=20。
        oled.print("Humi:");              //顯示"Humi:"字串。
        oled.print(humi);                 //顯示相對溼度值。
        oled.print(' ');                  //空一個字元。
        oled.println('%');                //顯示'%'字元。
        oled.setCursor(0,40);             //設定OLED座標X=0，Y=40。
        oled.print("Temp:");              //顯示"Temp:"字串。
        oled.print(temp);                 //顯示攝氏溫度值。
        oled.print(' ');                  //空一個字元。
        oled.println('C');                //顯示'C'字元。
        oled.display();                   //更新OLED螢幕。
    }
    if(digitalRead(sw)==LOW)              //按下TACK按鍵?
```

```
    {
        delay(20);                              //消除機械彈跳。
        while(digitalRead(sw)==LOW);            //已放開按鍵?
        ledStatus=!ledStatus;                   //改變 LED 狀態。
        digitalWrite(led,ledStatus);            //改變 LED 狀態。
        if(ledStatus==HIGH)                     //目前 LED 狀態為 HIGH?
            BTSerial.write('Y');                //傳送字元 Y 至從端,開啟從端 LED。
        else                                    //目前 LED 狀態為 LOW。
            BTSerial.write('N');                //傳送字元 N 至從端,關閉從端 LED。
    }
}
```

延 伸 練 習

1. 將圖 4-20(a)所示主控端電路中的 OLED 顯示器改成如圖 4-21 所示四位數七段顯示器,前兩位顯示溼度值,後兩位顯示溫度值。(ch4-7A.ino)

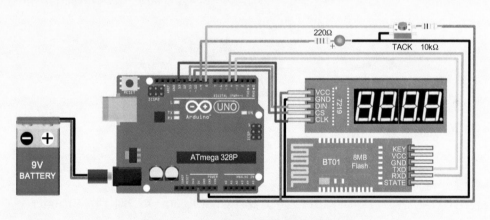

圖 4-21 藍牙遠端溫溼度監控電路

4-3 ZigBee 技術

在無線網路技術中,最常見的是 Wi-Fi,Wi-Fi 是以高速的無線區域網路(Wireless Local Area Network,簡記 WLAN)將行動裝置連接起來,傳送速度快但消耗功率高。**ZigBee 是一種短距離、低功耗、低速的無線通訊技術**,是由美國 Honeywell 公司於 1998 年所提出,並且在 2001 年成立 ZigBee Alliance 商業組織聯盟。ZigBee 底層使用 IEEE 802.15.4 標準,主要是應用在無線個人區域網路(Wireless Personal Area Network,簡記 WPAN)中,適用於智慧家庭及自動化控制。ZigBee 的主要特色為短距離（50～300 公尺）、低速率（10~250Kbps）、低功耗（AA 電池使用 3 年）、低成本、應用簡單、安全可靠、且可支援高達 65,000 個網路節點。

4-3-1 ZigBee 工作頻段

ZigBee 有 **868MHz**、**915MHz** 及 **2.4GHz** 等三種工作頻段，其中 868MHz 頻段最大傳輸速率 20Kbps，通道數 1 個（0x00），主要應用在歐洲地區。915MHz 頻段最大傳輸速率 40Kbps，通道數 10 個（0x01~0x0A），主要應用在美國地區。2.4GHz 頻段最大傳輸速率 250Kbps，通道數 16 個（0x0B~0x1A），適用於全球。

4-3-2 ZigBee 網路架構

如圖 4-22 所示 ZigBee 網路架構，ZigBee 支援點對點（point-to-point）、單點對多點（point-to-multipoint）、星狀（star）及網狀（mesh）架構。在 WPAN 網路中的每個 ZigBee 都是一個節點，節點本身可以擷取資料或是傳遞來自其他節點的資料。

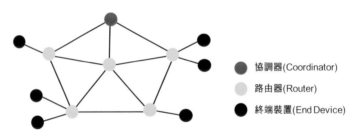

協調器(Coordinator)
路由器(Router)
終端裝置(End Device)

圖 4-22　ZigBee 網路架構

ZigBee 在網路裝置中可以分為**協調器**（Coordinator）、**路由器**（Router）及**終端設備**（End Device）等三種角色。其中 ZigBee 協調器負責整個網路的正常運作，而且在一個網路拓樸中只能有一個協調器。ZigBee 路由器是用來拓展整個網路的範圍，而 ZigBee 終端設備通常與感測器結合在一起，放置在網路的終端。

4-3-3 XBee 模組

如圖 4-23 所示 XBee 模組是由 Digi 公司所生產製造的 ZigBee 傳輸晶片模組，完全相容於 IEEE802.15.4 通訊協定標準，支援具有序列埠介面的微處理器、電腦及系統之間的無線通訊。**XBee 模組有 900MHz 及 2.4GHz 兩種工作頻段，工作電壓 2.8V~3.4V，最大通訊速率 250Kbps。**

(a) 模組外觀

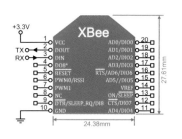

(b) 接腳圖

圖 4-23　XBee 模組

　　XBee 模組在室內的傳輸距離為 30 公尺，室外傳輸距離為 90 公尺，依其輸出功率不同而會有不同的傳輸距離。如表 4-4 所示 XBee S1 及 S2 兩種版本的特性比較，雖然 S1 及 S2 版本都是 XBee 模組，但是**兩者無法互相溝通**。

表 4-4　XBee S1 及 S2 特性比較

特性	XBee S1	XBee S2
室內傳輸距離	30 公尺	40 公尺
室外傳輸距離	100 公尺	120 公尺
輸出功率	1mW (0dbm)	2mW (+3dbm)
傳輸速率	250kbps	250kbps
接收靈敏度	-92dbm	-98dbm
工作電源電壓	2.8V~3.4V	2.8V~3.6V
傳送電流(典型值)	45mA (@3.3V)	40mA (@3.3V)
接收電流/閒置模式(典型值)	50mA (@3.3V)	40mA (@3.3V)
功率下降模式電流	10μA	1μA
工作頻段	ISM 2.4GHz	ISM 2.4GHz
網路拓樸	點對點，星狀	點對點，星狀，網狀
通道數目	16	16

4-3-4 XBee 模組轉接器

　　XBee 模組針腳間距為 2mm，無法直接插入間距 2.54mm 的麵包板中，因此在設定 XBee 組態時，必須先將 XBee 模組插入如圖 4-24(a)所示 USB 介面轉接器，再連接至電腦 USB 埠口。在 XBee 組態設定完成後，再將其插入圖 4-24(b)所示 TTL 介面轉接器或圖 4-24(c)所示 XBee 擴充板中，即可連接至 Arduino 控制板。

(a) USB 介面轉接器

(b) TTL 介面轉接器

(c) XBee 擴充板

圖 4-24　XBee 模組轉接器

4-4　XBee 傳輸

使用 XBee 模組進行資料傳輸前，必須先設定**通訊頻道**（channel）、**個人區域網路識別碼**（Personal Area Network IDentifier，簡記 PAN ID）及**位址**（Address）等三個網路參數，才能進行資料傳輸。

4-4-1 通訊頻道

通訊頻道（channel）即為**無線通訊頻率**，多數 XBee 模組使用 2.4GHz 頻段、頻道寬度 5MHz。XBee 模組的頻道數值範圍為 11~26，共有 16 個通訊頻道，每個通訊頻道的中心頻率定義如下：

中心頻率=2.405GHz+(通訊頻道-11)×5MHz

4-4-2 PAN 識別碼

PAN 識別碼的數值範圍在 0 到 0xFFFF 之間，相同的 PAN 識別碼才能互相通訊，主要目的是在相同頻道中達到分群通訊的目的。

4-4-3 位址

XBee 模組的位址包含 **MAC 位址**及**自訂位址**，MAC 位址是 XBee 的出廠序號，印製在模組的背面，由高 32 位元及低 32 位元共同組成 64 位元位址。Digi 公司生產製造的 XBee 模組，其高 32 位元位址一定是 0013A200，而低 32 位元位址則是由 Digi 公司所自訂的唯一碼。**自訂位址包含來源位址（Source Address，簡記 MY）及目的位址（Destination Address High/Low，簡記 DH/DL）**。來源位址範圍 0x0000~0xFFFF，而目的位址範圍 0x00000000~0xFFFFFFFF，預設 DH 位址為 0。

如圖 4-25 所示 XBee 模組設定範例，XBee1 及 XBee2 具有相同的通訊頻道及 PAN 識別碼，且第一個 XBee1 的來源位址 MY=0x1234，目的位址 DH:DL=0:0x5678，而第二個 XBee2 的來源位址 MY=0x5678，目的位址 DH:DL=0:0x1234。因此，兩者可以互相通訊。XBee3 與 XBee1 的 PAN 識別碼不同，無法互相通訊。XBee4 與 XBee1 的通訊頻道不同，無法互相通訊。

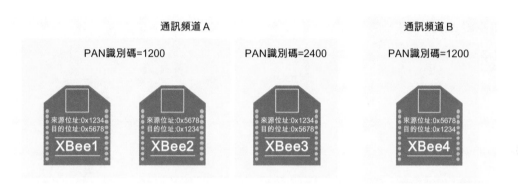

圖 4-25　XBee 模組設定範例

4-4-4 XCTU 應用程式設定

在使用 XBee 模組時，必須先使用 XCTU 應用程式設定其網路參數，XCTU 應用程式的下載網址 https://www.digi.com/products/xbee-rf-solutions/xctu-software/xctu。選用適合自己電腦的作業系統版本。

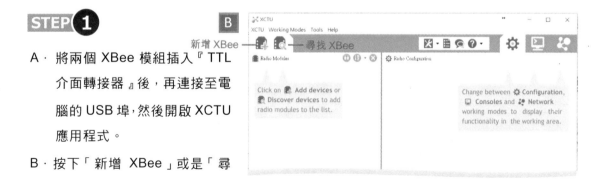

STEP 1

A · 將兩個 XBee 模組插入『TTL 介面轉接器』後，再連接至電腦的 USB 埠，然後開啟 XCTU 應用程式。

B · 按下「新增 XBee」或是「尋找 Xbee」加入 XBee 裝置。

STEP 2

A· 選擇所要加入的 XBee 裝置，
本例連接兩個 XBee 裝置，所
以兩個都要勾選。

B· 按下一步(Next)，進入下一
頁。

STEP 3

A· 此頁使用預設值，不須修改。

B· 按下完成鈕(Finish)開始尋找
並且加入 XBee 裝置。

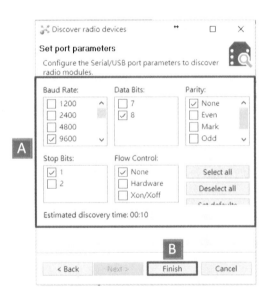

STEP 4

A · 找到兩個 XBee 裝置,網路裝
置角色都是終端裝置(End
Device),且目前在 AT 模式。

B · 按下「加入選取的裝置(Add
selected devices)」,將兩個
XBee 裝置加入。

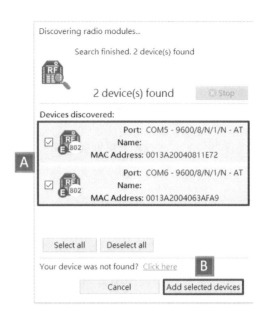

STEP 5

A · 選擇第一個 XBee 裝置。

B · 點選 ⚙ 開啟第一個 XBee 裝
置的參數設定視窗。

C · CH 通道及 PAN 識別碼使用
預設值。輸入 MY 來源位址
1234 及 DH:DL 目的位址
5678,並且按下右方圖示 🖉
將設定寫入 XBee 裝置中,右
下角綠色三角形會變成藍色
三角形。

STEP 6

A· 選擇第二個 XBee 裝置。

B· 點選 ⚙ 開啟第二個 XBee 裝置的參數設定視窗。

C· CH 通道及 PAN 識別碼使用預設值。輸入 MY 來源位址 5678 及 DH:DL 目的位址 1234，並且按下右方圖示 ✎，將設定寫入 XBee 裝置中，右下角綠色三角形會變成藍色

目的位址
來源位址

STEP 7

A· 選擇第一個 XBee 裝置。

B· 點選 🖥 開啟第一個XBee 裝置的終端機視窗。

C· 啟動第一個 XBee 裝置序列埠連接，圖形由 ✎ 變成 ▨。

D· 同理，啟動第二個 XBee 裝置的序列埠連接。

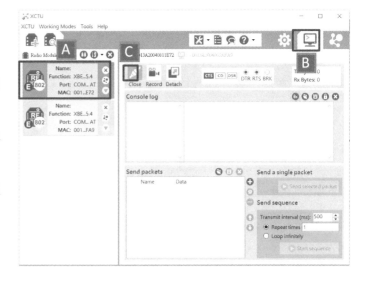

STEP **8**

A · 點選第一個 XBee 裝置。

B · 在第一個 XBee 裝置的終端機
視窗(Console log)中輸入 1，
2，3 (藍色字)，在第二個 XBee
裝置的終端機視窗中會出現
123(紅色字)。

C · 點選第二個 XBee 裝置。

D · 在第二個 XBee 裝置的終端機
視窗(Console log)中輸入 A，
B，C (藍色字)，在第一個
XBee 裝置的終端機視窗中會
出現 ABC(紅色字)。如果可以
互相傳送資料，表示兩個
XBee 裝置已經設定成功。

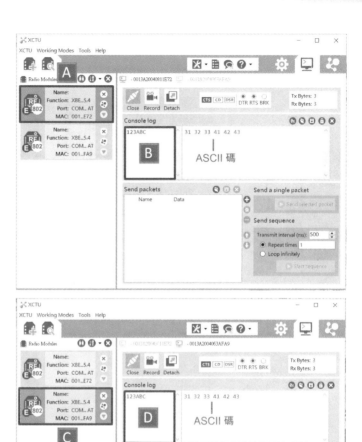

▶ 動手做：XBee 遠端控制 LED 亮滅電路

一 功能說明

　　如圖 4-26 所示 XBee 遠端控制 LED 亮滅電路接線圖，使用兩組相同電路。XBee
模組插入『TTL 介面轉接器』後再與 Arduino 板連接，因為『TTL 介面轉接器』已
經先將 XBee 模組的 RX 及 TX 交換過，所以必須將 XBee 模組的 RX 腳與 Arduino
的 RX 腳連接，XBee 模組的 TX 腳與 Arduino 的 TX 腳連接。TACK 按鍵開關可以控
制 LED 的明滅，同時經由 XBee 模組傳送信號控制遠端 LED 的亮滅。

二 電路接線圖

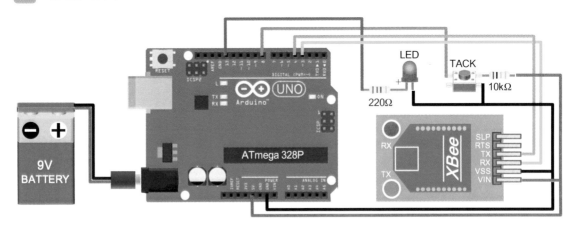

圖 4-26　XBee 遠端控制 LED 亮滅電路接線圖

三 程式：　ch4-8.ino

```
#include <SoftwareSerial.h>          //使用 SoftwareSerial 函式庫。
SoftwareSerial XBeeSerial(3,4);      //設定 D3 為接收腳 RX，D4 為傳送腳 TX。
int sw=8;                            //D8 連接至 tack 開關。
int led=13;                          //D13 連接至 D13。
int val;                             //XBee 模組接收資料。
boolean ledStatus=LOW;               //LED 狀態。
//初值設定
void setup()
{
    pinMode(sw,INPUT);               //設定 D8 為輸入埠。
    digitalWrite(sw,HIGH);           //使用內部提升電阻。
    pinMode(led,OUTPUT);             //設定 D13 為輸出埠。
    digitalWrite(led,LOW);           //關閉 LED。
    XBeeSerial.begin(9600);          //初始化 XBee 序列埠。
}
//主迴圈
void loop()
{
    if(XBeeSerial.available())       //XBee 模組接收到資料?
    {
        delay(50);                   //延遲 50 毫秒。
        val=XBeeSerial.read();       //讀取 XBee 模組所接收的資料。
```

```
    if(val=='H')                     //接收字元為 H?
        ledStatus=HIGH;              //設定 led 狀態為 HIGH。
    else if(val=='L')                //接收字元為 L?
        ledStatus=LOW;               //設定 led 狀態為 LOW。
    digitalWrite(led,ledStatus);     //更改 led 狀態。
  }
  if(digitalRead(sw)==LOW)           //按下按鍵?
  {
    delay(20);                       //消除機械彈跳。
    while(digitalRead(sw)==LOW);     //按鍵未放開?
    ledStatus=!ledStatus;            //按鍵放開後,改變 led 狀態。
    digitalWrite(led,ledStatus);
    if(ledStatus==HIGH)              //目前 led 狀態為 HIGH?
        XBeeSerial.write('H');       //傳送字元 H。
    else                             //目前 led 狀態為 LOW。
        XBeeSerial.write('L');       //傳送字元 L。
  }
}
```

延 伸 練 習

1. 如圖 4-27 所示 XBee 遠端腳踏車燈控制電路接線圖,使用兩組相同電路。TACK 按鍵開關可以控制四個 LED 變化,同時經由 XBee 模組將信號傳送至遠端控制 LED 變化,依序為全暗→單燈右移→單燈左移→全燈閃爍→單燈左右移。(ch4-8A.ino)

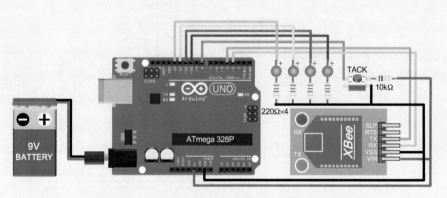

圖 4-27　XBee 遠端腳踏車燈控制電路接線圖

▶ 動手做：XBee 遠端溫溼度監控電路

▊ 功能說明

　　如圖 4-28 所示 XBee 遠端溫溼度監控電路接線圖，『從端』電路的溼度感測器 DHT11 將所感測的溫度及溼度值顯示於 OLED 顯示器，並且經由 XBee 模組傳回給『主端』電路。另外，『主端』電路可以利用 TACK 按鍵開關來控制『從端』電路照明 LED 燈的 ON/OFF。

▊ 電路接線圖

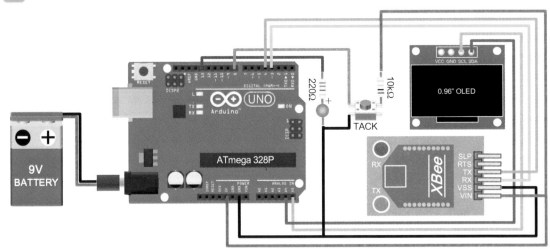

(a) 主端電路

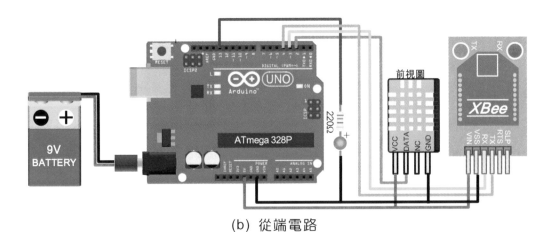

(b) 從端電路

圖 4-28　XBee 遠端溫溼度監控電路接線圖

三 程式： 💿 ch4-9.ino

```
#include <SoftwareSerial.h>              //使用 SoftwareSerial 函式庫。
SoftwareSerial XBeeSerial(3,4);          //設定 D3 為接收腳，D4 為發送腳。
#include <Adafruit_Sensor.h>             //使用 Adafruit_Sensor 函式庫。
#include <DHT.h>                         //使用 DHT 函式庫。
#include <DHT_U.h>                       //使用 DHT_U 函式庫。
#define dhtPin 2                         //DHT11 輸出連接至 D2 腳。
#define dhtType DHT11                    //使用 DHT11 模組。
DHT dht(dhtPin,dhtType);                 //初始化 DHT11。
#include <Adafruit_SSD1306.h>            //使用 Adafruit_SSD1306 函式庫。
#define OLED_RESET 9                     // OLED 重置為 D9(如果不用可以空接)。
Adafruit_SSD1306 oled(OLED_RESET);       //初始化 OLED。
const int sw=8;                          //按鍵開關輸出連接至 D8。
const int led=13;                        //LED 連接至 D13。
char code;                               //XBee 接收資料碼。
int humi,temp;                           //溼、溫度儲存位置。
boolean ledStatus=LOW;                   //LED 狀態。
unsigned long time;                      //定義無號長整數變數 time。
//初值設定
void setup()
{
    pinMode(sw,INPUT);                   //設定 D8 為輸入埠。
    digitalWrite(sw,HIGH);               //設定 D8 狀態為 HIGH。
    pinMode(led,OUTPUT);                 //設定 D13 為輸出埠。
    digitalWrite(led,LOW);               //關閉(OFF) LED。
    XBeeSerial.begin(9600);              //XBee 傳輸速率為 9600bps。
    dht.begin();                         //初始化 DHT11。
    oled.begin(SSD1306_SWITCHCAPVCC,0x3C); //初始化 OLED，位址為 0x3C。
    oled.setTextSize(2);                 //設定 OLED 字型大小為 12×16。
    oled.setTextColor(WHITE);            //設定 OLED 字型顏色為白色。
    oled.clearDisplay();                 //清除 OLED 顯示器內容。
    oled.setCursor(0,32);                //設定 OELD 座標為第 0 行，第 32 列。
    oled.print("Waiting...");            //顯示字串 Waiting...。
    oled.display();                      //更新 OLED 顯示器內容。
    delay(1000);                         //等待 1 秒。
    oled.clearDisplay();                 //清除 OLED 顯示器內容。
    time=millis();                       //讀取系統時間。
```

```
}
//主迴圈
void loop()
{
    float h = dht.readHumidity();              //讀取相對溼度值。
    float t = dht.readTemperature();           //讀取攝氏溫度值。
    if((millis()-time)>=1000)                  //每秒傳送一次。
    {
        time=millis();                         //讀取系統時間。
        if (!isnan(h) && !isnan(t))            //已讀到正確的相對溼度及攝氏溫度?
        {
            XBeeSerial.print('H');             //傳送辨識碼 H。
            delay(50);
            XBeeSerial.write(h);               //傳送相對溼度值。
            delay(50);
            XBeeSerial.write('T');             //傳送辨識碼 T。
            delay(50);
            XBeeSerial.write(t);               //傳送攝氏溫度值。
            delay(50);
        }
    }
    if(XBeeSerial.available())                 //XBee 模組接收到資料?
    {
        delay(50);
        oled.print("Temp:");                   //OLED 顯示字串 Temp:
        code=XBeeSerial.read();                //讀取辨識碼。
        if(code=='H')                          //辨識碼為 H?
        {
            delay(50);
            humi=XBeeSerial.read();            //讀取相對溼度值。
        }
        else if(code=='T')                     //辨識碼為 T?
        {
            delay(50);
            temp=XBeeSerial.read();            //讀取攝氏溫度值。
        }
        else if(code=='Y')                     //辨識碼為 Y?
```

```
        {
            ledStatus=HIGH;                  //設定 LED 狀態為 HIGH。
            digitalWrite(led,HIGH);          //點亮(ON)LED。
        }
        else if(code=='N')                   //辨識碼為 N?
        {
            ledStatus=LOW;
            digitalWrite(led,LOW);           //關閉(OFF)LED。
        }
        oled.clearDisplay();                 //清除 OLED 顯示器內容。
        oled.setCursor(0,20);                //設定 OLED 座標在第 0 行，第 20 列。
        oled.print("Humi:");                 //OLED 顯示字串 Humi:
        oled.print(humi);                    //OLED 顯示相對溼度值。
        oled.print(' ');
        oled.println('%');                   //OLED 顯示字元%。
        oled.setCursor(0,40);                //設定 OLED 座標在第 0 行，第 40 列。
        oled.print("Temp:");                 //OLED 顯示字串 Temp:
        oled.print(temp);                    //OLED 顯示攝氏溫度值。
        oled.print(' ');
        oled.println('C');                   //OLED 顯示字元 C。
        oled.display();                      //更新 OLED 顯示器內容。
    }
    if(digitalRead(sw)==LOW)                 //按下按鍵?
    {
        delay(20);                           //消除機械彈跳。
        while(digitalRead(sw)==LOW);         //等待按鍵放開。
        ledStatus=!ledStatus;                //改變 LED 狀態。
        digitalWrite(led,ledStatus);
        if(ledStatus==HIGH)                  //LED 狀態為 HIGH?
            XBeeSerial.write('Y');           //傳送字元碼 Y，點亮(ON)遠端 LED。
        else                                 //LED 狀態為 LOW?
            XBeeSerial.write('N');           //傳送字元碼 N，關閉(OFF)遠端 LED。
    }
}
```

延 伸 練 習

1. 將圖 4-28 所示『主端』電路中的 OLED 顯示器改成如圖 4-29 所示四位數七段顯示
   器,前兩位顯示溼度值,後兩位顯示溫度值。(ch4-9A.ino)

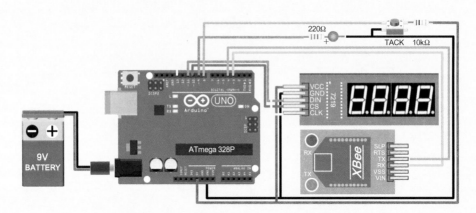

圖 4-29 藍牙遠端溫溼度監控電路

05

Wi-Fi
無線通訊技術

在感知層與網路層之間的短距離無線通訊常使用藍牙（Bluetooth）、ZigBee 及 Wi-Fi 等三種無線通訊技術，將幾十公尺範圍內的通訊裝置，透過無線傳輸的方式建立連線，互相傳遞訊息資料。藍牙使用 802.15.1 規範的無線個人區域網路（Wireless Personal Area Network，簡記 WPAN）標準，ZigBee 使用低速 IEEE 802.15.4 規範的 WPAN 標準。**物聯網最終目的就是希望所有設備或裝置，都能夠透過網路協定（Internet Protocol，簡記 IP）連上網際網路（Internet）進行數據交換**。但是藍牙及 ZigBee 所使用的規範標準並不是 TCP/IP 協定，所以無法直接連上網際網路。Wi-Fi 使用 IEEE 802.11 規範的無線區域網路（Wireless Local Area Network，簡記 WLAN）標準，因為是使用 TCP/IP 協定，所以可以直接將區域網路的設備或裝置連上網際網路。

5-1　認識電腦網路

所謂電腦網路（computer network）是指電腦與電腦之間利用纜線連結，以達到**資料傳輸**及**資源共享**的目的。依網路連結的方式可以分為**有線電腦網路**及**無線電腦網路**，有線電腦網路使用雙絞線、同軸線或光纖等媒介連結，無線電腦網路則使用無線電波、紅外線、雷射或衛星等媒介連結。依網路連結的規模大小可以分為區域網路（Local Area Network，簡記 LAN）及廣域網路（Wide Area Network，簡記 WAN）兩種，現今所使用的網際網路即是 WAN 的一種應用。

5-1-1　區域網路

如圖 5-1 所示區域網路（Local Area Network，簡記 LAN），使用寬頻分享器或集線器（Hub）將家庭或公司的內部裝置連結起來，再由寬頻分享器或集線器自動為網內的每部電腦配置一個私用（private）的 IP 位址。

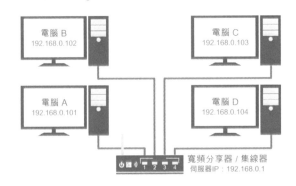

圖 5-1　區域網路

　　IP 位址是以**四個位元組（32 位元）**來表示，在 IP 位址中的每個位元組數字都是介於 0 到 255 之間，例如 192.168.0.100，這種 IP 位址表示方法稱為網路通訊協定第 4 版（Internet Protocol Version 4，簡記 IPv4）。**私用 IP 位址如同電話分機號碼**，隨時可以更改，但是無法直接連上網際網路。寬頻分享器預設使用等級 C（Class C）的私用 IP 位址 192.168.x.x，其中 192.168.0.1 或 192.168.1.1 是最常使用的伺服器私用 IP 位址。在 IP 位址的四組數字當中，保留最後一個數字為 0 給該網路的主機，最後一個數字為 255 則用來作為廣播，以發出訊息給網路上的所有電腦。**以 192.168.0.x 的網路為例，其中 192.168.0.0 代表網路本身，而 192.168.0.255 則代表網路上的所有電腦**，這兩個位址無法指定給網路設備使用，實際上可以使用的網路主機數量只有 254 個。我們可以在 Microsoft IE、Google Chrome 或 Firefox 等網頁瀏覽器中，輸入伺服器 IP 位址來開啟網路的設定頁面。設定完成後，區域網路內的電腦就可以互相傳送資料以達資源共享的目的。

5-1-2　廣域網路

　　如圖 5-2 所示廣域網路 WAN，是由全世界各地的 LAN 網路互相連接而成，WAN 網路必須向網際網路服務商（Internet Service Provider，簡記 ISP）租用長距離纜線，再由 ISP 服務商配置一個固定 IP 位址或浮動 IP 位址給用戶端，使用者才能連上網際網路。

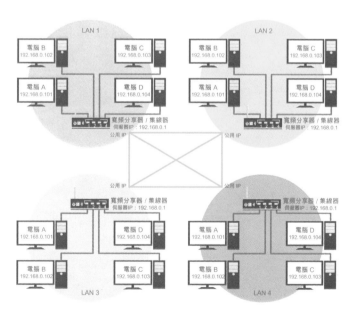

圖 5-2　廣域網路

固定 IP 位址或浮動 IP 位址又稱為**全球 IP 位址**或**公用 IP 位址**，是由網際網路名稱和編號分配公司（The Internet Corporation for Assigned Names and Numbers，簡記 ICANN）所負責管理，每一個公用 IP 位址必須是獨一無二的，不能自行設定。**公用 IP 位址如同家用電話號碼**，每個家用電話號碼都具有唯一性。傳送者依據接收者的公用 IP 位址，將資料傳送到唯一目的地的公用 IP 位址，以完成連線通訊。

5-1-3 無線區域網路

所謂無線區域網路（Wireless Local Area Network，簡記 WLAN）是指由無線基地台（Access Point，簡記 AP）連結電信服務商的數據機（modem）發射無線電波訊號，再由使用者電腦所裝設的無線網卡來接收訊號。因應無線區域網路的需求，美國電子電機工程師協會（Institute of Electrical and Electronics Engineers，簡記 IEEE）制定無線區域網路 Wi-Fi 的通訊標準 IEEE802.11，使用如圖 5-3 所示 Wi-Fi 的標誌及符號。Wi-Fi 只是聯盟製造商的品牌認證商標，不是任何英文字的縮寫。現今 Wi-Fi 普遍應用在個人電腦、筆記型電腦、智慧型手機、遊戲機、印表機等週邊裝置。

(a) Wi-Fi 標誌　　　　　　　　　　(b) Wi-Fi 符號

圖 5-3　Wi-Fi 的標誌及符號

如表 5-1 所示 IEEE802.11 通訊標準分類，第一代 IEEE802.11b 標準使用 2.4GHz 頻段，與無線電話、藍牙等不需使用許可證的無線設備共享相同頻段，最大速率 11Mbps。

表 5-1　IEEE802.11 通訊標準分類

協定	發行年份	頻段	最大速率	最大頻寬	室內/室外範圍
802.11b	1999(第一代)	2.4GHz	11Mbps	20MHz	30m/100m
802.11a	1999(第二代)	5GHz	54Mbps	20MHz	30m/45m
802.11g	2003(第三代)	2.4GHz	54Mbps	20MHz	30m/100m
802.11n	2009(第四代)	2.4GHz / 5GHz	600Mbps	40MHz	70m/250m
802.11ac	2011(第五代)	5GHz	867Mbps	160MHz	35m/

因為 2.4GHz 頻段已經被到處使用,周邊設備之間的通訊很容易互相干擾,因此才會有第二代 IEEE802.11a 標準的出現。IEEE802.11a 標準使用 5GHz 頻段,最大速率提升到 54Mbps,但是傳輸距離遠不及第一代 802.11b 標準。**第三代 IEEE802.11g 標準是第一代 IEEE802.11b 標準的改良版,使用相同的 2.4GHz 頻段,但傳輸速率提升到 54Mbps,為現今多數 Wi-Fi 設備所使用的標準。**

IEEE 802.11b/a/g 等標準只支援單一收發(Single-input Single-output,SISO)模式,因此只須使用單一天線。第四代 802.11n 標準可以同時支援四組收發模式,使用四支天線,理論上最大傳輸速率可以提升四倍,大大增加了資料的傳輸量。第五代 802.11ac 標準採用更高 5GHz 頻段,可以同時支援八組收發模式,理論上最大傳輸速率可以提升八倍,因此提供更快的傳輸速率和更穩定的訊號品質。

5-1-4 何謂 IP?

常見的 IP 位址可以分為 IPv4 及 IPv6 兩大類,其中 IPv4 是由四個 8 位元所組成的 32 位元二進位陣列,彼此之間再以**點符號 "." 做為區隔**,表示成 xxxxxxxx.xxxxxxxx.xxxxxxxx.xxxxxxxx 形式,其中 x 代表 0 或 1 的 1 位元二進位數。由於二進位表示法太過於冗長而且不容易記憶,所以改用十進位表示法表示成 nnn.nnn.nnn.nnn 形式,其中 nnn 代表介於 000~255 之間的十進位數值。

如表 5-2 所示為 IPv4 位址的分類及規模,可分為 A、B、C、D、E 五大類。其中 A 類是政府、研究機構及大型企業使用,B 類是中型企業使用,**C 類是 ISP 服務商及小型企業使用**,D 類是多點廣播(Multicast)用途,而 E 類保留作為研究用途。

表 5-2　IPv4 位址的分類及規模

等級	第一位數	第二位數	第三位數	第四位數	IP 位址範圍
分類	網路位址 (二進位)		主機位址 (二進位)		十進位
A	0xxxxxxx	xxxxxxxx	xxxxxxxx	xxxxxxxx	0.0.0.0~127.255.255.255
B	10xxxxxx	xxxxxxxx	xxxxxxxx	xxxxxxxx	128.0.0.0~191.255.255.255
C	110xxxxx	xxxxxxxx	xxxxxxxx	xxxxxxxx	192.0.0.0~223.255.255.255
D	1110xxxx	xxxxxxxx	xxxxxxxx	xxxxxxxx	224.0.0.0~239.255.255.255
E	1111xxxx	xxxxxxxx	xxxxxxxx	xxxxxxxx	240.0.0.0~255.255.255.255

在表 5-2 中的 IPv4 位址包含網路位址及主機位址，其中網路位址是用來識別所屬網路，而主機位址則是用來識別該網路中的設備。

等級 A 的網路數量有 2^7=128 個，主機數量有 2^{24}–2=16,777,214 個。等級 B 的網路數量有 2^{14}=16,384 個，主機數量有 2^{16}–2=65,534 個。等級 C 的網路數量有 2^{21}=2,097,152 個，主機數量有 2^8–2=254。主機數量減 2 是因為最後一個數字為 0 代表網路本身，而最後一個數字為 255 則作為廣播用途。

雖然 IPv4 可以使用的 IP 位址約有 42 億（2^{32}）個，看似不會用盡。但是因為很多區域的編碼實際上是被空出保留或不能使用，而且隨著網際網路的普及，已經使用了大量的 IPv4 位址資源，IPv4 位址會有被用盡的問題，最新版本的 IPv6 技術可以用來克服此一問題。

IPv6 是由八個 16 位元所組成的 128 位元二進位陣列，彼此之間再以**冒號 ":"
做為區隔**，以十六進位表示法表示成 hhhh:hhhh:hhhh:hhhh:hhhh:hhhh:hhhh:hhhh 形式，其中 hhhh 代表介於 0000~FFFF 之間的十六進位數值。IPv6 可以使用的 IP 位址有 2^{128}≅$3.4×10^{38}$ 個，遠大於 IPv4 可以使用的數量範圍。雖然 IPv4 與 IPv6 只是版本上的差異，但實際上是**完全不同的協定，兩者不能互通**。

5-1-5 建立可以連上網際網路的私用 IP

如果要讓網際網路上的任何人都可以連上區域網路的物聯網設備，就必須在寬頻分享器中安排一個通訊埠（Port），轉遞由網際網路傳來的訊息，連線送到物聯網設備上的 Ethernet 模組或 Wi-Fi 模組。

以筆者所使用的寬頻分享器 D-Link DIR-809 為例，第一步是在 Microsoft IE 或 Google Chrome 瀏覽器中輸入網址 192.168.0.1 進入如圖 5-4 所示『**網路管理頁面**』。第二步是在該頁面中找到『**虛擬伺服器規則**』頁面，設定應用程式名稱為『**HTTP**』、電腦名稱為 Wi-Fi 模組所使用的私用 IP 位址『**192.168.0.170**』（依實際配置的 IP 位址設定），並指定公用服務埠為 80（或其它埠）及私人服務埠為 80（或其它埠）。一旦設定完成後，在瀏覽器的網址列中輸入下列連線網址，只要是由 Internet 連接到寬頻分享器的公用 IP 位址，就會被轉遞到 Ethernet 模組或 Wi-Fi 模組的私用 IP 位址。

http://公用 IP 位址:公用服務埠

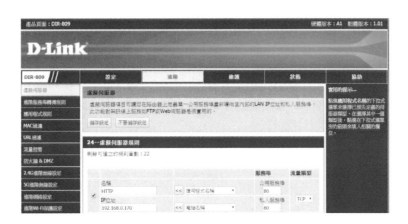

圖 5-4　網路管理頁面

5-1-6 取得自己的公用 IP 位址

　　多數家庭的寬頻分享器都是使用浮動 IP，我們要如何得知目前所使用的公用 IP 位址呢？只要在 Microsoft IE 或 Google Chrome 瀏覽器的網址列中輸入如圖 5-5 所示網址 http://www.whatismyip.com，即可得知自己目前所使用的公用 IP 位址。

圖 5-5　檢查目前所使用的 IP 位址

　　當我們要由網際網路遠端控制區域網路中的物聯網設備時，只要輸入家中寬頻分享器的公用 IP 位址，並且在後面加上冒號":"後，緊接著再輸入虛擬伺服器的公用服務埠號碼即可連線，以筆者所使用的電腦為例，輸入格式如下：

http://175.182.175.141:80

5-2　認識 ESP8266 模組

如圖 5-6 所示 ESP8266 ESP-01 模組（本文簡稱 ESP8266 模組），由深圳安信可（Ai-Thinker）科技所生產製造，是最受歡迎的 ESP8266 模組，價格不到百元。核心晶片 ESP8266 是由深圳樂鑫（Espressif）科技所開發設計，內建低功率 32 位元微控制器，具備 UART、I2C、PWM、GPIO 及 ADC 等功能，可應用於家庭自動化、遠端控制、遠端監控、穿戴電子產品、安全 ID 標籤及物聯網等。ESP8266 晶片本身**沒有內建記憶體**空間可以提供儲存韌體（firmware），必須外接 Flash 記憶體，如圖 5-6(b)所示 ESP8266 模組接腳圖，使用一顆 8M 位元串列式快閃記憶體 25Q80，具有 8Mbits（1MB）容量。ESP8266 晶片可以使用 26MHz~52MHz 振盪頻率，ESP-01 模組使用 26MHz 石英晶體振盪器當作計時時鐘。

UTXD	GND	1 2
CH_PD	GPIO2	3 4
RST	GPIO0	5 6
VCC	URXD	7 8

ESP8266 25Q80

(a) 模組外觀　　　　　　　　　(b) 接腳圖

圖 5-6　ESP8266 模組

ESP8266 模組是一個體積小、功能強、價位低的 Wi-Fi 模組，工作電壓 3.3V，內部沒有穩壓 IC，所以**不可以直接連接 5V，以免燒毀 ESP8266 晶片**。在睡眠模式下的消耗電流小於 10μA，在工作模式下平均消耗電流 80mA，最大消耗電流 300mA。ESP8266 模組使用 2.4GHz 工作頻段，內建 TCP/IP 協定套件，在空曠地方傳輸距離可達 400 公尺。支援 802.11b/g/n 無線網路協定及 WPA/WPA2 加密模式，可以設定為無線網路基地台（Access Point，簡記 AP），或是直接連線到無線網路（Wi-Fi Direct，簡記 P2P）。在 P2P 模式下，可以將 ESP8266 模組設定成**伺服器**（Server）等候用戶端（Client）連線，或是將 ESP8266 模組設定成**用戶端**連線到其它的伺服器。

如表 5-3 所示 ESP8266 模組接腳功能說明，以串列埠口介面與 Arduino 建立通訊，通常會使用 SoftwareSerial 函式庫建立一個軟體串列埠口，避免與硬體串列埠口發生衝突。Arduino 板與 ESP8266 模組對接時，必須將模組 UTXD 傳送腳連接 Arduino 板的 RX 接收腳、模組 URXD 接收腳連接 Arduino 板的 TX 傳送腳，模組 VCC、CH_PD 腳連接 3.3V 電源（**必須提供足夠電流**），模組 GND 腳連接 Arduino 板的 GND 腳。

表 5-3　ESP8266 模組接腳功能說明

模組接腳	功能說明
1	UTXD：ESP8266 串列埠口傳送腳。
2	GND：電源負端接腳。
3	CH_PD：晶片致能 (chip enable) / 電源下降 (power down)。 (1) CH_PD=0：除能 ESP8266。(2) CH_PD=1：致能 ESP8266。
4	GPIO2：一般 I/O 埠，內含提升電阻。
5	RST：重置接腳，低電位動作。
6	GPIO0 內含提升電阻。低電位:韌體更新模式；高電位:一般工作模式。
7	VCC：電源正端接腳，電壓範圍 3.0V~3.6V，典型值為 3.3V。
8	URXD：ESP8266 串列埠口接收腳，含內部提升電阻。

5-2-1 ESP8266 模組常用 AT 指令

ESP8266 模組出廠前已經先將韌體寫入外部 Flash 記憶體中，我們可以使用 AT 指令來設定 ESP8266 模組的參數。AT 指令沒有大、小寫之分，在使用 AT 指令設定 ESP8266 模組參數前，須先設定與 ESP8266 模組相同的序列埠鮑率（baudrate），**舊版為 57600bps，新版為 9600bps 或 115200bps**，可以使用 AT 指令更改，例如使用指令 AT+UART=9600,8,1,0,0，設定鮑率 9600bps、8 個資料位元、1 個停止位元及沒有同位元。另外，在 AT 指令的結尾必須加上換行（newline，簡記 NL）及歸位（carriage return，簡記 CR）兩個字符作為結束，模組才會有所回應，一般是按下 ▢Enter ↵▢ 鍵來產生結束字符**"\r\n"**。ESP8266 模組的 AT 指令可以分為基本 AT 指令、Wi-Fi 功能 AT 指令及 TCP/IP 工具箱 AT 指令等三種。

一、基本 AT 指令

如表 5-4 所示 ESP8266 模組基本 AT 指令說明，包含模組測試指令、模組重置、查詢版本訊息及 UART 參數設定等常用的基本 AT 指令。因為 ESP8266 模組的韌體版本不同而會有不同的鮑率，**當我們使用 AT 指令若出現亂碼或是沒有回應時，可能是序列埠鮑率設定不正確**，必須使用 AT+UART 指令來更改模組鮑率。

表 5-4　ESP8266 模組基本 AT 指令說明

功能說明	AT 指令	回應	參數
模組測試	AT	OK	無
模組重置	AT+RST	OK	無

功能說明	AT 指令	回應	參數
查詢版本訊息	AT+GMR	\<AT 版本訊息\> \<SDK 版本訊息\> \<編譯時間\> OK	無
UART 參數設定	AT+UART= \<baudrate\>,\<databits\>, \<stopbits\>,\<parity\>, \<flow control\> 或 AT+UART_DEF= \<baudrate\>,\<databits\>, \<stopbits\>,\<parity\>, \<flow control\>	OK	\<baudrate\>: UART 鮑率 \<databits\>: 資料位元數 5: 5 位元 6: 6 位元 7: 7 位元 8: 8 位元 \<stopbits\>: 停止位元數 1: 1 位元 2: 1.5 位元 3: 2 位元 \<parity\>:同位位元 0: 無 1: 奇(Odd)同位 2: 偶(Even)同位 \<flow control\>:流量控制 0: 除能 1: 致能 RTS 2: 致能 CTS 3: 致能 RTS 及 CTS

二、Wi-Fi 功能 AT 指令

如表 5-5 所示 ESP8266 模組 Wi-Fi 功能 AT 指令說明，ESP8266 模組具有 **AP**（Access Point，基地台）、**STA**（Station，工作站）及 **AP+STA** 等三種 Wi-Fi 應用模式，我們可以使用 **AT+CWMODE** 指令來選擇。如果要查詢目前可使用的 AP 或是與 AP 建立連線時，ESP8266 模組必須選擇在 STA 模式。ESP8266 模組在未與 AP 連線前的 IP 預設值為 0.0.0.0，連線後寬頻分享器會分配一個 IP 位址給 ESP8266 模組，可以**使用 AT+CIFSR 指令取得所分配的 IP 位址**。

表 5-5　ESP8266 模組 Wi-Fi 功能 AT 指令說明

功能說明	AT 指令	回應	參數
選擇 Wi-Fi 應用模式	AT+CWMODE=\<mode\>	OK	\<mode\>:模式代號 1:STA 模式 2:AP 模式 3:AP+STA 模式
查詢目前 Wi-Fi 應用模式	AT+CWMODE?	+CWMODE:\<mode\> OK	

功能說明	AT 指令	回應	參數
查詢目前加入的 AP	AT+CWJAP?	+CWJAP:<ssid>,<mac>,<ch>,<rssi> OK	<ssid>:AP 名稱 <mac>:MAC 位址 <channel>:通道號碼 <rssi>:訊號強度(dBm)
加入 AP	AT+CWJAP =<ssid>,<pwd>	OK	<ssid>:AP 名稱 <pwd>:AP 密碼
退出 AP	AT+CWQAP	OK	無
列出目前可用的 AP	AT+CWLAP	+CWLAP:<ecn>,<ssid>,<rssi>,<mac>,<ch>,<freq offset>,< freq calibration> OK	<ecn>:加密方式 0:OPEN 1:WEP 2:WPA_PSK 3:WPA2_PSK 4:WPA_WPA2_PSK <ssid>:接入點名稱 <rssi>:訊號強度(dBm) <mac>:MAC 位址 <ch>:通道號碼 <freq offset>:頻率偏移 <freq calibration>:頻率偏移校準
設定 AP 參數	AT+CWSAP =<ssid>,<pwd>,<ch>,<ecn>,<max conn>,<ssid hidden>	OK	<ssid>:AP 名稱 <pwd>:AP 密碼 <ch>:通道號碼 <ecn>:加密方式 <max conn>:可連接的 STA 數目,範圍 1~10 <ssid hidden>: 0: broadcasted(預設) 1:not broadcasted
查詢 AP 參數	AT+CWSAP?	+CWSAP:<ssid>,<pwd>,<ch>,<ecn>,<max conn>,<ssid hidden> OK	

三、TCP/IP 工具箱 AT 指令

如表 5-6 所示 ESP8266 模組 TCP/IP 工具箱 AT 指令說明,ESP8266 模組可以使用傳輸控制協定(Transmission Control Protocol,簡記 TCP)或使用者資料包協定(User Datagram Protocol,簡記 UDP) 與遠端 IP 建立連線。**TCP 是雙向傳輸,經由確認機制保證資料的正確性,但傳輸速度較慢;UDP 是單向傳輸,傳輸速度較快,但可靠性較低。**必須先加入 AP 再建立 TCP/UDP 連線後,才能使用 AT+CIPSEND 指令將模組串口資料經由 Wi-Fi 傳送,或是由 Wi-Fi 接收資料經模組串口輸出資料。

表 5-6　ESP8266 模組 TCP/IP 工具箱 AT 指令說明

功能說明	AT 指令	回應	參數
取得 TCP/UDP 連線狀況	AT+CIPSTATUS	STATUS:\<status> +CIPSTATUS:\<id>, \<type>, \<remote IP>, \<remote port>, \<local port>, \<tetype>	\<status>: 2:已加入 AP 但未連線 3:建立連線(Connected) 4:關閉(disconnected) 5:尚未加入 AP \<id>:連線通道號碼 0~4 \<type>:連線類型 TCP:TCP 連線 UDP:UDP 連線 \<remote IP>: 遠端 IP 位址 \<remote port>: 遠端通訊埠號 \<local port>: 本地通訊埠號 \<tetype>:主從角色 0:client 角色 1:server 角色
建立 TCP/UDP 單路連線	AT+CIPSTART =\<type>,\<remote IP>, \<remote port>	OK:連線成功 ERROR:失敗 ALREADY CONNECT: 連線已存在	\<id>:通道號碼 0~4 \<type>:連線類型 TCP:TCP 連線 UDP:UDP 連線 \<addr>:遠端 IP 位址 \<port>:遠端通訊埠號碼
建立 TCP/UDP 多路連線	AT+CIPSTART=\<id>, \<type>,\<remote IP>, \<remote port>		
設定連線模式	AT+CIPMUX=\<mode>	OK	\<mode>:連線模式 0:單路連線模式 1:多路連線模式
查詢連線模式	AT+CIPMUX?	+CIPMUX:\<mode> OK	
取得本地 IP 位址	AT+CIFSR	+CIFSR:\<AP IP 位址> +CIFSR:\<STA IP 位址> OK	第一行:AP 的 IP 位址 第二行:STA 的 IP 位址
配置為服務器	AT+CIPSERVER =\<mode>,[\<port>]	OK	\<mode>:server 開關 0:關閉 server 模式 1:開啟 server 模式 \<port>:埠號,預設值 333
關閉 TCP/UDP 單路連線	AT+CIPCLOSE	CLOSE OK:關閉成功 ERROR:關閉失敗	\<id>:需要關閉的連線
關閉 TCP/UDP 多路連線	AT+CIPCLOSE=\<id>		

功能說明	AT 指令	回應	參數
單路連接發送數據	AT+CIPSEND=\<length>	收到指令後先換行返回 ">"符號，然後開始接收串口數據，當數據長度等於 length 時，模組將數據經由 Wi-Fi 發送出去。發送數據成功回應：SEND OK。發送數據失敗回應：ERROR。	\<id>:連接的 id 號碼 0~4 \<length>:發送數據長度
多路連接發送數據	AT+CIPSEND =\<id>,\<length>		
單路連接接收數據	+IPD,\<len>:\<data>	模組接收到網路的數據資料時，會向串口發出 +IPD 及數據	\<id>連接的 id 號碼 \<len>數據長度 \<data>收到的數據
多路連線接收數據	+IPD,\<id>,\<len>:\<data>		

▶ 動手做：ESP8266 模組參數設定電路

一 功能說明

如圖 5-7 所示 ESP8266 模組參數設定電路接線圖，將 ESP8266 模組 CH_PD 腳連接至 3.3V，致能 ESP8266 工作。上傳 ch5-1.ino 檔案至 Arduino 控制板，打開『序列埠監控視窗』，即可開始執行 AT 指令來設定 ESP8266 模組的參數。ESP8266 模組在**一般工作模式**時，GPIO0 接腳必須接至高電位或空接，使用 Arduino 板上的 3.3V 電源即可提供足夠電流。如果是要進行韌體更新時，GPIO0 接腳必須接地才能進入**韌體更新模式**，最大工作電流可達 200~300mA，因此必須使用獨立 3.3V 電源，才能確保模組的工作正常。

二 電路接線圖

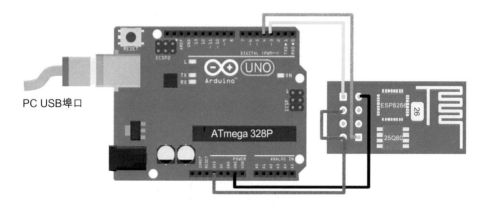

PC USB埠口

圖 5-7　ESP8266 模組參數設定電路接線圖

三 程式: ch5-1.ino

```
#include <SoftwareSerial.h>          //使用 SoftwareSerial 函式庫。
SoftwareSerial ESP8266(3,4);         //設定 D3 為接收 RX,D4 為 TX。
void setup()
{
    Serial.begin(9600);              //設序列埠傳輸速率為 9600bps。
    ESP8266.begin(9600);             //設定 ESP8266 模組速率為 9600bps。
}
void loop()
{
    if(ESP8266.available())          //ESP8266 模組接收到數據資料?
        Serial.write(ESP8266.read());    //讀取並顯示於序列埠視窗中。
    else if(Serial.available())      //Arduino 接收到數據資料?
        ESP8266.write(Serial.read());    //將資料寫入 ESP8266 模組中。
}
```

一、ESP8266 模組測試

STEP **1**

A. 開啟並上傳 ch5-1.ino。

B. ESP8266 模組出廠預設 UART 鮑率為 9600bps 或是 115200 bps,如果 9600bps 沒有反應,則改為 115200bps。

C. 開啟『序列埠監控視窗』。

```
ch5- | Arduino 1.6.9                              A        —  □  ×
檔案 編輯 草稿碼 工具 說明                                          C
ch5-1
1 #include <SoftwareSerial.h>
2 SoftwareSerial ESP8266(3,4); // RX, TX
3 void setup()
4 {
5    Serial.begin(9600);       B
6    ESP8266.begin(9600);
7 }
8 void loop()
9 {
10   if(ESP8266.available())
11     Serial.write(ESP8266.read());
12   else if(Serial.available())
13     ESP8266.write(Serial.read());
14 }
```

STEP 2

A‧ 設定 Arduino 控制板的序列埠
傳輸速率為 9600bps。

B‧ 結尾符號必須為【NL&CR】，
才能執行 AT 指令。

C‧ 在傳送欄位中輸入 AT 指令測
試 ESP8266 模組，如果連線
正確，模組回應 OK。如果沒
有回應，表示所設定的模組鮑
率不正確。

D‧ 在傳送欄位中輸入 AT+GMR
指令，查詢韌體版本及序號。

二、設定 UART 參數

STEP 1

A‧ 在傳送欄位中輸入 AT+UART_
DEF=9600,8,1,0,0 指令，將模
組鮑率改為 9600bps，8 個資
料位元，1 個停止位元，無同位
元。必須同時更改 ch5-1.ino 程
式中指令 ESP8266.begin
(9600)括號內的傳輸速率。

B‧ 設定成功，模組回應 OK。

三、加入 AP

STEP 1

A · 輸入 AT+CWMODE 指令，並
且按下 傳送 鈕，將模組設定
為 STA 模式。

B · 輸入 AT+CWLAP 指令，列出
目前可用的 AP。

C · 輸入 AT+CWJAP 指令，加入
AP

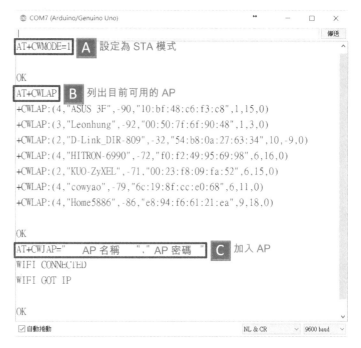

四、遠端連線

STEP 1

A · 輸入 AT+CIFSR 指令，取得本
地 IP 位址。

B · 輸入 AT+CIPMUX=1 指令，設
定為多路連線模式。

C · 輸入 AT+CIPSERVER 指令，
開啟 server，並且設定通訊埠
為 8000。

STEP **2**

A · 安裝並開啟 telnet/SSH 伺服器連線工具 PuTTY 進入 Configuration 視窗。

B · 在主機(Host Name)欄位中輸入 IP 位址 192.168.0.104。

C · 在埠號(Port)欄位中輸入 8000。

D · 選擇連線方式(Connection type)為 Telnet。

E · 按下 [Open] 開啟遠端連線。

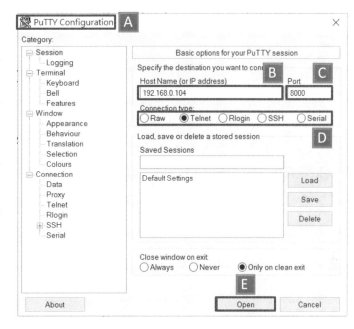

STEP **3**

A · 如果在『序列埠監控視窗』中出現 0,CONNECT，表示與 server 連線成功。

B · 在 PuTTY 終端機視窗中輸入 hello 字串傳送給 ESP8266 模組。

C · 模組正確收到數據後，模組串口輸出+IPD,0,5:hello，表示在通道 0 收到 5 個字元"hello"。

D · 關閉 PuTTY 程式，結束遠端連線，序列埠出現 0,CLOSED，表示與 server 斷線。

▶動手做：Wi-Fi 燈光控制電路(使用序列埠視窗顯示 IP 位址)

一 功能說明

　　如圖 5-9 所示 Wi-Fi 燈光控制電路（使用序列埠視窗顯示 IP 位址）接線圖，利用 Wi-Fi 模組加入家用 AP，並且設為**伺服器**角色，所取得的私用 IP 位址會顯示在圖 5-8 所示『序列埠監控視窗』中。當系統重置時，Wi-Fi 連線指示燈 L5 快閃三下，成功與 Wi-Fi 建立連線後，DHCP 伺服器會配置一個私用 IP 位址給 ESP8266 模組，同時點亮 L5。成功連線後，用戶端開啟手機 App 程式 APP/ch5/WiFiled.aia，輸入所取得的 IP 位址後即可遠端控制燈光的開(ON)與關(OFF)。

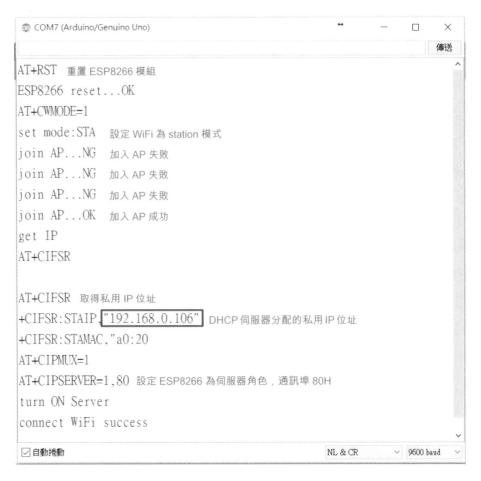

圖 5-8　ESP8266 Wi-Fi 模組的連線狀態

■二 電路接線圖

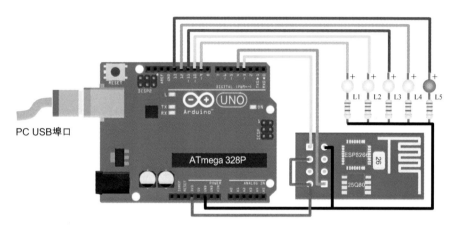

PC USB埠口

圖 5-9　Wi-Fi 燈光控制電路（使用序列埠視窗顯示 IP 位址）接線圖

■三 程式： ch5-2.ino

```
#include <SoftwareSerial.h>          //使用 SoftwareSerial 函式庫。
SoftwareSerial ESP8266(3,4);         //設定 D3 為 RX 腳，D4 為 TX 腳。
#define SSID "您的AP名稱"             //輸入您的 AP 名稱。
#define PASSWD "您的AP密碼"           //輸入您的 AP 密碼。
const int led[4]={9,10,11,12};       //D9~D12 連接 L1~L4 電燈。
boolean ledStatus[4]={0,0,0,0};      //L1~L4 電燈的開(ON)/關(OFF)狀態。
boolean all=0;                       //電燈總開關，all=0 全關，all=1 全開。
const int WIFIled=13;                //Wi-Fi 連線狀態指示燈。
boolean FAIL_8266 = false;           //false:連線成功，true:連線失敗。
int connectionId;                    //連線的 id 號碼。
char c;                              //ESP8266 接收到的字元。
String cmd,action;                   //ESP8266 所要傳送的命令及字串。
//初值設定
void setup()
{
    for(int i=0;i<4;i++)             //關閉 L1~L4 燈光。
    {
        pinMode(led[i],OUTPUT);      //設定 D9~D12 為輸出埠。
        digitalWrite(led[i],LOW);    //初值為 LOW。
    }
    pinMode(WIFIled,OUTPUT);         //設定 D13 為輸出埠。
    digitalWrite(WIFIled,LOW);       //設定 Wi-Fi 狀態指示燈為關閉(OFF)狀態。
```

```
    Serial.begin(9600);                  //設定序列埠鮑率為 9600bps。
    ESP8266.begin(9600);                 //ESP8266 鮑率為 9600bps。
    for(int i=0;i<3;i++)                 //Wi-Fi 狀態指示燈快閃三下。
    {
        digitalWrite(WIFIled,HIGH);
        delay(200);
        digitalWrite(WIFIled,LOW);
        delay(200);
    }
    do                                   //ESP8266 連線設定。
    {
        sendESP8266cmd("AT+RST",2000);   //重置 ESP8266。
        Serial.print("ESP8266 reset...");//顯示字串。
        if(ESP8266.find("OK"))           //ESP8266 重置成功。
        {
            Serial.println("OK");        //顯示字串。
            if(connectWiFi(10))          //連線成功,顯示"success"。
            {
                Serial.println("connect WiFi success");
                FAIL_8266=false;         //連線成功。
            }
            else                         //連線失敗,顯示"fail"。
            {
                Serial.println("connect WiFi fail");
                FAIL_8266=true;
            }
        }
        else                             //ESP8266 重置失敗。
        {
            Serial.println("ESP8266 have no response.");
            delay(500);
            FAIL_8266=true;              //連線失敗。
        }
    } while(FAIL_8266);                  //連線失敗,繼續進行連線設定。
    digitalWrite(WIFIled,HIGH);          //連線成功,WiFi 指示燈恒亮。
}
// 主迴圈
```

```
void loop()
{
    if(ESP8266.available())              //ESP8266 接收到數據?
    {
        if(ESP8266.find("+IPD,"))    //ESP8266 接收到"+IPD,"字串?
        {
            Serial.print("+IPD:");
            while((c=ESP8266.read())<'0' || c>='9') //忽略空白字元。
                ;
            connectionId = c-'0';   //讀取連線 id 號碼。
            Serial.println("connectionId="+String(connectionId));
            ESP8266.find("X=");       //ESP8266 接收到"X="字串?
            while((c=ESP8266.read())<'0' || c>'9')//忽略非數字字元。
                ;
            if(c=='1')                       //ESP8266 接收到數據資料"X=1"?
            {
                ledStatus[0]=!ledStatus[0];       //改變 L1 狀態。
                if(ledStatus[0]==0)               //L1 關(OFF)?
                    action="X1=off";               //回傳數據給用戶端。
                else                               //L1 開(ON)。
                    action="X1=on";                //回傳數據給用戶端。
                digitalWrite(led[0],ledStatus[0]);//更新 L1 狀態。
            }
            else if(c=='2')           //ESP8266 接收到數據資料"X=2"?
            {
                ledStatus[1]=!ledStatus[1];       //改變 L2 狀態。
                if(ledStatus[1]==0)               //L2 關(OFF)?
                    action="X2=off";               //回傳數據給用戶端。
                else                               //L2 開(ON)。
                    action="X2=on";                //回傳數據給用戶端。
                digitalWrite(led[1],ledStatus[1]);//更新 L2 狀態。
            }
            else if(c=='3')           //ESP8266 接收到數據資料"X=3"?
            {
                ledStatus[2]=!ledStatus[2];//改變 L3 狀態。
                if(ledStatus[2]==0)               //L3 關(OFF)?
                    action="X3=off";               //回傳數據給用戶端。
```

```
        else                                //L3 開(ON)。
            action="X3=on";                 //回傳數據給用戶端。
        digitalWrite(led[2],ledStatus[2]); //更新 L3 狀態。
    }
    else if(c=='4')          //ESP8266 接收到數據資料"X=4"?
    {
        ledStatus[3]=!ledStatus[3];//改變 L4 狀態。
        if(ledStatus[3]==0)                 //L4 關(OFF)?
            action="X4=off";                //回傳數據給用戶端。
        else                                //L4 開(ON)。
            action="X4=on";                 //回傳數據給用戶端。
        digitalWrite(led[3],ledStatus[3]);
    }
    else if(c=='0')          //ESP8266 接收到數據資料"X=0"?
    {
        all=!all;                           //同時改變 L1~L4 狀態。
        if(all==0)                          //L1~L4 全關(OFF)?
        {
            action="Xall=off";              //回傳數據給用戶端。
            for(int i=0;i<4;i++)            //關閉(OFF)L1~L4 電燈。
            {
             ledStatus[i]=0;
                digitalWrite(led[i],LOW);  //關閉 Li 電燈。
            }
        }
        else  //L1~L4 全開(ON)。
        {
            action="Xall=on";
            for(int i=0;i<4;i++)            //開啟(ON)L1~L4 電燈。
            {
                ledStatus[i]=1;
                digitalWrite(led[i],HIGH);//開啟 Li 電燈。
            }
        }
    }
    else                     //ESP8266 所接收的數據資料不明確。
        action="X=?";
```

```
        Serial.println(action);        //顯示回傳給用戶端的數據資料。
        httpResponse(connectionId,action);//回傳數據資料給用戶端。
    }
  }
}
//建立 ESP8266 與 AP 的連線
boolean connectWiFi(int timeout)
{
    sendESP8266cmd("AT+CWMODE=1",2000);        //設定為 STA 模式。
    Serial.println("set mode:STA");            //顯示字串。
    delay(1000);
    do
    {
        String cmd="AT+CWJAP=\"";              //加入 AP。
        cmd+=SSID;                             //AP 名稱。
        cmd+="\",\"";
        cmd+=PASSWD;                           //AP 密碼。
        cmd+="\"";
        ESP8266.println(cmd);
        delay(1000);
        Serial.print("join AP...");            //顯示字串。
        if(ESP8266.find("OK"))                 //加入 AP 成功?
        {
            Serial.println("OK");              //加入 AP 成功。
            Serial.println("get IP");          //顯示字串。
            sendESP8266cmd("AT+CIFSR",1000);   //取得私用 IP 位址。
            while(ESP8266.available())         //顯示私用 IP 位址。
            {
                c=ESP8266.read();
                Serial.write(c);
            }
            Serial.println();                  //換列。
            sendESP8266cmd("AT+CIPMUX=1",1000); //設定為多路連線。
            sendESP8266cmd("AT+CIPSERVER=1,80",1000);//設為伺服器。
            Serial.println("turn ON Server");  //顯示字串。
            return true;
        }
```

```
        else
            Serial.println("NG");                      //加入 AP 失敗。
    } while((timeout--)>0);                            //連線逾時?
    return false;                                      //連線成功，回傳 false。
}
```

//用戶端數據回傳函數
```
void httpResponse(int id, String content)
{
    String response;
    response = "HTTP/1.1 200 OK\r\n";
    response += "Content-Type: text/html\r\n";
    response += "Connection: close\r\n";
    response += "Refresh: 8\r\n";
    response += "\r\n";
    response += content;
    String cmd = "AT+CIPSEND=";                        //ESP8266 傳送數據資料。
    cmd += id;
    cmd += ",";
    cmd += response.length();
    sendESP8266cmd(cmd,200);
    ESP8266.print(response);                           //數據資料。
    delay(200);
    cmd = "AT+CIPCLOSE=";                              //關閉目前的 id 通道。
    cmd += connectionId;
    sendESP8266cmd(cmd,200);
}
```

// ESP8266 AT 指令傳送函數
```
void sendESP8266cmd(String cmd, int waitTime)
{
    ESP8266.println(cmd);                              //傳送 AT 指令。
    delay(waitTime);                                   //等待傳送。
    Serial.println(cmd);                               //顯示所傳送的 AT 指令。
}
```

四 App 介面配置及說明 (APP/ch5/WiFiled.aia)

圖 5-10　App 介面配置

表 5-7　App 元件屬性說明

名稱	元件	主要屬性說明
ipAddr	Label	Height=50 pixels,Width=Fill parent
portNum	Label	Height=50 pixels,Width=Fill parent
led1sw	Button	Height=50 pixels,Width=Fill parent,FontSize=24
led2sw	Button	Height=50 pixels,Width=Fill parent,FontSize=24
led3sw	Button	Height=50 pixels,Width=Fill parent,FontSize=24
led4sw	Button	Height=50 pixels,Width=Fill parent,FontSize=24
off	Button	Height=50 pixels,Width=Fill parent,FontSize=24
ip	TextBox	Height=50 pixels,Width=Fill parent
port	TextBox	Height=50 pixels,Width=Fill parent
Canvas1	Canvas	Backgroundimage=ledOFF.png
Canvas2	Canvas	Backgroundimage=ledOFF.png
Canvas3	Canvas	Backgroundimage=ledOFF.png
Canvas4	Canvas	Backgroundimage=ledOFF.png

五 App 方塊功能說明 (APP/ch5/WiFiled.aia)

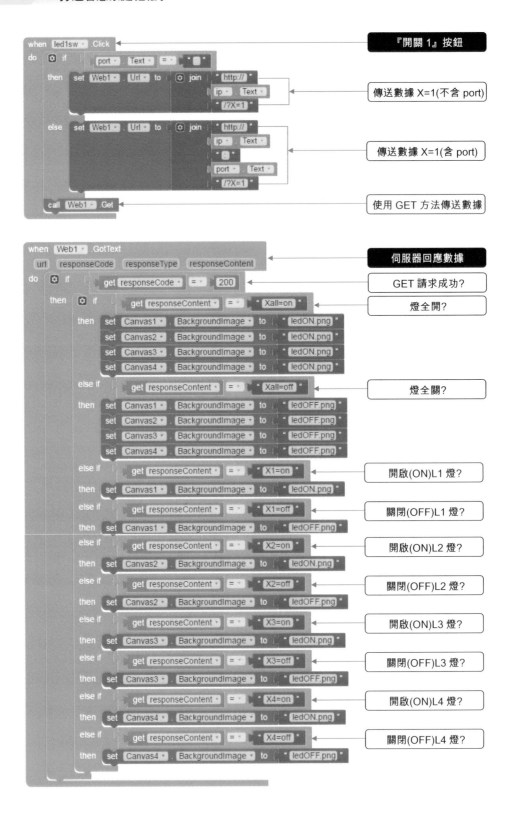

▶ 動手做：Wi-Fi 燈光控制電路(使用 LCD 顯示 IP 位址)

一 功能說明

　　如圖 5-11 所示 Wi-Fi 燈光控制電路（使用 LCD 顯示 IP 位址）接線圖，利用 ESP8266 模組加入家用 AP，並且將 ESP8266 模組設定為**伺服器**角色，取得私用 IP 位址顯示於 LCD 中。連線成功後，用戶端再開啟 App 程式 APP/ch5/WiFiled.aia，輸入伺服器的 IP 位址後，就可以遠端控制 LED 燈的開(ON)與關(OFF)。

二 電路接線圖

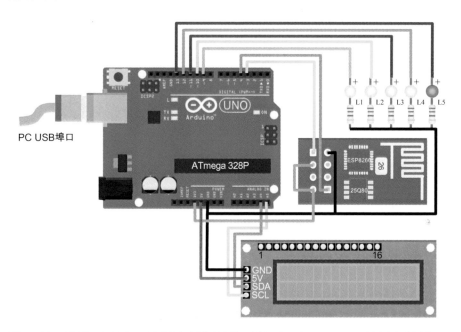

PC USB埠口

圖 5-11　ESP8266 Wi-Fi 燈光控制電路（使用 LCD 顯示 IP 位址）接線圖

三 程式：　ch5-3.ino

```
#include <LiquidCrystal_I2C.h>      //使用 LiquidCrystal_I2C 函式庫。
LiquidCrystal_I2C lcd(0x27,16,2);   //設定 16 行×2 列 LCD 的 I2C 位址在 0x27。
#include <SoftwareSerial.h>         //使用 SoftwareSerial 函式庫。
SoftwareSerial ESP8266(3,4);        //設定 D3 為 RX 腳，D4 為 TX 腳。
#define SSID "您的 AP 名稱"          //輸入您的 AP 名稱。
#define PASSWD "您的 AP 密碼"        //輸入您的 AP 密碼。
const int led[4]={9,10,11,12};      //D9~D12 連接 L1~L4 電燈。
boolean ledStatus[4]={0,0,0,0};     //L1~L4 電燈開(ON)/關(OFF)狀態。
```

```
boolean all=0;                          //電燈總開關,all=0 全關,all=1 全開。
const int WIFIled=13;                   //Wi-Fi 連線狀態指示燈。
boolean FAIL_8266 = false;              //false:連線成功,true:連線失敗。
int connectionId;                       //連線的 id 號碼。
char c;                                 //ESP8266 接收到的字元。
String cmd,action;                      //ESP8266 所要傳送的 AT 指令及字串。
int ipcount=0;                          //私用 IP 的長度。
int plus=0;                             //CIFSR 指令的回應數據起始碼'+'數量。
//初值設定
void setup()
{
    lcd.init();                         //初始化 lcd。
    lcd.backlight();                    //設定 lcd 背光。
    lcd.setCursor(0,0);                 //設定 lcd 座標在第 0 行、第 0 列。
    for(int i=0;i<4;i++)                //關閉 L1~L4 燈光。
    {
        pinMode(led[i],OUTPUT);
        digitalWrite(led[i],LOW);
    }
    pinMode(WIFIled,OUTPUT);            //設定 D13 為輸出埠。
    digitalWrite(WIFIled,LOW);          //關閉 Wi-Fi 指示燈。
    ESP8266.begin(9600);               //設定序列埠速率 9600bps。
    for(int i=0;i<3;i++)                //Wi-Fi 指示燈閃爍三下。
    {
        digitalWrite(WIFIled,HIGH);
        delay(200);
        digitalWrite(WIFIled,LOW);
        delay(200);
    }
    do
    {
        sendESP8266cmd("AT+RST",2000);//重置 ESP8266 模組。
        lcd.clear();                        //清除 lcd 螢幕。
        lcdprintStr("reset 8266...");
        if(ESP8266.find("OK"))              // ESP8266 重置成功?
        {
            lcdprintStr("OK");              //ESP8266 重置成功,顯示"OK"字串。
```

```
        if(connectWiFi(10))            //開始進行連線。
        {
            FAIL_8266=false;           //連線成功,結束連線。
            lcd.setCursor(0,1);
            lcdprintStr("connect success");
        }
        else                           //連線失敗。
        {
            FAIL_8266=true;            //連線失敗,重新連線。
            lcd.setCursor(0,1);
            lcdprintStr("connect fail");
        }
    }
    else                               //ESP8266 重置失敗。
    {
        delay(500);                    //延遲 0.5 秒。
        FAIL_8266=true;                //重置連線。
        lcd.setCursor(0,1);            //設定 lcd 座標在第 0 行、第 1 列。
        lcdprintStr("no response");    //顯示"no response"字串。
    }
} while(FAIL_8266);                    //重新與 Wi-Fi 進行連線。
    digitalWrite(WIFIled,HIGH);        //點亮 Wi-Fi 指示燈。
}
//主迴圈
void loop()
{
    if(ESP8266.available())
    {
        if(ESP8266.find("+IPD,"))              //ESP8266 準備接收字元?
        {
            while((c=ESP8266.read())<'0' || c>'9')
                ;                              //清除非數字字元。
            connectionId = c-'0';              //連接通道號碼。
            ESP8266.find("X=");                //接收到"X="字串?
        while((c=ESP8266.read())<'0' || c>'9')
            ;                                  //清除非數字字元。
        if(c=='1')                             //c=1?
```

```
    {
        ledStatus[0]=!ledStatus[0];      //L1 改變狀態。
        if(ledStatus[0]==0)              //L1 不亮?
            action="X1=off";             //回傳訊息"X1=off"。
        else                             //L1 亮。
            action="X1=on";              //回傳訊息"X1=on"。
        digitalWrite(led[0],ledStatus[0]);//設定 L1 狀態。
    }
    else if(c=='2')                      //c=2?
    {
        ledStatus[1]=!ledStatus[1];      //改變 L2 狀態。
        if(ledStatus[1]==0)              //L2 不亮?
            action="X2=off";             //回傳訊息"X2=on"。
        else                             //L2 亮。
          action="X2=on";                //回傳訊息"X2=off"。
        digitalWrite(led[1],ledStatus[1]);//改變 L2 狀態。
    }
    else if(c=='3')                      //c=3?
    {
      ledStatus[2]=!ledStatus[2];        //改變 L3 狀態。
      if(ledStatus[2]==0)                //L3 不亮?
        action="X3=off";                 //回傳訊息"X3=off"。
      else                               //L3 亮。
        action="X3=on";                  //回傳訊息"X3=on"。
      digitalWrite(led[2],ledStatus[2]); //改變 L3 狀態。
    }
    else if(c=='4')                      //c=4?
    {
      ledStatus[3]=!ledStatus[3];        //改變 L4 狀態。
      if(ledStatus[3]==0)                //L4 不亮?
        action="X4=off";                 //回傳訊息"X4=off"。
      else                               //L4 亮。
        action="X4=on";                  //回傳訊息"X4=on"。
      digitalWrite(led[3],ledStatus[3]); //改變 L4 狀態。
    }
    else if(c=='0')                      //c=0?
    {
```

```
        all=!all;                           //同時改變 L1~L4 狀態。
        if(all==0)                          //all=0?
        {
            action="Xall=off";              //回傳"Xall=off"訊息。
            for(int i=0;i<4;i++)            //關閉 L1~L4 電燈。
            {
                ledStatus[i]=0;
                digitalWrite(led[i],LOW);
            }
        }
        else                                //all=1。
        {
            action="Xall=on";               //回傳"Xall=on"訊息。
            for(int i=0;i<4;i++)           //開啟 L1~L4 電燈。
            {
                ledStatus[i]=1;
                digitalWrite(led[i],HIGH);
            }
        }
    }
    else
        action="X=?";                       //c 不是 0~4 數字。
    httpResponse(connectionId,action);      //回傳訊息。
    }
  }
}
//WiFi 連線函數
boolean connectWiFi(int timeout)
{
    sendESP8266cmd("AT+CWMODE=1",2000);    //設定 Wi-Fi 模式為 station。
    delay(1000);                           //延遲 1 秒。
    lcd.setCursor(0,1);                    //設定 lcd 座標在第 0 行第 1 列。
    lcdprintStr("WiFi mode:STA");          //顯示"WiFi mode:STA"字串
    do
    {
        String cmd="AT+CWJAP=\"";          //加入 Wi-Fi。
        cmd+=SSID;
```

```
        cmd+="\",\"";
        cmd+=PASSWD;
    cmd+="\"";
    sendESP8266cmd(cmd,1000);
    lcd.clear();                                //清除 lcd 螢幕。
    lcdprintStr("join AP...");                  //顯示"join AP..."字串。
    if(ESP8266.find("OK"))                      //加入 WiFi 成功?
    {
        lcdprintStr("OK");                      //顯示"OK"字串。
        sendESP8266cmd("AT+CIFSR",1000);        //取得連線 IP 位址。
        lcd.clear();                            //清除 lcd 螢幕。
        plus=0;                                 //計數所接收到'+'符號的數量。
        ipcount=0;                              //IP 位址的數量,由 12 個數字組成。
        while(ESP8266.available())              //ESP8266 已接收到 IP 位址?
        {
            c=ESP8266.read();                   //讀取資料。
            if(c=='+')                          //c='+'?
            plus++;                             //'+'符號的數量加 1。
            else if(c>='0' && c<='9' && ipcount<=12 && plus<=2)
            {
            lcd.write(c);                       //顯示 IP 位址。
            ipcount++;
            }
            else if(c=='.' && ipcount<=12 && plus<=2)
            lcd.write(c);                       //顯示'.'字元。
        }
        sendESP8266cmd("AT+CIPMUX=1",1000);//致能多路連接。
        sendESP8266cmd("AT+CIPSERVER=1,80",1000);//建立 TCP server。
        return true;                            //連線成功。
    }
} while((timeout--)>0);                         //設定的連線次數尚未結束?
    return false;                              //已超過設定的連線次數,連線失敗。
}
//用戶端數據回傳函數
void httpResponse(int id, String content)
{
    String response;
```

```
    response = "HTTP/1.1 200 OK\r\n";
    response += "Content-Type: text/html\r\n";
    response += "Connection: close\r\n";
    response += "Refresh: 8\r\n";
    response += "\r\n";
    response += content;
    String cmd = "AT+CIPSEND=";              //ESP8266 傳送數據資料。
    cmd += id;
    cmd += ",";
    cmd += response.length();
    sendESP8266cmd(cmd,200);
    ESP8266.print(response);                 //數據資料。
    delay(200);
    cmd = "AT+CIPCLOSE=";                    //關閉目前的 id 通道。
    cmd += connectionId;
    sendESP8266cmd(cmd,200);
}
//ESP8266 AT 指令傳送函數
void sendESP8266cmd(String cmd, int waitTime)
{
    ESP8266.println(cmd);                    //傳送 AT 指令。
    delay(waitTime);                         //等待傳送完成。
}
//lcd 顯示字串函數
void lcdprintStr(char *str){
    int i=0;
    while(str[i]!='\0')                      //字串結尾?
    {
        lcd.print(str[i]);                   //顯示一個字元。
        i++;                                 //下一個字元。
    }
}
```

延 伸 練 習

1. ESP8266 模組與 WiFi 進行連線時，如果無法正確取得 IP 位址，應如何處理？

2. 將連線 LED 燈的數量由四個變成八個。

▶ 動手做：Wi-Fi 溫溼度監控電路

一 功能說明

如圖 5-13 所示 Wi-Fi 溫溼度監控電路接線圖，利用 ESP8266 模組加入家用 AP，並且設定為**伺服器**角色，取得私用 IP 位址顯示於 LCD 中。連線成功後，用戶端再開啟如圖 5-12 所示 App 程式 APP/ch5/WiFiDHT11.aia，輸入伺服器的 IP 位址後再按下**啟動**按鈕，開始遠端監控溫度及溼度。**開關**按鈕控制遠端照明燈的開(ON)與關(OFF)，為了節省電力，用戶端每 10 秒才會請求更新一次溫度及溼度值。

(a) 啟動前畫面

(b) 監控中畫面

圖 5-12　WiFiDHT11 執行結果

二 電路接線圖

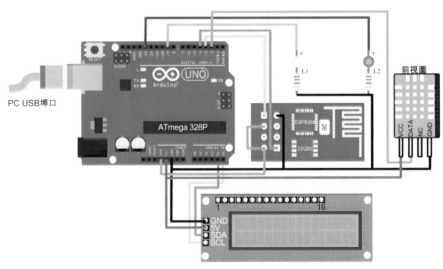

圖 5-13　Wi-Fi 溫溼度監控電路接線圖

三 程式： ch5-4.ino

```
#include <DHT.h>                          //使用 DHT 函式庫。
#include <LiquidCrystal_I2C.h>//使用 LiquidCrystal_I2C 函式庫。
LiquidCrystal_I2C lcd(0x27,16,2);//設定 I2C 16×2LCD 位址為 0x27。
#include <SoftwareSerial.h>              //使用 SoftwareSerial 函式庫。
SoftwareSerial ESP8266(3,4);            //設定 D3 為 RXD，D4 為 TXD 連接 ESP8266。
#define DHTPIN 2                         //DHT11 輸出數據連接至 D2。
#define DHTTYPE DHT11                    //溫溼度感測器型號為 DHT11。
DHT dht(DHTPIN, DHTTYPE);                //宣告 dht 型態變數。
#define SSID "您的 AP 名稱"              //輸入您的 AP 名稱。
#define PASSWD "您的 AP 密碼"            //輸入您的 AP 密碼。
const int led=9;                         //led 連接至 D9。
boolean ledStatus=0;                     //led 狀態。
const int WIFIled=13;                    //Wi-Fi 狀態指示燈。
boolean FAIL_8266 = false;               //ESP8266 連線狀態。
int connectionId;                        //多路連接通道號碼。
char c;                                  //通道號碼。
String cmd;                              //AT 命令。
String action;                           //回傳給用戶端的數據。
int ipcount=0;                           //私用 IP 的長度。
int plus=0;                              //CIFSR 指令的回應數據起始碼'+'數量。
unsigned long realtime=0;                //每 10 秒更新溫度及溼度值。
String temp,humi;                        //目前環境溫度及溼度。
char buf[3];                             //緩衝區。
//初值設定
void setup(){
    lcd.init();                          //LCD 初始化。
    lcd.backlight();                     //開啟 LCD 背光。
    lcd.setCursor(0,0);                  //設定顯示座標在第 0 行第 0 列。
    pinMode(led,OUTPUT);                 //設定 D9 為輸出埠。
    digitalWrite(led,LOW);               //關閉照明 LED 燈。
    pinMode(WIFIled,OUTPUT);             //設定 D13 為輸出埠。
    digitalWrite(WIFIled,LOW);           //關閉 Wi-Fi 指示燈。
    ESP8266.begin(9600);                 //設定 ESP8266 傳輸速率為 9600bps。
    for(int i=0;i<3;i++)                 //Wi-Fi 指示燈閃爍三次。
    {
        digitalWrite(WIFIled,HIGH);
```

```
        delay(200);
        digitalWrite(WIFIled,LOW);
        delay(200);
    }
    do{
        sendESP8266cmd("AT+RST",2000);    //重置 ESP8266。
        lcd.clear();                      //清除 LCD 螢幕。
        lcdprintStr("reset 8266...");     //顯示"reset 8266..."訊息。
        if(ESP8266.find("OK"))            //ESP8266 重置成功?
        {
            lcdprintStr("OK");            // ESP8266 重置成功，顯示"OK"訊息。
            if(connectWiFi(10))           //ESP8266 與 WiFi 連線成功?
            {
                FAIL_8266=false;          //重置 ESP8266 成功。
                lcd.setCursor(0,1);       //設定顯示座標在第 0 行第 1 列。
                lcdprintStr("connect success");//顯示連線成功訊息。
            }
            else                          //連線不成功。
            {
                FAIL_8266=true;
                lcd.setCursor(0,1);
                lcdprintStr("connect fail");//顯示"connect fail"訊息。
            }
        }
        else                              //ESP8266 重置失敗。
        {
            delay(500);                   //延遲 0.5 秒。
            FAIL_8266=true;               //連線失敗。
            lcd.setCursor(0,1);           //設定顯示座標在第 0 行第 1 列。
            lcdprintStr("no response");   //顯示"no response"訊息。
        }
    } while(FAIL_8266);                   //連線失敗則重覆連線。
    digitalWrite(WIFIled,HIGH);           //連線成功則 WiFi 指示燈亮。
}
//主迴圈
void loop(){
    if((millis()-realtime)>=10000)        //每 10 秒更新溫度及溼度值。
```

```
    {
        realtime=millis();                   //儲存目前系統時間。
        lcd.setCursor(0,1);                  //設定顯示座標在第 0 行第 1 列。
        for(int i=0;i<16;i++)                //清除第 1 列資料。
            lcd.print(' ');
        if(!FAIL_8266)                       //ESP8266 已連線?
        {
            float h = dht.readHumidity();    //讀取溫度值。
            float t = dht.readTemperature(); //讀取溼度值。
            if (isnan(t) || isnan(h))        //沒有正確讀取到溫度或溼度。
            {
                lcd.setCursor(0,1);          //設定顯示座標在第 0 行第 1 列。
                lcdprintStr("DHT11 error");  //顯示"DHT11 error"訊息。
            }
            else                             //正確讀取到溫度及溼度。
            {
                lcd.setCursor(0,1);          //設定顯示座標第 0 行第 1 列。
                lcdprintStr("T=");           //顯示"T="訊息。
                lcd.print((int)t/10);        //顯示溫度值的十位數。
                lcd.print((int)t%10);        //顯示溫度值的個位數。
                lcd.write(0xdf);             //顯示"°"。
                lcd.print("C");              //顯示"C"
                buf[0]=0x30+(int)t/10;
                buf[1]=0x30+(int)t%10;
                temp=(String(buf)).substring(0,2);//將溫度值轉成字串。
                lcd.setCursor(8,1);          //設定顯示座標在第 8 行第 1 列。
                lcdprintStr("H=");           //顯示"H="訊息。
                lcd.print((int)h/10);        //顯示溼度的十位數值。
                lcd.print((int)h%10);        //顯示溼度的個位數值。
                lcd.print("%");              //顯示"%"。
                buf[0]=0x30+(int)h/10;
                buf[1]=0x30+(int)h%10;
                humi=(String(buf)).substring(0,2);//將溼度值轉成字串。
            }
        }
    }
    if(ESP8266.available())                  //ESP8266 已接收到字元?
```

```
    {
        if(ESP8266.find("+IPD,"))              //接收到"+IPD,"?
        {
            while((c=ESP8266.read())<'0' || c>='9')
                ;                              //略過非 0~9 數字。
            connectionId = c-'0';              //儲存通道號碼。
            ESP8266.find("X=");                //接收到"X="字串?
            while((c=ESP8266.read())<'0' || c>='9')
                ;                              //略過非 0~9 數字。
            if(c=='1')                         //接收到用戶端傳送"X=1"數據?
            {
                ledStatus=!ledStatus;          //改變照明 LED 燈狀態。
                if(ledStatus==0)               //照明 LED 燈不亮?
                    action="X1=off";           //回傳"X1=off"訊息給用戶端。
                else                           //照明 LED 燈亮。
                    action="X1=on";            //回傳"X1=on"訊息給用戶端。
                digitalWrite(led,ledStatus);   //設定照明 LED 燈狀態。
            }
            else if(c=='2')                    //接收到用戶端傳送"X=2"數據?
                action=temp + "," + humi;      //回傳溫度及溼度值給用戶端。
            else                               //所接收的數據不明確。
                action="X=?";                  //回傳"X=?"訊息給用戶端。
            httpResponse(connectionId,action); //回傳數據給用戶端。
        }
    }
}
//ESP8266 AT 指令傳送函數
void sendESP8266cmd(String cmd, int waitTime)
{
    ESP8266.println(cmd);                      //傳送 AT 指令。
    delay(waitTime);                           //等待傳送完成。
}
//連線函數
boolean connectWiFi(int timeout)
{
    sendESP8266cmd("AT+CWMODE=1",2000);        //選擇 WiFi 模式為 station。
    delay(1000);                               //延遲 1 秒。
```

```
lcd.setCursor(0,1);                          //設定座標在第 0 行第 1 列。
lcdprintStr("WiFi mode:STA");                //顯示"WiFi mode:STA"訊息。
do {
    String cmd="AT+CWJAP=\"";                //加入 AP。
    cmd+=SSID;                               //AP 位址。
    cmd+="\",\"";
    cmd+=PASSWD;                             //AP 密碼。
    cmd+="\"";
    sendESP8266cmd(cmd,1000);               //寫入 AT 指令。
    lcd.clear();                             //清除顯示器內容。
    lcdprintStr("join AP...");               //顯示"join AP..."訊息。
    if(ESP8266.find("OK"))                   //加入 AP 成功?
    {
        lcdprintStr("OK");                   //顯示"OK"訊息。
        sendESP8266cmd("AT+CIFSR",1000);     //取得私用 IP 位址。
        lcd.clear();                         //清除顯示器內容。
        plus=0;                              //清除 plus 內容。
        ipcount=0;                           //清除 ipcount 內容。
        while(ESP8266.available())           //ESP8266 接收到數據資料?
        {
            c=ESP8266.read();                //讀取資料。
            if(c=='+')                       //讀取到數據開頭符號'+'?
            plus++;                          //plus 加 1。
            else if(c>='0' && c<='9' && ipcount<=12 && plus<=2)
            {
            lcd.write(c);                    //顯示 IP 位址數值。
            ipcount++;                       //下一個 IP 位址數值。
            }
            else if(c=='.' && ipcount<=12 && plus<=2)
            lcd.write(c);                    //顯示 IP 位址分隔符號'.'
        }
        sendESP8266cmd("AT+CIPMUX=1",1000);//設定多路連線。
        sendESP8266cmd("AT+CIPSERVER=1,80",1000);//設為伺服器。
        return true;                         //連線成功。
    }
}while((timeout--)>0);                        //連線失敗則繼續進行連線。
return false;                                 //10 次連線失敗。
```

```
}
//用戶端數據回傳函數
void httpResponse(int id, String content)
{
    String head,response;                      //回傳給用戶端的標頭及數據。
    head = "HTTP/1.1 200 OK\r\n";
    head += "Content-Type: text/html\r\n";
    head += "Connection: close\r\n";
    head += "Refresh: 8\r\n";
    head += "\r\n";
    response = head + content;                  //回傳給用戶端的標頭及數據。
    String cmd = "AT+CIPSEND=";                 //ESP8266 傳送數據指令。
    cmd += id;                                  //通道號碼。
    cmd += ",";
    cmd += response.length();                   //數據長度。
    sendESP8266cmd(cmd,200);                    //寫入 AT 指令。
    ESP8266.print(response);                    //傳送數據。
    delay(200);                                 //延遲 0.2 秒。
    cmd = "AT+CIPCLOSE=";                       //關閉通道。
    cmd += connectionId;
    sendESP8266cmd(cmd,200);                    //寫入 AT 指令。
}
//ESP8266 AT 指令傳送函數
void sendESP8266cmd(String cmd, int waitTime)
{
    ESP8266.println(cmd);
    delay(waitTime);
}
//lcd 顯示字串函數
void lcdprintStr(char *str) {
    int i=0;
    while(str[i]!='\0')
    {                                           //字串結尾?
        lcd.print(str[i]);                      //顯示一個字元。
        i++;                                    //下一個字元。
    }
}
```

四 App 介面配置及說明 (APP/ch5/WiFiDHT11.aia)

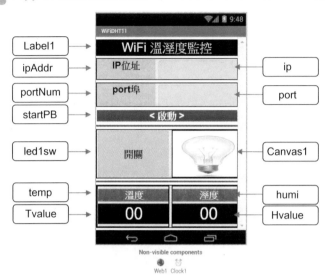 

名稱	元件	主要屬性說明
Label1	Label	FontSize=32
ipAddr	Label	Height=50 pixels,Width=40 percent
portNum	Label	Height=50 pixels,Width=40 percent
ip	TextBox	Height=50 pixels, Width=Fill parent
port	TextBox	Height=50 pixels,Width=Fill parent
startPB	Button	Height=Automatic,Width=Fill parent
led1sw	Button	Height=100 pixels,Width=50 percent
Canvas1	Canvas	BackgroundImage=ledOFF.png
temp	Label	Height=Automatic,Width=50 percent,FontSize=24
Tvalue	Label	Height=Automatic,Width=50 percent,FontSize=40
humi	Label	Height=Automatic,Width=50 percent,FontSize=24
Hvalue	Label	Height=Automatic,Width=50 percent,FontSize=40
Clock1	Clock	TimerInterval=10000

五 App 方塊功能說明 (APP/ch5/WiFiDHT11.aia)

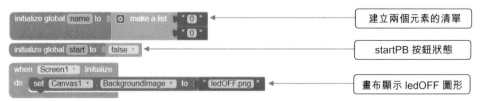

建立兩個元素的清單

startPB 按鈕狀態

畫布顯示 ledOFF 圖形

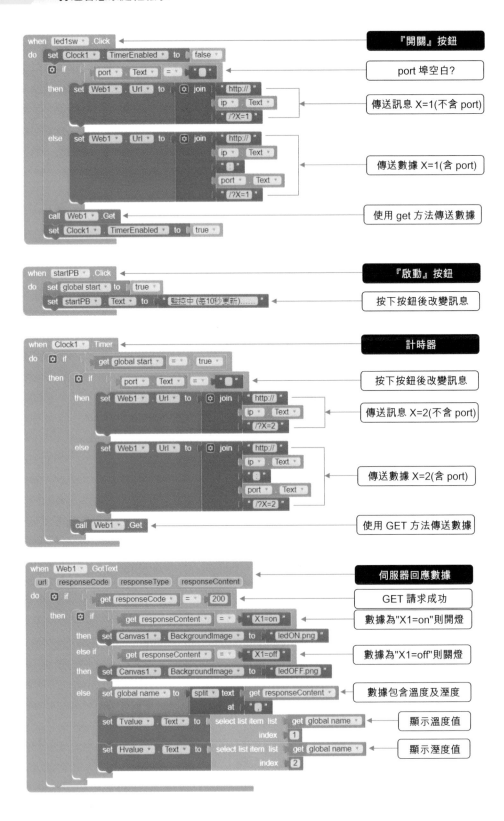

延 伸 練 習

1. 設計 Arduino 程式,如圖 5-14 所示 Wi-Fi 多點溫溼度監控電路接線圖,利用 ESP8266
   Wi-Fi 模組加入家用 AP,並且設為伺服器角色,取得私用 IP 位址顯示於 LCD 中。
   成功連線後,用戶端再開啟如圖 5-15 所示 App 程式/ino/ch5/WiFiDHT11n2.aia,輸
   入 IP 位址後再按下<啟動>按鈕開始遠端監控多點溫度及溼度。(ch5-4A.ino)

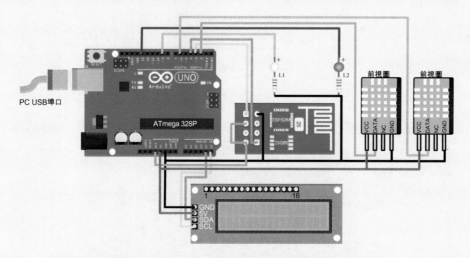

圖 5-14　Wi-Fi 多點溫溼度監控電路接線圖

圖 5-15　WiFiDHT11n2 執行結果

▶ 動手做：Wi-Fi 遠端類比輸入監控電路

一 功能說明

如圖 5-16 所示 ESP8266 遠端類比輸入監控電路接線圖，利用 ESP8266 模組加入家用 AP，並且設定為**伺服器**角色，取得私用 IP 位址顯示於 LCD 中。連線成功後，用戶端再開啟 App 程式 APP/ch5/WiFiAnalog.aia，輸入伺服器的 IP 位址後再按下**啟動**按鈕開始遠端監控類比輸入的數位值及電壓值。

二 電路接線圖

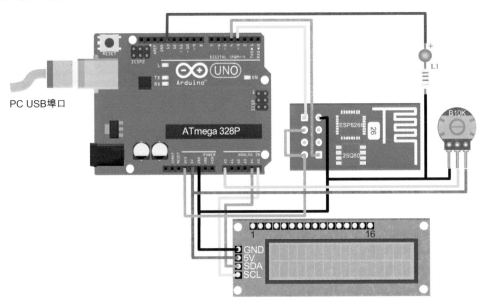

圖 5-16　Wi-Fi 遠端類比輸入監控電路接線圖

三 程式：　ch5-5.ino

```
#include <LiquidCrystal_I2C.h>        //使用 LiquidCrystal_I2C 函式庫。
LiquidCrystal_I2C lcd(0x27,16,2);     //使用 LiquidCrystal_I2C 函式庫。
#include <SoftwareSerial.h>           //使用 SoftwareSerial 函式庫。
SoftwareSerial ESP8266(3,4);          //設定 D3 為 RXD，D4 為 TXD。
#define SSID "您的 AP 名稱"            //輸入您的 AP 名稱。
#define PASSWD "您的 AP 密碼"          //輸入您的 AP 密碼。
const int WIFIled=13;                 //Wi-Fi 指示燈。
boolean FAIL_8266 = false;            //連線狀態。
int connectionId;                     //多路連線通道號碼。
```

```
char c;                              //字元變數。
String cmd;                          //AT 指令。
String action;                       //回傳給用戶端的數據。
int ipcount=0;                       //IP 位址的長度。
int plus=0;                          //CIFSR 指令的回應數據起始碼'+'數量。
int val;                             //A0 輸入的數位值。
long volt;                           //A0 輸入的類比值。
String digital0,analog0;             //數位值與類比值字串。
char buf[4];                         //緩衝區。
//初值設定
void setup()
{
    lcd.init();                      //LCD 初始化。
    lcd.backlight();                 //開啟 LCD 背光。
    lcd.setCursor(0,0);              //設定顯示座標在第 0 行第 0 列。
    pinMode(WIFIled,OUTPUT);         //設定 D13 為輸出埠。
    digitalWrite(WIFIled,LOW);       //關閉 WiFi 指示燈。
    ESP8266.begin(9600);             //ESP8266 初始化,傳輸速率為 9600bps。
    for(int i=0;i<3;i++)             //Wi-Fi 指示燈閃爍三次。
    {
        digitalWrite(WIFIled,HIGH);
        delay(200);
        digitalWrite(WIFIled,LOW);
        delay(200);
    }
    do
    {
        sendESP8266cmd("AT+RST",2000);//ESP8266 重置。
        lcd.clear();                 //清除 LCD 螢幕。
        lcdprintStr("reset 8266...");  //顯示"reset 8266..."訊息。
        if(ESP8266.find("OK"))       //ESP8266 重置成功?
        {
            lcdprintStr("OK");       //顯示"OK"訊息。
            if(connectWiFi(10))      //ESP8266 與 WiFi 進行連線成功?
            {
                FAIL_8266=false;     //連線成功。
                lcd.setCursor(0,1);  //設定顯示座標在第 0 行第 1 列。
```

```
                lcdprintStr("connect success");//顯示連線成功訊息。
            }
            else                        //連線失敗。
            {
                FAIL_8266=true;          //連線失敗。
                lcd.setCursor(0,1);     //設定顯示座標在第 0 行第 1 列。
                lcdprintStr("connect fail");//顯示連線失敗訊息。
            }
        }
        else                            //連線失敗。
        {
            delay(500);                 //延遲 0.5 秒。
            FAIL_8266=true;             //連線失敗。
            lcd.setCursor(0,1);         //設定顯示座標在第 0 行第 1 列。
            lcdprintStr("no response");//顯示 ESP8266 重置失敗訊息。
        }
    }while(FAIL_8266);                  //重新再進行連線。
    digitalWrite(WIFIled,HIGH);         //連線成功則點亮 WiFi 指示燈。
}
//主迴圈
void loop()
{
    val=analogRead(A0);                 //讀取 A0 類比輸入的數位值。
    lcd.setCursor(0,1);                 //設定顯示座標在第 0 行第 1 列。
    lcdprintStr("A0=");                 //顯示"A0="字串。
    lcd.print(val/100/10);              //顯示"千"位數位值
    lcd.print(val/100%10);              //顯示"百"位數位值。
    lcd.print(val%100/10);              //顯示"十"位數位值。
    lcd.print(val%100%10);              //顯示"個"位數位值。
    lcd.print(' ');                     //空格。
    volt=(long)val*500/1024;            //將數位值轉成類比值。
    lcd.setCursor(8,1);                 //設定顯示座標在第 8 行第 1 列。
    lcdprintStr("V0=");                 //顯示"V0="字串。
    lcd.print(volt/100);                //顯示"百"位類比值。
    lcd.print('.');                     //顯示小數點'.'。
    lcd.print(volt%100/10);             //顯示"十"位類比值。
    lcd.print(volt%100%10);             //顯示"個"位類比值。
```

```
    lcd.print('V');                        //顯示伏特'V'。
    digital0=val2str(val);                 //將數位值 val 轉成字串 digital0。
    analog0=volt2str(volt);                //將類比值 volt 轉成字串 analog0。
    if(ESP8266.available())
    {
        if(ESP8266.find("+IPD,"))
        {
            while((c=ESP8266.read())<'0' || c>'9')//忽略非數字字元。
                ;
            connectionId = c-'0';          //多路連線通道號碼。
            ESP8266.find("X=");
            while((c=ESP8266.read())<'0'||c>'9')//忽略非數字字元。
                ;
            if(c=='0')                     //用戶端回應數據是"X=0"?
                action=digital0 + ',' + analog0;//傳送數位值與類位值。
            else                           //用戶端回應數據不是"X=0"。
                action="X=?";              //回傳"X=?"訊息。
            httpResponse(connectionId,action);
        }
    }
}
//Wi-Fi 連線函數
boolean connectWiFi(int timeout)
{
    sendESP8266cmd("AT+CWMODE=1",2000);//選擇 WiFi 模式為 station。
    delay(1000);                           //延遲 1 秒。
    lcd.setCursor(0,1);                    //設定座標在第 0 行第 1 列。
    lcdprintStr("WiFi mode:STA");          //顯示"Wi-Fi mode:STA"訊息。
    do
    {
        String cmd="AT+CWJAP=\"";          //加入 AP。
        cmd+=SSID;                         //AP 位址。
        cmd+="\",\"";
        cmd+=PASSWD;                       //AP 密碼。
        cmd+="\"";
        sendESP8266cmd(cmd,1000);          //寫入 AT 指令。
        lcd.clear();                       //清除顯示器內容。
```

```
        lcdprintStr("join AP...");         //顯示"join AP..."訊息。
        if(ESP8266.find("OK"))             //加入 AP 成功?
        {
            lcdprintStr("OK");             //顯示"OK"訊息。
            sendESP8266cmd("AT+CIFSR",1000);//取得私用 IP 位址。
            lcd.clear();                   //清除顯示器內容。
            plus=0;                        //清除 plus 內容。
            ipcount=0;                     //清除 ipcount 內容。
            while(ESP8266.available())     //ESP8266 接收到數據資料?
            {
                c=ESP8266.read();          //讀取資料。
                if(c=='+')                 //讀取到數據開頭符號'+'?
                plus++;                    //plus 加 1。
                else if(c>='0' && c<='9' && ipcount<=12 && plus<=2)
                {
                lcd.write(c);              //顯示 IP 位址數值。
                ipcount++;                 //下一個 IP 位址數值。
                }
                else if(c=='.' && ipcount<=12 && plus<=2)
                lcd.write(c);              //顯示 IP 位址分隔符號'.'
            }
            sendESP8266cmd("AT+CIPMUX=1",1000);//設定多路連線。
            sendESP8266cmd("AT+CIPSERVER=1,80",1000);//設為伺服器。
            return true;                   //連線成功。
        }
    }while((timeout--)>0);                 //連線失敗則繼續進行連線。
    return false;                          //10 次連線失敗。
}
//用戶端數據回傳函數
void httpResponse(int id, String content)
{
    String head,response;                  //回傳給用戶端的標頭及數據。
    head = "HTTP/1.1 200 OK\r\n";
    head += "Content-Type: text/html\r\n";
    head += "Connection: close\r\n";
    head += "Refresh: 8\r\n";
    head += "\r\n";
```

```
    response = head + content;              //回傳給用戶端的標頭及數據。
    String cmd = "AT+CIPSEND=";             //ESP8266 傳送數據指令。
    cmd += id;                              //通道號碼。
    cmd += ",";
    cmd += response.length();               //數據長度。
    sendESP8266cmd(cmd,200);                //寫入 AT 指令。
    ESP8266.print(response);                //傳送數據。
    delay(200);                             //延遲 0.2 秒。
    cmd = "AT+CIPCLOSE=";                   //關閉通道。
    cmd += connectionId;
    sendESP8266cmd(cmd,200);                //寫入 AT 指令。
}
//ESP8266 AT 指令傳送函數
void sendESP8266cmd(String cmd, int waitTime)
{
    ESP8266.println(cmd);                   //傳送 AT 指令。
    delay(waitTime);                        //等待傳送完成。
}
//lcd 顯示字串函數
void lcdprintStr(char *str)
{
    int i=0;
    while(str[i]!='\0')
    {                                       //字串結尾?
        lcd.print(str[i]);                  //顯示一個字元。
        i++;                                //下一個字元。
    }
}
//整數轉字串函數
String val2str(int val)
{
    String digital;                         //字串變數 digital。
    buf[0]=0x30+val/100/10;                 //A0 的'千'位數位值。
    buf[1]=0x30+val/100%10;                 //A0 的'百'位數位值。
    buf[2]=0x30+val%100/10;                 //A0 的'十'位數位值。
    buf[3]=0x30+val%100%10;                 //A0 的'個'位數位值。
    digital=(String(buf)).substring(0,4);   //轉成字串。
```

```
    return digital;                              //將結果回傳。
}
//長整數轉字串函數
String volt2str(int volt)
{
    String analog;                               //字串變數 analog。
    buf[0]=0x30+volt/100;                        //A0 的'百'位類比值。
    buf[1]='.';                                  //小數點。
    buf[2]=0x30+volt%100/10;                     //A0 的'十'位類比值。
    buf[3]=0x30+volt%100%10;                     //A0 的'個'位類比值。
    analog=(String(buf)).substring(0,4);         //轉成字串。
    return analog;                               //將結果回傳。
}
```

四 App 介面配置及說明 (APP/ch5/WiFiAnalog.aia)

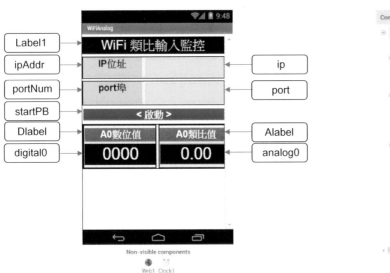

名稱	元件	主要屬性說明
Label1	Label	FontSize=32
ipAddr	Label	Height=50 pixels,Width=40 percent
portNum	Label	Height=50 pixels,Width=40 percent
ip	TextBox	Height=50 pixels,Width=Fill parent
port	TextBox	Height=50 pixels,Width=Fill parent
startPB	Button	Height=Automatic,Width=Fill parent

名稱	元件	主要屬性說明
Dlabel	Label	Height=Automatic,Width=50 percent,Fontsize=24
digital0	Label	Height=Automatic,Width=50 percent,Fontsize=40
Alabel	Label	Height=Automatic,Width=50 percent,Fontsize=24
analog0	Label	Height=Automatic,Width=50 percent,Fontsize=40
Clock1	Clock	TimerInterval=5000

五 App 方塊功能說明 (APP/ch5/WiFiAnalog.aia)

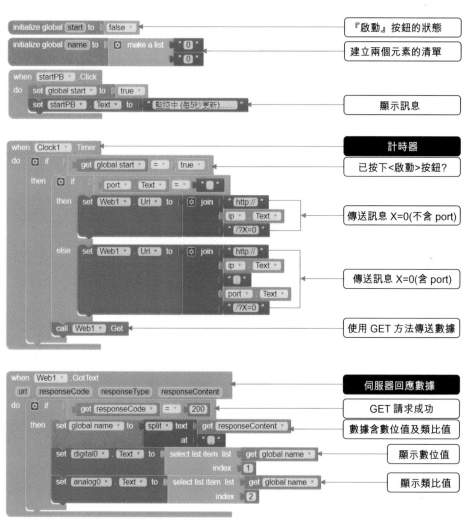

延 伸 練 習

1. 設計 Arduino 程式，如圖 5-17 所示 Wi-Fi 遠端多點類比輸入監控電路接線圖，利用 ESP8266 WiFi 模組加入家用 AP，並且設為伺服器角色，取得私用 IP 位址顯示於 LCD 中。成功連線後，用戶端再開啟如圖 5-18 所示 App 程式 APP/ch5/WiFiAnalog2.aia，輸入 IP 位址後再按下<啟動>按鈕開始監控遠端 A0 及 A1 類比輸入。(ch5-5A.ino)

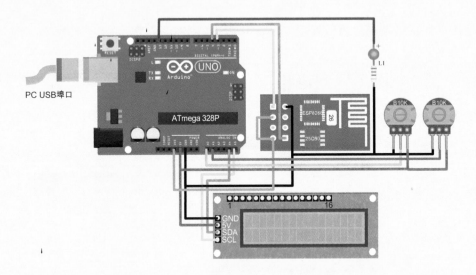

圖 5-17　Wi-Fi 多點類比輸入監控電路接線圖

圖 5-18　WiFiAnalog2 執行結果

2. 設計 Arduino 程式，使用 Wi-Fi 連線遠端監控遠端 A0、A1、A2 及 A3 類比輸入的類比值及數位值。

▶ 動手做：Wi-Fi 調色 LED 燈電路

一 功能說明

如圖 5-19 所示 Wi-Fi 調色 LED 燈電路接線圖，利用 ESP8266 模組加入家用 AP，並且設為**伺服器**角色，取得私用 IP 位址顯示於 LCD 中。開啟 App 程式 APP/ch5/WiFiRGBled.aia，輸入伺服器的 IP 位址後，就可以利用紅（red，簡記 R）、綠（green，簡記 G）、藍（blue，簡記 B）三色調桿，來調整 LED 燈的顏色及彩度。

二 電路接線圖

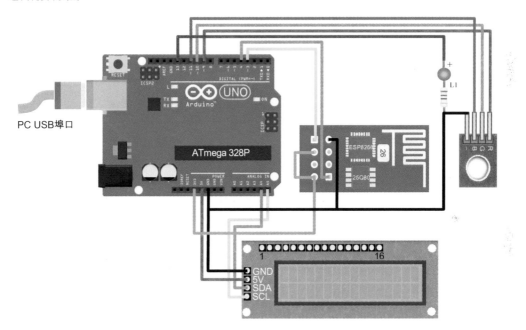

PC USB埠口

圖 5-19　Wi-Fi 調色 LED 燈電路接線圖

三 程式： ch5-6.ino

```
#include <LiquidCrystal_I2C.h>        //使用 LiquidCrystal_I2C 函式庫。
LiquidCrystal_I2C lcd(0x27,16,2);     //使用串列式 LCD，I2C 位址 0x27。
#include <SoftwareSerial.h>           //使用 SoftwareSerial 函式庫。
SoftwareSerial ESP8266(3,4);          //設定 D3 為 RXD，D4 為 TXD。
#define SSID "您的 AP 名稱"           //輸入您的 AP 名稱。
#define PASSWD "您的 AP 密碼"         //輸入您的 AP 密碼。
const int led[3]={9,10,11};           //R、G、B 控制接腳。
const int WIFIled=13;                 //Wi-Fi 指示燈。
```

```
boolean FAIL_8266 = false;              //連線狀態。
int connectionId;                       //多路連線通道號碼。
char c;                                 //字元變數。
String cmd;                             //AT 指令。
String action;                          //回傳給用戶端的數據。
byte red,green,blue;                    //R、G、B 數值。
int ipcount=0;                          //IP 位址的長度。
int plus=0;                             //CIFSR 指令的回應數據起始碼'+'數量。
char buf[3];                            //緩衝區。
int i;                                  //迴圈值。
int RGBcount=0;                         //RGBcount=3 表示完整讀取 R、G、B 數值。
//初值設定
void setup()
{
    lcd.init();                         //LCD 初始化。
    lcd.backlight();                    //開啟 LCD 背光。
    lcd.setCursor(0,0);                 //設定顯示座標在第 0 行第 0 列。
    for(i=0;i<3;i++)                    //設定 RGB LED 不亮
        analogWrite(led[i],0);
    pinMode(WIFIled,OUTPUT);            //設定 D13 為輸出埠。
    digitalWrite(WIFIled,LOW);          //關閉 Wi-Fi 指示燈。
    ESP8266.begin(9600);                //ESP8266 傳輸速率為 9600bps。
    for(i=0;i<3;i++)                    //Wi-Fi 指示燈開機時閃爍三次。
    {
        digitalWrite(WIFIled,HIGH);
        delay(200);
        digitalWrite(WIFIled,LOW);
        delay(200);
    }
    do
    {
        sendESP8266cmd("AT+RST",2000);  //ESP8266 重置。
        lcd.clear();                    //清除 LCD 顯示內容。
        lcdprintStr("reset 8266...");   //顯示"reset 8266..."訊息。
        if(ESP8266.find("OK"))          //ESP8266 重置成功?
        {
            lcdprintStr("OK");          //重置成功，顯示"OK"訊息。
```

```
        if(connectWiFi(10))              //開始與 AP 連線。
        {
            FAIL_8266=false;             //連線成功。
            lcd.setCursor(0,1);          //設定顯示座標在第 0 行第 1 列。
            lcdprintStr("connect success");//顯示連線成功訊息。
        }
        else                             //ESP8266 連線失敗。
        {
            FAIL_8266=true;              //連線失敗。
            lcd.setCursor(0,1);          //設定顯示座標在第 0 行第 1 列。
            lcdprintStr("connect fail"); //顯示連線失敗訊息。
        }
    }
    else                                 //ESP8266 重置失敗。
    {
        delay(500);                      //延遲 0.5 秒。
        FAIL_8266=true;                  //重置失敗。
        lcd.setCursor(0,1);              //設定顯示座標在第 0 行第 1 列。
        lcdprintStr("no response");      //顯示"no response"訊息。
    }
  }while(FAIL_8266);                     //連線失敗則重新連線。
  digitalWrite(WIFIled,HIGH);            //連線成功則 Wi-Fi 指示燈亮。
}
//主迴圈
void loop()
{
  lcd.setCursor(0,1);                    //設定顯示座標在第 0 行第 1 列。
  lcdprintStr("R");                      //顯示紅色的設定數值。
  lcd.print(red/100);
  lcd.print(red%100/10);
  lcd.print(red%100%10);
  lcd.print(' ');
  lcdprintStr("G");                      //顯示綠色的設定數值。
  lcd.print(green/100);
  lcd.print(green%100/10);
  lcd.print(green%100%10);
  lcd.print(' ');
```

```
    lcdprintStr("B");                          //顯示藍色的設定數值。
    lcd.print(blue/100);
    lcd.print(blue%100/10);
    lcd.print(blue%100%10);
    lcd.print(' ');
    lcd.print(' ');
    if(ESP8266.available())                    //ESP8266 已接收到數據?
    {
        if(ESP8266.find("+IPD,"))              //ESP8266 接收到正確數據?
        {
            while((c=ESP8266.read())<'0' || c>'9')
                ;                              //忽略非數字字元。
            connectionId = c-'0';              //多路連線的通道號碼。
            ESP8266.find("X=");                //數據資料為"X="開頭?
            while((c=ESP8266.read())<'a' || c>='z')//a~z 字母?
                ;                              //非 a~z 字母則忽略。
            if(c=='r')                         //紅色設定值?
            {
                for(i=0;i<3;i++)               //讀取紅色設定值。
                {
                    while((c=ESP8266.read())<'0' || c>'9')//0~9 數字?
                        ;                      //非 0~9 數字則忽略。
                    buf[i]=c-'0';              //字元轉數值。
                }
                RGBcount++;                    //RGBcount 加 1。
                red=buf[0]*100+buf[1]*10+buf[2];//數值轉設定值。
                red=red-100;                   //修正。
            }
            while((c=ESP8266.read())<'a' || c>='z')//非 a~z 字母則忽略?
                ;
            if(c=='g')                         //綠色設定值?
            {
                for(i=0;i<3;i++)               //讀取綠色設定值。
                {
                    while((c=ESP8266.read())<'0' || c>='9')//0~9 數字?
                        ;
                    buf[i]=c-'0';              //字元轉數值。
```

```
            }
                RGBcount++;                    //RGBcount 加 1。
                green=buf[0]*100+buf[1]*10+buf[2];
                green=green-100;               //修正。
          }
          while((c=ESP8266.read())<'a' || c>='z')//a~z 字母?
              ;
          if(c=='b')                           //藍色設定值?
          {
                for(i=0;i<3;i++)               //讀取藍色設定值。
                {
                   while((c=ESP8266.read())<'0' || c>'9')
                    ;                          //忽略非數字字元。
                   buf[i]=c-'0';               //字元轉數值。
                }
                RGBcount++;                    //RGBcount 加 1。
                blue=buf[0]*100+buf[1]*10+buf[2];//數值轉設定值。
                blue=blue-100;                 //修正。
          }
          analogWrite(led[0],red);             //改變燈光顏色。
          analogWrite(led[1],green);           //改變燈光顏色。
          analogWrite(led[2],blue);            //改變燈光顏色。
          if(RGBcount==3)                      //已接收到 R、G、B 三色數值?
              action="X=OK";                   //回傳"X=OK"數據給用戶端。
          else                                 //未接收到 R、G、B 三色數值。
              action="X=?";                    //回傳"X=?"數據給用戶端。
          RGBcount=0;                          //清除 RGBcount=0 。
          httpResponse(connectionId,action);  //回應數據給用戶端。
       }
    }
}
//連線函數
boolean connectWiFi(int timeout)
{
    sendESP8266cmd("AT+CWMODE=1",2000);//選擇 Wi-Fi 模式為 station。
    delay(1000);                               //延遲 1 秒。
    lcd.setCursor(0,1);                        //設定座標在第 0 行第 1 列。
```

```
lcdprintStr("WiFi mode:STA");              //顯示"WiFi mode:STA"訊息。
do
{
    String cmd="AT+CWJAP=\"";              //加入 AP。
    cmd+=SSID;                             //AP 位址。
    cmd+="\",\"";
    cmd+=PASSWD;                           //AP 密碼。
    cmd+="\"";
    sendESP8266cmd(cmd,1000);              //寫入 AT 指令。
    lcd.clear();                           //清除顯示器內容。
    lcdprintStr("join AP...");             //顯示"join AP..."訊息。
    if(ESP8266.find("OK"))                 //加入 AP 成功?
    {
        lcdprintStr("OK");                 //顯示"OK"訊息。
        sendESP8266cmd("AT+CIFSR",1000);     //取得私用 IP 位址。
        lcd.clear();                       //清除顯示器內容。
        plus=0;                            //清除 plus 內容。
        ipcount=0;                         //清除 ipcount 內容。
        while(ESP8266.available()) //ESP8266 接收到數據資料?
        {
            c=ESP8266.read();              //讀取資料。
            if(c=='+')                     //讀取到數據開頭符號'+'?
            plus++;                        //plus 加 1。
            else if(c>='0' && c<='9' && ipcount<=12 && plus<=2)
            {
            lcd.write(c);                  //顯示 IP 位址數值。
            ipcount++;                     //下一個 IP 位址數值。
            }
            else if(c=='.' && ipcount<=12 && plus<=2)
            lcd.write(c);                  //顯示 IP 位址分隔符號'.'
        }
        sendESP8266cmd("AT+CIPMUX=1",1000);//設定多路連線。
        sendESP8266cmd("AT+CIPSERVER=1,80",1000);//設為伺服器。
        return true;                       //連線成功。
    }
}while((timeout--)>0);                     //連線失敗則繼續進行連線。
return false;                              //10 次連線失敗。
```

```
}
```
//用戶端數據回傳函數
```
void httpResponse(int id, String content)
{
    String head,response;                     //回傳給用戶端的標頭及數據。
    head = "HTTP/1.1 200 OK\r\n";
    head += "Content-Type: text/html\r\n";
    head += "Connection: close\r\n";
    head += "Refresh: 8\r\n";
    head += "\r\n";
    response = head + content;                //回傳給用戶端的標頭及數據。
    String cmd = "AT+CIPSEND=";               //ESP8266 傳送數據指令。
    cmd += id;                                //通道號碼。
    cmd += ",";
    cmd += response.length();                 //數據長度。
    sendESP8266cmd(cmd,200);                  //寫入 AT 指令。
    ESP8266.print(response);                  //傳送數據。
    delay(200);                               //延遲 0.2 秒。
    cmd = "AT+CIPCLOSE=";                     //關閉通道。
    cmd += connectionId;
    sendESP8266cmd(cmd,200);                  //寫入 AT 指令。
}
```
//ESP8266 AT 指令傳送函數
```
void sendESP8266cmd(String cmd, int waitTime)
{
    ESP8266.println(cmd);
    delay(waitTime);
}
```
//lcd 顯示字串函數
```
void lcdprintStr(char *str) {
    int i=0;
    while(str[i]!='\0')
    {                                         //字串結尾？
        lcd.print(str[i]);                    //顯示一個字元。
        i++;                                  //下一個字元。
    }
}
```

四 App 介面配置及說明 (APP/ch5/WiFiRGBled.aia)

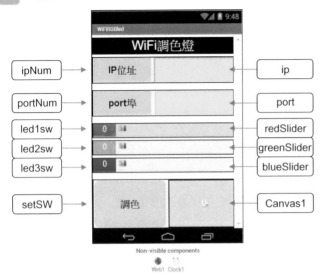

名稱	元件	主要屬性說明
Label1	Label	FontSize=32
ipAddr	Label	Height=50 pixels,Width=40 percent
portNum	Label	Height=50 pixels,Width=40 percent
ip	TextBox	Height=50 pixels,Width=Fill parent
port	TextBox	Height=50 pixels,Width=Fill parent
Rval	Label	Height=25 pixels,Width=15 percent,Fontsize=20
Gval	Label	Height=25 pixels,Width=15 percent,Fontsize=20
Bval	Label	Height=25 pixels,Width=15 percent,Fontsize=20
redSlider	Slider	Width=Fill parent,MinValue=0,MaxValue=250
redSlider	Slider	Width=Fill parent,MinValue=0,MaxValue=250
redSlider	Slider	Width=Fill parent,MinValue=0,MaxValue=250
setSW	Button	Height=100 pixels,Width=50 percent,Fontsize=24
Canvas1	Canvas	Height=100 pixels,Width=50 percent
Clock1	Clock	TimerInterval=5000

五 App 方塊功能說明 (APP/ch5/WiFiRGBled.aia)

調色狀態

建立兩個元素的清單

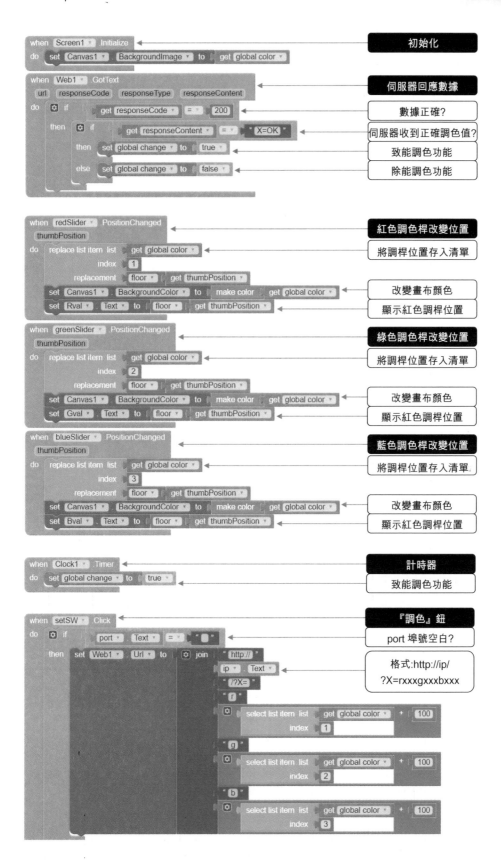

when Screen1 .Initialize / do set Canvas1 . BackgroundImage to get global color	初始化
when Web1 .GotText / url responseCode responseType responseContent / do if get responseCode = 200	伺服器回應數據
	數據正確?
then if get responseContent = "X=OK"	伺服器收到正確調色值?
then set global change to true	致能調色功能
else set global change to false	除能調色功能
when redSlider .PositionChanged thumbPosition	紅色調色桿改變位置
do replace list item list get global color index 1 replacement floor get thumbPosition	將調桿位置存入清單
set Canvas1 . BackgroundColor to make color get global color	改變畫布顏色
set Rval . Text to floor get thumbPosition	顯示紅色調桿位置
when greenSlider .PositionChanged thumbPosition	綠色調色桿改變位置
do replace list item list get global color index 2 replacement floor get thumbPosition	將調桿位置存入清單
set Canvas1 . BackgroundColor to make color get global color	改變畫布顏色
set Gval . Text to floor get thumbPosition	顯示紅色調桿位置
when blueSlider .PositionChanged thumbPosition	藍色調色桿改變位置
do replace list item list get global color index 3 replacement floor get thumbPosition	將調桿位置存入清單
set Canvas1 . BackgroundColor to make color get global color	改變畫布顏色
set Bval . Text to floor get thumbPosition	顯示紅色調桿位置
when Clock1 .Timer	計時器
do set global change to true	致能調色功能
when setSW .Click	『調色』鈕
do if port . Text = ""	port 埠號空白?
then set Web1 . Url to join "http://" ip . Text "/?X=" "r" select list item list get global color + 100 index 1 "g" select list item list get global color + 100 index 2 "b" select list item list get global color + 100 index 3	格式:http://ip/ ?X=rxxxgxxxbxxx

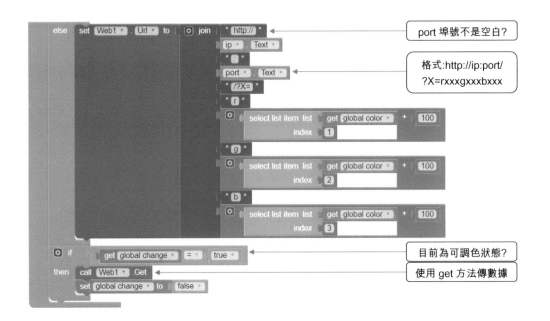

延 伸 練 習

1. 設計 Arduino 程式，如圖 5-20 所示 Wi-Fi 調色環形燈電路接線圖，利用 ESP8266 模組加入家用 AP，並且設為伺服器角色，取得私用 IP 位址顯示於 LCD 中。開啟 App 程式 APP/ch5/WiFiRGBled，輸入伺服器的 IP 位址後，就可以利用紅（red，簡記 R）、綠（green，簡記 G）、藍（blue，簡記 B）三色調桿調整電燈的顏色及彩度。(ch5-6A.ino)

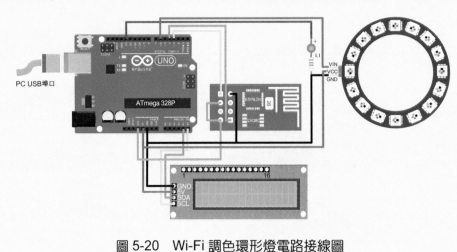

圖 5-20　Wi-Fi 調色環形燈電路接線圖

06

雲端運算

6-1　認識雲端運算

　　在物聯網中需要更快的處理器與更多的儲存容量，來處理大量感知元件所產生的大量數據資料，這些數據資料必須經由雲端（cloud）伺服器來進行分析、運算與管理，才能成為有用的共享資訊。什麼是雲端呢？在資訊技術中的『**雲**』**泛指網路或網際網路，而**『**端**』**則泛指任何可以連上網際網路的通訊設備，例如物品、手機、平板、筆電及電腦等**。在『端』的使用者（client）只要知道如何透過網際網路來得到相應的服務，而不需要了解位於『雲』上的基礎設施細節及相關專業知識。如同家中的電信網路，當我們需要用電時，只要將設備的插頭插進插座中，插座即成為電信網路的『端』設備。

　　雲端運算（Cloud Computing）一詞是近年來相當熱門的科技新知識，它不是一種全新的資訊技術，而只是一種概念。美國國家標準與技術研究院（National Institute of Standards and Technology，簡記 NIST）定義**雲端運算的運作模式是透過連上網際網路，以隨處、隨時、隨選所需的方式來存取共享運算資源（如網路、伺服器、儲存、應用程式及服務等），只需要最少的管理作業與供應商涉入，就能快速配置與發布運算資源。**

6-1-1　雲端運算服務模式

　　NIST 定義雲端運算服務模式有軟體即服務（software as a Service，簡記 SaaS）、平台即服務（Platform as a Service，簡記 PaaS）與架構即服務（Infrastructure as a Service，簡記 IaaS）等三種，雲端運算服務模式的基礎架構如圖 6-1 所示。

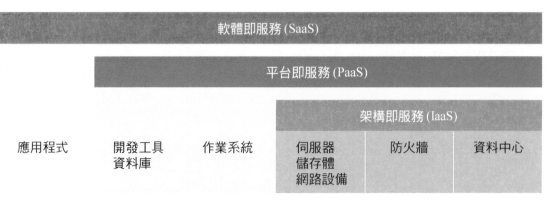

圖 6-1　雲端運算服務模式的基礎架構

一、軟體即服務 SaaS

軟體即服務提供**軟體解決方案**，將應用程式安裝在雲端上，使用者再透過網頁瀏覽器連線到雲端執行應用程式，節省軟體的下載、安裝與更新的時間與費用。常見的 SaaS 有 iCloud、Google Apps、Google Map、Microsoft Office 365 與網路信箱等，主要對象為**終端使用者**。

二、平台即服務 PaaS

平台即服務提供**雲端運算解決方案**，使用者可以利用這個服務所提供的虛擬開發環境、相關開發工具與應用程式介面（Application Programming Interface，簡記 API）來開發應用程式。常見的 PaaS 有 Microsoft Azure、Google App Engine、Amazon EC2、Yahoo Application、ThingSpeak 等，主要對象為**軟體開發人員**。

三、架構即服務 IaaS

架構即服務提供**硬體（基礎建設）解決方案**，使用者可以利用 IaaS 所提供的作業系統、資料庫與應用系統開發等平台，開發應用程式並且對外提供服務，主要對象為**資訊技術（InformationTechnology，簡記 IT）管理人員**。

6-1-2 雲端運算部署模式

NIST 定義雲端運算部署模式有私用雲（Private Cloud）、社群雲（Community Cloud）、公用雲（Public Cloud）與混合雲（Hybrid Cloud）等四種。

一、私用雲

私用雲是由單一組織或企業建構，放在私有環境中由組織自己管理或是由第三方供應商管理。私用雲可以自行建立防火牆機制以提高安全性，但相對的維護成本也較高。

二、社群雲

社群雲是由多個組織共同建構，以服務擁有共同需求的群體，可以由組織自己管理或是由第三方供應商管理。

三、公用雲

公用雲是由雲端服務商建構，放在 Internet 上提供給一般消費者或是大型企業用戶的雲端運算服務，只要是註冊會員就可以使用，但是付費會員可以有更大的數據傳輸量及使用期限。**公用雲的缺點是安全性低**，一旦被駭客入侵，個人或企業用戶的資料可能受到波及，而且還要承擔服務中斷的風險。常見的公有雲供應商，如百度、Google、Amazon、Dropbox、Microsoft、Facebook 等。

四、混合雲

私用雲雖然安全性高，但是運算資源與儲存空間不如公用雲，**混合雲結合私用雲與公用雲的雲端架構，兼具有私用雲的安全性與公用雲的可攜性、低成本、豐富資源與儲存空間大等優點**。如圖 6-2 所示混合雲利用開放標準或跨雲技術等橋接（Bridge）鏈結私用雲與公用雲，使其數據能夠互通，但仍保有私用雲的私密性，是目前**企業最常使用的雲端運算**。

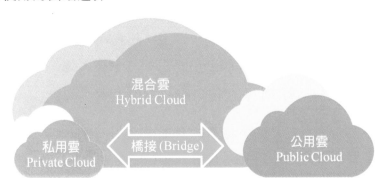

圖 6-2　混合雲

6-2　雲端運算平台

本章所介紹的 ThingSpeak 雲端運算平台，可以讓我們利用網際網路，來將感知元件的數據資料上傳到雲端，以達到資源共享的目的。首先，我們需要先申請一個 ThingSpeak 使用者**帳號(account)**，申請成功就可以在該帳號上建立**通道(channel)**，再將數據透過通道上傳到 ThingSpeak 雲端運算平台。ThingSpeak 的免費帳號使用期限 1 年，最多可以傳送 3,000,000 筆**數據 (message)**，但每日限制在 8,219 筆數據。如果上傳數據的需求量很大，可以轉成付費會員。另外，為了保持 ThingSpeak 雲端運算平台能夠正常工作，每筆數據傳送至少間隔 15 秒以上。實際應用時，至少每 10 分鐘以上才發送一次數據，以避免浪費太多資源。

6-2-1 申請一個 ThingSpeak 帳號

STEP ❶

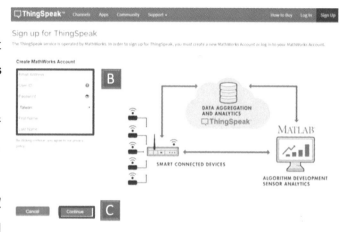

A · 輸入 ThingSpeak 註冊網址 https://thingspeak.com/users /sign_up。

B · 輸入您的 Email 位址、使用者 ID、密碼、名字等基本資料。

C · 按下 Continue 鈕。

D · 必須到自己的 Email 信箱讀取 ThingSpeak 驗證信件並回 傳。

STEP ❷

A · 按下 Log In 鈕。

B · 輸入註冊時的 Email 位址。

C · 輸入使用者密碼。

D · 按下 Sign In 鈕註冊。

6-2-2 建立一個溫溼度感測器通道

STEP ❶

A · 按下 New Channel 鈕建立一個 新的通道（Channel）。

New Channel

STEP 2

A · 通道名稱（Name）：輸入通道
名稱 dht11。

B · 通道描述（Description）：描
述通道的內容，可省略。

C · 欄位（Field#）：每個通道最多
有 8 個資料欄位。在 Field1
欄位輸入 temperature(C)，在
Field2 欄位輸入 humidity(%)
並勾選右方核取方塊。

D · 按下頁面最下的 Save Channel
鈕，儲存通道資料。

| A | Name | dht11 |
| B | Description | temperature/humidity sensor |

	Field 1	temperature(C)	✔
C	Field 2	humidity(%)	✔
	Field 3		☐
	Field 4		☐
	Field 5		☐
	Field 6		☐
	Field 7		☐
	Field 8		☐

STEP 3

A · 通道儲存完畢後，會自動跳轉
到 Private View 頁面，同時
看到 Field1 及 Field2 兩個欄
位的圖表（Chart）。

B · 按下 API Keys ，取得 API 金鑰。

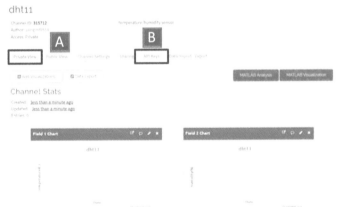

STEP ④

A． Write API Key 是將資料寫入
ThingSpeak 平台 dht11 通道
上的 API 金鑰。可以按下
Generate New Write API Key 鈕，重新
產生一組新的 Write API 金鑰。

B． Read API Keys 是讀取
ThingSpeak 平台 dht11 通道
資料的 API 金鑰。可以按下
Generate New Read API Key 鈕，重新
產生一組新的 Read API 金鑰。

Write API Key **A**

Key   1IBRKWYMZ7OM7DVN

Generate New Write API Key

Read API Keys **B**

Key   K96LHIA5LMAIQPRZ

Note

Save Note   Delete API Key

Generate New Read API Key

6-2-3 新增溫度及溼度資料至 ThingSpeak 平台

當我們在 ThingSpeak 平台申請一個免費帳號，並且成功建立一個 dht11 通道後，
就可以開始新增溫度及溼度數據資料到這個平台上。在瀏覽器中輸入下列標準格
式，其中 Write_API_Key 是 dht11 通道的 Write API 金鑰，而溫度及溼度以數字取代。

https://thingspeak.com/update?key=Write_API_Key&field1=溫度&field2=溼度

STEP ①

假設我們要新增第 1 筆溫度 30°C 及溼度 50%的數據到 ThingSpeak 平台的 dht11 通道
上，在瀏覽器中輸入格式如下。如果在瀏覽器視窗收到回傳值 1，代表成功新增第 1 筆數據。

← → C ⌂ 🔒 安全 | https://**thingspeak.com**/update?key=1IBRKWYMZ7OM7DVN&field1=30&field2=50

1

STEP 2

新增第 2 筆溫度 29°C 及溼度 55%的數據到 ThingSpeak 平台的 dht11 通道上，在瀏覽器中輸入格式如下。如果在瀏覽器視窗收到回傳值 2，代表成功新增第 2 筆數據。

← → C ⌂ | 🔒 安全 | https://thingspeak.com/update?key=1IBRKWYMZ7OM7DVN&field1=29&field2=55

2

STEP 3

新增第 3 筆溫度 31°C 及溼度 45%的數據到 ThingSpeak 平台的 dht11 通道上，在瀏覽器中輸入格式如下。如果在瀏覽器視窗收到回傳值 3，代表成功新增第 3 筆數據。

← → C ⌂ | 🔒 安全 | https://thingspeak.com/update?key=1IBRKWYMZ7OM7DVN&field1=31&field2=45

3

STEP 4

A· 在 dht11 通道的 Private View 頁面，可以看到 Field1 Chart 變化圖表有三筆新增溫度數據。

B· 在 dht11 通道的 Private View 頁面，可以看到 Field2 Chart 變化圖表有三筆新增溼度數據。

▶ 動手做：Wi-Fi 雲端氣象站（測量溫度及溼度）

━ 功能說明

如圖 6-3 所示 Wi-Fi 雲端氣象站電路（測量溫度及溼度）電路接線圖，利用 ESP8266 模組與 Wi-Fi 連線，ESP8266 模組設定為 station client 模式並且連線至 ThingSpeak 雲端運算平台，連線成功後，Wi-Fi 指示燈 L1 恆亮，且 Arduino 控制板透過 ESP8266 模組，每分鐘上傳目前環境溫度及溼度的數據資料，上傳結果如圖 6-4 所示。在連線過程中，LCD 會顯示網路連線狀態，同時也會顯示目前環境溫度及溼度的數據資料。

二 電路接線圖

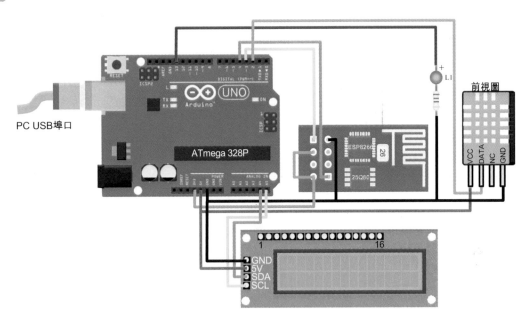

圖 6-3　Wi-Fi 雲端氣象站電路（測量溫度及溼度）接線圖

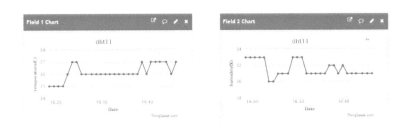

圖 6-4　ThingSpeak 平台 dht11 通道圖表的上傳結果

三 程式： ch6-1.ino

#include <LiquidCrystal_I2C.h>	//使用 LiquidCrystal_I2C 函式庫。
#include <SoftwareSerial.h>	//使用 SoftwareSerial 函式庫。
#include <DHT.h>	//使用 DHT 函式庫。
#define DHTPIN 2	//DHT11 輸出溫度及溼度數據至 D2。
#define DHTTYPE DHT11	//使用 DHT11 感測器。
#define SSID "您的 AP 名稱"	//輸入您的 AP 名稱。
#define PASSWD "您的 AP 密碼"	//輸入您的 AP 密碼。
#define IP "184.106.153.149"	//ThingSpeak.com 網站的 IP 位址。

```
LiquidCrystal_I2C lcd(0x27,16,2);          //使用串列式 LCD，I2C 位址 0x27。
SoftwareSerial ESP8266(3,4);               //設定 D3 為 RXD，D4 為 TXD。
DHT dht(DHTPIN, DHTTYPE);                   //初始化 DHT11。
const int WIFIled=13;                       //D13 為 WiFi 指示燈。
boolean FAIL_8266 = false;                   //連線狀態。
String cmd;                                  //AT 指令。
int i;                                       //控制迴圈的次數。
unsigned long realtime=0;                     //計時用。
String temp,humi;                             //溫度及溼度數據資料。
char buf[3];                                  //緩衝區。
//初值設定
void setup()
{
    lcd.init();                              //初始化 LCD。
    lcd.backlight();                         //開啟 LCD 背光。
    lcd.setCursor(0,0);                      //設定顯示座標在第 0 行第 0 列。
    pinMode(WIFIled,OUTPUT);                 //設定 D13 為輸出埠。
    digitalWrite(WIFIled,LOW);               //關閉 Wi-Fi 指示燈。
    ESP8266.begin(9600);                     //設定傳輸速率為 9600bps。
    for(i=0;i<3;i++)                         //Wi-Fi 指示燈閃爍三次。
    {
        digitalWrite(WIFIled,HIGH);
        delay(200);
        digitalWrite(WIFIled,LOW);
        delay(200);
    }
    do
    {
        sendESP8266cmd("AT+RST",2000);       //重置 ESP8266 模組。
        lcd.clear();                         //清除 LCD 顯示內容。
        lcdprintStr("reset 8266...");        //顯示訊息。
        if(ESP8266.find("OK"))               //重置 ESP8266 成功?
        {
            lcdprintStr("OK");               //顯示成功訊息。
            if(connectWiFi(10))              //ESP8266 與 WiFi 連線成功?
            {
                FAIL_8266=false;             //設定連線成功旗標。
```

```
            lcd.setCursor(0,1);        //設定顯示座標在第 0 行第 1 列。
            lcdprintStr("connect success");//顯示連線成功訊息。
        }
        else                            //連線失敗。
        {
            FAIL_8266=true;             //設定連線失敗旗標。
            lcd.setCursor(0,1);         //設定座標在第 0 行第 1 列。
            lcdprintStr("connect fail");//顯示連線失敗訊息。
        }
    }
    else                                //重置 ESP8266 失敗。
    {
        delay(500);                     //延遲 0.5 秒。
        FAIL_8266=true;                 //設定連線失敗旗標。
        lcd.setCursor(0,1);             //設定顯示座標在第 0 行第 1 列。
        lcdprintStr("no response");     //顯示重置失敗訊息。
    }
  }while(FAIL_8266);                    //連線失敗則繼續進行連線動作。
  digitalWrite(WIFIled,HIGH);          //連線成功則點亮 Wi-Fi 指示燈。
}
//主迴圈
void loop()
{
  if((millis()-realtime)>=60000)        //已經過 1 分鐘?
  {
    realtime=millis();
    lcdclearROW(1);                     //清除顯示器第 1 列內容。
    if(!FAIL_8266)                      //ESP8266 連線成功?
    {
        float h = dht.readHumidity();    //讀取溼度資料。
        float t = dht.readTemperature(); //讀取溫度資料。
        if (isnan(t) || isnan(h))        //溫度或溼度資料不正確?
        {
            lcdprintStr("DHT11 error");//顯示錯誤訊息。
        }
        else                            //溫度及溼度資料正確。
        {
```

```
        lcd.setCursor(0,1);              //設定顯示座標在第0行第1列。
        buf[0]=0x30+(int)t/10;           //儲存溫度十位數值。
        buf[1]=0x30+(int)t%10;           //儲存溫度個位數值。
        temp=(String(buf)).substring(0,2);//轉換溫度值為字串。
        char degree=0xdf;                //度的符號字元。
        cmd="T=" + temp + degree + "C";
        lcdprintStr(cmd);                //顯示溫度。
        lcd.setCursor(8,1);              //設定顯示座標在第8行第1列。
        buf[0]=0x30+(int)h/10;           //儲存溼度十位數值。
        buf[1]=0x30+(int)h%10;           //儲存溼度個位數值。
        humi=(String(buf)).substring(0,2);//轉換溼度值為字串。
        cmd="H=" + humi + "%";
        lcdprintStr(cmd);                //顯示溼度。
        updateDHT(temp,humi);            //上傳數據至ThingSpeak。
      }
    }
  }
}
//溫、溼度上傳函數
void updateDHT(String T,String H)
{
    String cmd="AT+CIPSTART=\"TCP\",\"";   //建立TCP連線。
    cmd += IP;
    cmd += "\",80";
    sendESP8266cmd(cmd,2000);
    lcdclearROW(0);                         //清除LCD第0列內容。
    if(ESP8266.find("OK"))                  //建立TCP連線成功?
    {
        lcdprintStr("TCP OK");              //顯示TCP連線成功訊息。
        cmd="GET /update?key=1IBRKWYMZ7OM7DVN";//API金鑰。
        cmd+="&field1=" + T + "&field2=" + H + "\r\n";//溫、溼度數據。
        ESP8266.print("AT+CIPSEND=");       //ESP8266發送數據。
        ESP8266.println(cmd.length());      //數據長度。
        if(ESP8266.find(">"))               //ESP8266可以開始發送數據?
        {
            ESP8266.print(cmd);             //ESP8266發送數據。
            if(ESP8266.find("OK"))          //發送數據成功?
```

```
        {
            lcdclearROW(0);                  //清除顯示器第 0 列內容。
            lcdprintStr("update OK");        //顯示更新成功訊息。
        }
        else                                 //發送數據失敗。
        {
            lcdclearROW(0);                  //清除 LCD 第 0 列內容。
            lcdprintStr("update error");     //顯示更新失敗訊息。
        }
    }
    else                                     //建立 TCP 連線失敗。
    {
        lcdprintStr("TCP error");            //顯示 TCP 失敗訊息。
        sendESP8266cmd("AT+CIPCLOSE",1000);  //關閉 TCP。
    }
}
//ESP8266 連線函數
boolean connectWiFi(int timeout)
{
    sendESP8266cmd("AT+CWMODE=1",2000);      //設定為 STA client 模式。
    lcd.setCursor(0,1);                      //設定顯示座標在第 0 行第 1 列。
    lcdprintStr("WiFi mode:STA");            //顯示訊息。
    do
    {
        String cmd="AT+CWJAP=\"";            //加入 AP。
        cmd+=SSID;                           //AP 帳號。
        cmd+="\",\"";
        cmd+=PASSWD;                         //AP 密碼。
        cmd+="\"";
        sendESP8266cmd(cmd,1000);            //寫入 AT 指令。
        lcd.clear();                         //清除顯示器內容。
        lcdprintStr("join AP...");           //顯示"join AP..."訊息。
        if(ESP8266.find("OK"))               //加入 AP 成功?
        {
            lcdprintStr("OK");               //顯示"OK"訊息。
            sendESP8266cmd("AT+CIPMUX=0",1000);//單路連線。
```

```
        return true;                     //連線成功。
    }
  }while((timeout--)>0);                 //連線失敗且未逾時則繼續進行連線。
  return false;                          //連線失敗。
}
```

```
// AT 指令寫入函數
void sendESP8266cmd(String cmd, int waitTime)
{
  ESP8266.println(cmd);                  //寫入 AT 指令至 ESP8266 中。
  delay(waitTime);                       //等待 AT 命令寫入完成。
}
```

```
//LCD 字串顯示函數
void lcdprintStr(String str)
{
  int i=0;                               //字串中的字元指標。
  while(str[i]!='\0')                    //已到字串尾端?
  {
    lcd.print(str[i]);                   //顯示字元。
    i++;                                 //下一個字元。
  }
}
```

```
//清除顯示器第 ROW 列內容
void lcdclearROW(int row)
{
  lcd.setCursor(0,row);                  //設定顯示座標在第 0 行第 row 列。
  for(int i=0;i<16;i++)                  //清除第 row 列顯示內容。
    lcd.print(' ');
  lcd.setCursor(0,row);                  //設定顯示座標在第 0 行第 row 列。
}
```

延 伸 練 習

1. 設計 Arduino 程式，如圖 6-5 所示 Wi-Fi 雲端氣象站電路（測量溫度、溼度及光度）
   接線圖，利用 ESP8266 模組與 Wi-Fi 連線，ESP8266 模組設定為 STA client 模式並
   且連線至 ThingSpeak 雲端運算平台。連線成功後，Arduino 控制板透過 ESP8266
   模組，每分鐘上傳目前環境的溫度、溼度及光度等數據資料到 ThingSpeak 平台上
   的 weather 通道。用戶端必須先在 ThingSpeak 平台上建立一個包含溫度、溼度及光
   度等三個 Field 的 weather 通道，上傳結果如圖 6-6 所示。(ch6-1A.ino)

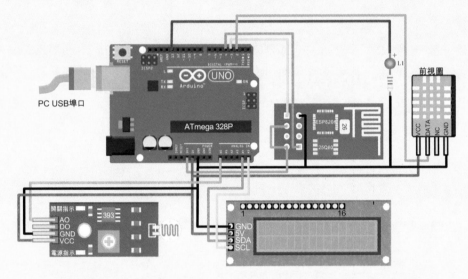

圖 6-5　Wi-Fi 雲端氣象站電路（測量溫度、溼度及光度）接線圖

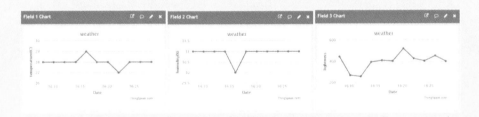

圖 6-6　ThingSpeak 平台 weather 通道的上傳結果

6-2-4 查詢 ThingSpeak 平台上的氣象數據

ThingSpeak 平台支援 JavaScript 物件表示法（JavaScript Object Notation，簡記 JSON）、可延伸標記語言（Extensible Markup Language，簡記 XML）及逗號分隔值（Comma-Separated Values，簡記 CSV）等三種開放資料交換格式的回傳。當我們要在 ThingSpeak 平台 dht11 通道上查詢（query）單一筆資料時，只要在瀏覽器中輸入下列標準格式：

https://thingspeak.com/channels/Channel_ID/feeds/last.json?key=Read_API_Key

其中 Channel_ID 是 dht11 通道的 Channel ID，而 Read_API_Key 是 dht11 的 Read API 金鑰。上一節我們新增加了三筆數據，以回傳 JSON 格式為例，依照資料建立的時間順序，feeds/1.json 查詢第 1 筆數據，feeds/2.json 查詢第 2 筆數據，feeds/last.json 查詢最後建立的數據（第 3 筆），feeds.json 則是查詢全部資料。如果查詢數據要以 XML 資料格式回傳，改成 feeds/1.xml、feeds/2.xml、feeds/last.xml 或 feeds.xml 即可。

一、查詢最後建立的數據

STEP **1**

如果我們要查詢最後建立的數據，並且以 JSON 格式回傳，在瀏覽器中輸入 URL 如下。

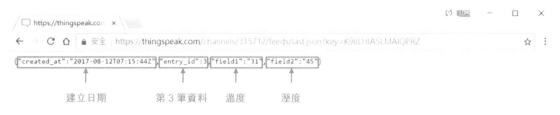

二、查詢全部資料

STEP **1**

如果我們要查詢全部數據，並且以 JSON 格式回傳，在瀏覽器中輸入 URL 如下。

STEP 2

A. 除了直接在瀏覽器輸入 URL 之外，也可在 Private View 頁面下，按下 Data Export 鈕。

B. Data Export 視窗的『Channel Feed:』查詢所有資料；『Field 1 Data:temperature(C)』查詢 Field 1 的所有資料；『Field 2 Data:humidity(%)』查詢 Field 2 的所有資料。

C. 上述三種查詢方式都可以滑鼠左鍵點選 JSON、XML 或 CSV 等三種回傳格式的其中

▶ 動手做：利用網頁查詢雲端氣象數據

一 功能說明

我們已經事先在 ThingSpeak 平台上建立了 dht11 及 weather 兩個通道，在 dht11 通道中包含的溫度數據（Field1 欄位）及溼度數據（Field2 欄位），在 weather 通道中包含溫度數據（Field1 欄位）、溼度數據（Field2 欄位）及光度數據（Field3 欄位）。

我們利用 JavaScript 程式庫 jquery 的 getJSON()方法來取得在 ThingSpeak 平台上的通道資料，並以 JSON 資料格式回傳給 HTML 網頁來處理。ThingSpeak 平台回傳的 JSON 資料包含建立日期（created_at）、建立順序（entry_id）、溫度數據（Field1）、溼度數據（Field2）及光度數據（Field3）等。

在 **queryWeather.html 網頁程式**中，我們使用兩個 getJSON()方法分別取得 dht11 及 weather 兩個通道中的最後建立也是最新（last.json）的氣象數據，每個通道都有自己的 Channel ID 及 Read API Key，必須依實際的 Channel ID 及 Read API Key 輸入。在瀏覽器中執行 queryWeather.html 可以得到如圖 6-7 所示網頁，按下 查詢 按鈕後，就可以得到所有氣象站的最新數據資料。

圖 6-7　利用網頁查詢雲端氣象站資料的顯示結果

程式：　queryWeather.html

```html
1   <html>
2   <head><title>ESP8266 WiFi氣象中心</title></head>
3   <body>
4   <script type="text/javascript"
5   src="https://ajax.googleapis.com/ajax/libs/jquery/1.4.4/jquery.min.js" charset="utf-8"></script>
6   <script>
7   $(function(){
8       $("#query").click(function(){
9           //dht11                         Channel ID              Read API Key
10          $.getJSON("https://api.thingspeak.com/channels/315712/feeds/last.json?key=K96LHIA5LMAIQPRZ", function(data){
11              $("div").append( "<p>" + "dht11氣象站-->" + "</p>");
12              $("div").append( "<p>" + "日期:" + data.created_at + "</p>");
13              $("div").append( "<p>" + "順序:" + data.entry_id + "</p>");
14              $("div").append( "<p>" + "溫度:" + data.field1 + "℃" + "</p>");
15              $("div").append( "<p>" + "溼度:" + data.field2 + "%" + "</p>");
16          });
17          //weather                       Channel ID              Read API Key
18          $.getJSON("https://api.thingspeak.com/channels/316928/feeds/last.json?key=030V4XO6IOFLY526", function(data){
19              $("div").append( "<p>" + "weather氣象站-->" + "</p>");
20              $("div").append( "<p>" + "日期:" + data.created_at + "</p>");
21              $("div").append( "<p>" + "順序:" + data.entry_id + "</p>");
22              $("div").append( "<p>" + "溫度:" + data.field1 + "℃" + "</p>");
23              $("div").append( "<p>" + "溼度:" + data.field2 + "%" + "</p>");
24              $("div").append( "<p>" + "光度:" + data.field3*100/1024 + "%" + "</p>");
25          });
26      });
27  });
28  </script>
29  <p><input type="button" value="查詢" name="query" id="query"></p>
30  <div>===各地氣象===</div>
31  </body>
32  </html>
```

▶ 動手做：利用手機 App 查詢雲端氣象數據

━ 功能說明

　　我們已經事先在 ThingSpeak 平台上建立了 dht11 及 weather 兩個通道，並且新增數筆氣象數據。用戶端只要利用 MIT App Inventor2 下載並安裝隨書附贈光碟中的 App 程式 APP/ch6/WiFiWeather.aia，開啟如圖 6-8 所示查詢各地氣象數據的手機 App 程式，再按下 查詢 按鈕後，就可以將 ThingSpeak 平台上 dht11 及 weather 兩個通道最新（最後新增）的氣象數據顯示在手機畫面上。

圖 6-8　利用手機 App 程式查詢雲端氣象數據的顯示結果

　　用戶端使用 App 來查詢 ThingSpeak 平台上的通道數據，必須要有通道的 Channel ID 及 Read API 金鑰，再使用 GET 方法來取得通道上的 JSON 資料。一個 JSON 資料 {"created_at":"2017-08-12T07:15:44Z","entry_id":3,"field1":"31","field2":"45"}，會被 App Inventor 解碼成包含(created_at 2017-08-12T07:15:44Z)、(entry_id 3)、(field1 31) 及(field2 45)等四個元素的清單，其中第 1 個元素為建立日期、第 2 個元素為建立順序、第 3 個元素為溫度值、第 4 個元素為溼度值。如果再以 App Inventor 進一步解碼(field1 31)會產生 field1 及 31 兩個元素，解碼(field2 45)會產生 field2 及 45 兩個元素。如圖 6-9 所示手機查詢各地氣象數據的 App 介面配置，如表 6-1 所示為 App 元件屬性說明。

二 App 介面配置及說明 (APP/ch6/WiFiWeather.aia)

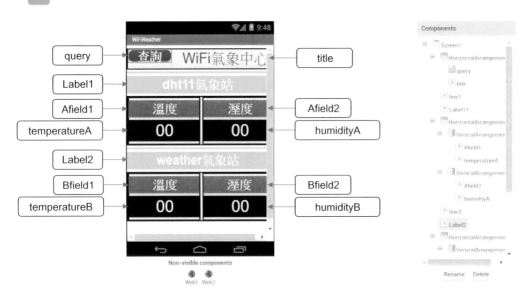

圖 6-9　App 介面配置

表 6-1　App 元件屬性說明

名稱	元件	主要屬性說明
query	Button	Height=Automatic,Width=30 percent,FontSize=30
title	Label	Height=Automatic,Width=70 percent,FontSize=36
Label1	Label	Height=Automatic,Width=Fill parent,FontSize=32
Afield1、Bfield2	Label	Height=Automatic,Width=50 percent,FontSize=30
Afield2、Bfield2	Label	Height=Automatic,Width=50 percent,FontSize=30
temperatureA、B	Label	Height=Automatic,Width=50 percent,FontSize=40
HumidityA、B	Label	Height=Automatic,Width=50 percent,FontSize=40
Label2	Label	Height=Automatic,Width=Fill parent,FontSize=32

三 App 方塊功能說明 (APP/ch6/WiFiWeather.aia)

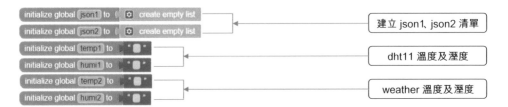

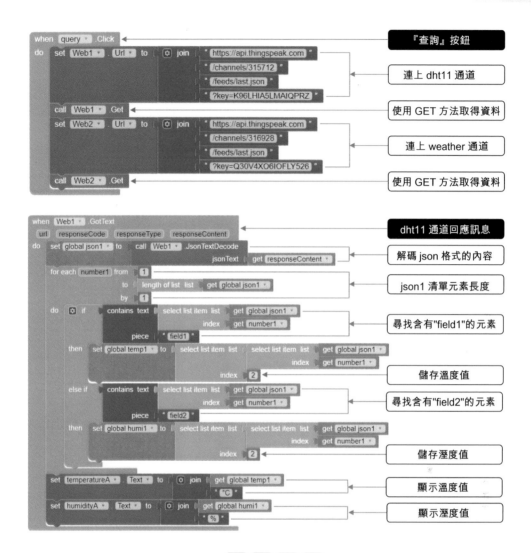

『查詢』按鈕

連上 dht11 通道

使用 GET 方法取得資料

連上 weather 通道

使用 GET 方法取得資料

dht11 通道回應訊息

解碼 json 格式的內容

json1 清單元素長度

尋找含有"field1"的元素

儲存溫度值

尋找含有"field2"的元素

儲存溼度值

顯示溫度值

顯示溼度值

延 伸 練 習

1. 修改上例的 App 程式 WiFiWeather.aia，增加顯示如圖 6-10 的『現在時間』。
(WiFiWeather_time.aia)

圖 6-10　手機 App 查詢雲端氣象數據的顯示結果 (含現在時間)

▶ 動手做：利用 Arduino 查詢雲端氣象數據

一 功能說明

　　如圖 6-11 所示 Arduino 查詢雲端氣象數據的連線過程，當接上電源或按下 Arduino 控制板上的 RESET 按鈕時，Wi-Fi 指示燈 L1 閃爍三次，ESP8266 模組初始化後，開始進行連線 Wi-Fi 的動作，並且設定為 STA client 模式。

　　當 ESP8266 模組成功加入 AP 後（client 角色），即可開始建立與 ThingSpeak 雲端運算平台的連線，連線成功後 Wi-Fi 指示燈 L1 恆亮。連線完成後按下如圖 6-12 所示 Arduino 查詢雲端氣象資料（使用序列埠視窗顯示）電路接線圖上的 SW 開關，就可以查詢並顯示在 ThingSpeak 雲端運算平台上指定通道的氣象數據。

圖 6-11　Arduino 查詢雲端氣象數據（使用序列埠視窗）的連線過程

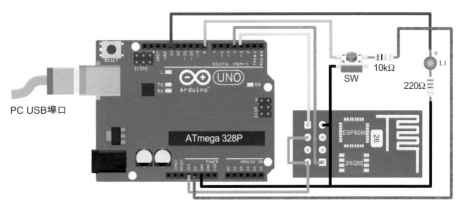

電路接線圖

圖 6-12　Arduino 查詢雲端氣象數據（使用序列埠視窗顯示）電路接線圖

程式： ch6-2.ino

```
#include <SoftwareSerial.h>          //使用 SoftwareSerial 函式庫。
#define SSID "您的AP帳號"            //您的AP帳號。
#define PASSWD "您的AP密碼"           //您的AP密碼。
#define IP "184.106.153.149"        //thingspeak.com 的IP位址。
SoftwareSerial ESP8266(3,4);        //設定 D3 為 RXD，D4 為 TXD。
const int sw=8;                      //D8 連接按鍵開關 SW。
const int WiFiled=13;                //D13 連接 Wi-Fi 指示燈 L1。
boolean FAIL_8266 = false;           //連線狀態，true:未連線，false:連線。
int i;                               //迴圈次數。
char c;                              //ESP8266 的接收字元。
unsigned long timeout;               //逾時計時器。
String cmd;                          //AT 指令。
String message;                      //ESP8266 的接收數據。
String temp,humi;                    //溫度值及溼度值。
char buf[3];                         //緩衝區。
//初值設定
void setup()
{
    pinMode(WiFiled,OUTPUT);         //設定 D13 為輸出埠。
    digitalWrite(WiFiled,LOW);       //關閉 Wi-Fi 指示燈 L1。
    ESP8266.begin(9600);             //設定 ESP8266 傳輸速率為 9600bps。
    Serial.begin(9600);              //設定序列埠傳輸速率為 9600bps。
    pinMode(sw,INPUT);               //設定 D8 為輸入埠。
```

```
    digitalWrite(sw,HIGH);                    //設定 D8 連接內部提升電阻。
    for(i=0;i<3;i++)                          //Wi-Fi 指示燈閃爍三次。
    {
        digitalWrite(WiFiled,HIGH);           //Wi-Fi 指示燈亮。
        delay(200);
        digitalWrite(WiFiled,LOW);            //Wi-Fi 指示燈滅。
        delay(200);
    }
    do                                        //開始進行連線。
    {
        Serial.println("reset 8266...");
        sendESP8266cmd("AT+RST",2000);        //ESP8266 初始化。
        if(ESP8266.find("OK"))                //ESP8266 初始化成功?
        {
            if(connectWiFi(10))               //與 Wi-Fi 連線成功?
            {
                FAIL_8266=false;              //連線成功設定為 false。
                Serial.println("connect WiFi success.");
            }
            else                              //與 Wi-Fi 連線失敗。
            {
                FAIL_8266=true;               //連線失敗設定為 true。
                Serial.println("connect WiFi fail.");
            }
        }
        else                                  //ESP8266 初始化失敗。
        {
            delay(500);                       //延遲 0.5 秒後再初始化 8266。
            FAIL_8266=true;                   //初始化失敗設定為 true。
            Serial.println("8266 no response");
        }
    }while(FAIL_8266);                        //連線失敗則重新連線。
    digitalWrite(WiFiled,HIGH);               //連線成功則 Wi-Fi 指示燈恆亮。
    Serial.println("Press the switch query.");
}
// 主迴圈
void loop()
```

```
{
    int val=digitalRead(sw);                    //讀取按鍵開關 SW 狀態。
    if(!FAIL_8266)                              //已與 Wi-Fi 連線成功?
    {                                           //連線成功才會偵測按鍵開關狀態。
        if(val==LOW)                            //按鍵開關被按下?
        {
            delay(20);                          //消除機械彈跳。
            while(digitalRead(sw)==LOW)         //按鍵開關未放開?
                ;                               //等待放開按鍵開關。
            queryDHT();                         //查詢 ThingSpeak 平台通道的數據。
        }
    }
}
//與 WiFi 連線的函數
boolean connectWiFi(int number)
{
    Serial.println("set WiFi mode:STA");       //顯示 Wi-Fi 模式。
    sendESP8266cmd("AT+CWMODE=1",2000);        //設定 Wi-Fi 模式為 station。
    do
    {
        Serial.println("join AP...");
        String cmd="AT+CWJAP=\"";              //加入 AP。
        cmd+=SSID;                             //您的 AP 帳號。
        cmd+="\",\"";
        cmd+=PASSWD;                           //您的 AP 密碼。
        cmd+="\"";
        sendESP8266cmd(cmd,2000);              //傳送加入 AP 的指令。
        if(ESP8266.find("OK"))                 //加入 AP 成功?
        {
            Serial.println("set Single link...");
            sendESP8266cmd("AT+CIPMUX=0",1000);//設定為單路連接。
            return true;                       //加入 AP 成功。
        }
    }while((number--)>0);                      //未達重新連線次數?
    return false;                              //已達重新連線次數,連線失敗。
}
```

```cpp
//查詢 ThingSpeak 平台通道上的數據
void queryDHT()
{
    String cmd="AT+CIPSTART=\"TCP\",\"";        //建立TCP連線。
    cmd += IP;                                   //thingspeak.com 的 IP 位址。
    cmd += "\",80";                              //通訊埠為80。
    sendESP8266cmd(cmd,2000);                    //建立TCP連線。
    if(ESP8266.find("OK"))                       //TCP連線成功?
    {
        Serial.println("TCP OK");                //使用GET方法查詢數據。
        cmd="GET /channels/"+String(315712)+
        "/feeds/last.json?key=K96LHIA5LMAIQPRZ"+"\r\n";
        Serial.print("AT+CIPSEND=");
        Serial.println(cmd.length());
        ESP8266.print("AT+CIPSEND=");            //傳送指定長度的數據。
        ESP8266.println(cmd.length());           //數據長度。
        if(ESP8266.find(">"))                    //收到 ESP8266 返回的">"符號?
        {
            Serial.print(">");
            ESP8266.println(cmd);                //開始傳送數據給WiFi。
            Serial.println(cmd);                 //顯示指令。
            message=" ";                         //清除message內容。
            Serial.print("query...");
            timeout=millis()+2000;               //設定逾時計時器為2秒。
            while(millis()<timeout)              //已逾時?
            {
                if(ESP8266.available())          //8266模組接收到數據?
                {
                    c=ESP8266.read();            //讀取並儲存接收到的數據。
                    message += c;                //將接收的數據串接至message。
                }
            }
            Serial.println("OK");
            decodeJSON(message);                 //解碼所接收到的數據。
            Serial.print("temperature=");        //顯示雲端通道的溫度值。
            Serial.print(temp);                  //顯示雲端通道的溫度值。
            Serial.println("degC");              //攝氏溫度。
```

```
        Serial.print("humidity=");        //顯示雲端通道的溼度值。

        Serial.print(humi);               //顯示雲端通道的溼度值。

        Serial.println('%');              //百分比。

    }

}

else                                      //TCP連線失敗。

{

    Serial.println("TCP error");

    sendESP8266cmd("AT+CIPCLOSE",2000);//關閉TCP連線。

}

}
```

//寫入AT指令
```
void sendESP8266cmd(String cmd, int waitTime)

{

    ESP8266.println(cmd);                 //寫入AT命令給ESP8266。

    Serial.println(cmd);                  //序列埠顯示寫入的AT命令。

    delay(waitTime);                      //等待AT命令寫入。

}
```

//解碼JSON數據
```
void decodeJSON(String msg)

{

    int position = msg.indexOf('f');      //搜尋msg數據中的f所在位置。

    buf[0]=msg[position+9];               //儲存十位數的溫度值。

    buf[1]=msg[position+10];              //儲存個位數的溫度值。

    temp=String(buf).substring(0,2);      //將溫度值轉成溫度字串。

    buf[0]=msg[position+23];              //儲存十位數的溼度值。

    buf[1]=msg[position+24];              //儲存個位數的溼度值。

    humi=String(buf).substring(0,2);      //將溼度值轉成溼度字串。

}
```

延 伸 練 習

1. 設計 Arduino 程式，查詢 ThingSpeak 平台通道的氣象數據，並且以 LCD 顯示如圖 6-13 所示的查詢結果。如圖 6-14 所示 Arduino 查詢雲端氣象資料（使用 LCD 顯示）電路接線圖，當連線完成後按下 SW 開關即可查詢並顯示在 ThingSpeak 雲端運算平台上指定通道的氣象數據。(ch6-2A.ino)

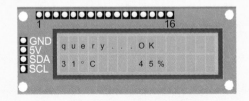

圖 6-13　查詢 ThingSpeak 平台上指定通道的氣象數據的結果

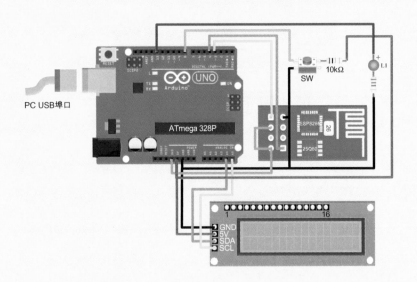

圖 6-14　Arduino 查詢雲端氣象資料（使用 LCD 顯示）電路接線圖

07

家庭智慧應用

物聯網是近年相當熱門的產業，多數大型廠商也相繼投入創新研發智慧家庭的生活應用，例如智慧家電、智慧插座、智慧照明、智慧窗簾、智慧溫控、安防監控、健康照護等。透過條碼、RFID、藍牙、紅外線、ZigBee、Wi-Fi 或定時排程等方式，就能隨心所欲隨時改變。

7-1　智慧插座

雖然智慧家電已經發展一段時間，但是要讓所有家電都能支援智慧動作仍然有困難，利用**智慧插座可以讓大部份的現有家電馬上升級為智慧家電**。所謂智慧插座是指透過藍牙或 Wi-Fi 的連接，利用手機 App 遠端控制插座的開關或定時排程，以達到「**智慧**」控制的目的。如果將智慧插座連上雲端服務，還可以監控家電的用電瓦數、用電時間及電流量等。

7-1-1　認識繼電器模組

如圖 7-1 所示繼電器模組，輸入含電源 VCC、接地 GND 及控制信號 IN，利用短路夾可以設置 IN 接腳為高電位或低電位觸發，觸發電流 5mA，工作電壓 5V。繼電器模組的輸出端含常開（Normal Open，簡記 NO）、常閉（Normal Close，簡記 NC）及公用（Common，簡記 COM）等三支接腳，常開接腳最大交流負載 250V/10A。所謂「**常開**」是指觸發前 NO 與 COM 兩腳不導通，觸發後 NO 與 COM 兩腳導通。所謂「**常閉**」是指觸發前 NC 與 COM 兩腳導通，觸發後 NC 與 COM 兩腳不導通。繼電器模組內含一個紅色繼電器狀態指示燈，可用來指示繼電器的導通狀態。

(a) 模組外觀

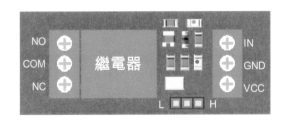

(b) 接腳圖

圖 7-1　繼電器模組

▶ 動手做：按鍵開關控制插座電路

一 功能說明

　　如圖 7-2 所示按鍵開關控制插座電路接線圖，利用一個 TACK 按鍵來控制電源插座的開與關。當系統重置時電源插座為斷開狀態，每按一次 TACK 按鍵，Arduino板的 D6 腳輸出準位改變，同時傳送此控制信號到繼電器模組的 IN 輸入腳，觸發繼電器轉態，且連接在 D10 的 LED 指示燈也會同步改變狀態。

二 電路接線圖

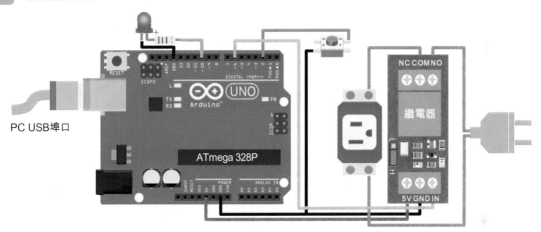

圖 7-2　按鍵開關控制插座電路接線圖

三 程式：　ch7-1.ino

```
const int sw=2;                    //D2 連接至按鍵開關。
const int in=6;                    //D6 連接至繼電器模組 IN 腳。
const int led=10;                  //D10 連接至 LED。
boolean status=LOW;                //電源插座預設斷開狀態。
//初值設定
void setup()
{
    pinMode(sw,INPUT_PULLUP);      //設定 D2 為輸入埠。
    pinMode(in,OUTPUT);            //設定 D12 為輸出埠。
    pinMode(led,OUTPUT);           //設定 D13 為輸出埠。
}
//主程式
```

```
void loop()
{
    if(digitalRead(sw)==LOW)                //按鍵開關被按下？
    {
        delay(20);                          //按鍵開關按下後，先消除機械彈跳。
        while(digitalRead(sw)==LOW)         //按鍵開關還沒放開？
            ;                               //等待按鍵開關放開。
        status=!status;                     //改變狀態。
        digitalWrite(in,status);            //切換電源插座的開關狀態。
        digitalWrite(led,status);           //切換LED指示燈的亮滅狀態。
    }
}
```

延 伸 練 習

1. 設計 Arduino 程式，使用四個 TACK 按鍵開關 S1~S4（連接至 D2~D5）分別控制四組電源插座 IN1~IN4（連接 D6~D9）及四個 LED 指示燈 LED1~LED4（連接至 D10~D13）。當系統重置時四組電源插座皆為斷開狀態。每按一次按鍵開關 S1，Arduino 板的 D6 輸出準位轉態，並且將控制信號送到繼電器模組 1 的 IN1 輸入腳，觸發繼電器轉態。每按一次按鍵開關 S2，Arduino 板 D7 輸出準位轉態，並且將控制信號送到繼電器模組 2 的 IN2 輸入腳，觸發繼電器轉態。每按一次按鍵開關 S3，Arduino 板 D8 輸出準位轉態，並且將控制信號送到繼電器模組 3 的 IN3 輸入腳，觸發繼電器轉態。每按一次按鍵開關 S4，Arduino 板 D9 輸出準位轉態，並且將控制信號送到繼電器模組 4 的 IN4 輸入腳，觸發繼電器轉態。(ch7-1A.ino)

7-1-2 認識紅外線接收模組

　　如圖 7-3 所示為日製 **38kHz 載波、940nm 波長**的紅外線接收模組，最大距離可達 35 公尺，含電源 V_{cc}、接地 GND 及信號輸出 Vo 等三支腳。紅外線接收模組的種類很多，在使用時必須特別注意接腳的定義及特性。另外，**紅外線發射器與接收器必須使用相同載波頻率及波長**，一般家電用的紅外線遙控器使用 38kHz 載波、940nm 波長的紅外線，如果載波頻率或波長不相同，可能會降低傳輸距離及可靠性。

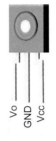

(a) 元件外觀 　　　　　　　　　　　(b) 接腳

圖 7-3　紅外線接收模組

　　如圖 7-4 所示為日製 IRM2638 紅外線接收模組的接收角度θ與相對接收距離的關係，以直線θ=0°為基準，相對最大接收距離為 1.0，當接收角度愈大時，相對接收距離愈短。IRM2638 紅外線接收模組在 0°位置的最大接收距離為 14 公尺，在 45°位置的最大接收距離降為 6 公尺。因此，**實際使用時的上、下、左、右最大接收角度以不超過 45°為宜。**

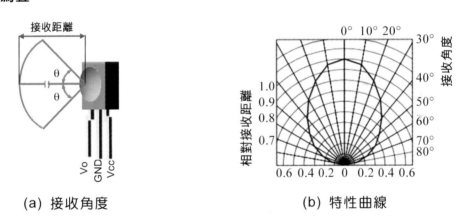

(a) 接收角度 　　　　　　　　　　(b) 特性曲線

圖 7-4　IRM2638 紅外線接收模組的接收角度與相對接收距離的關係

7-1-3 IRremote.h 函式庫

　　在使用 Arduino 板控制紅外線接收模組接收紅外線訊號前，必須先安裝 **IRremote.h** 函式庫。IRremote.h 函式庫可以在如圖 7-5 所示開源代碼平台 https://github.com/z3t0/Arduino-IRremote 下載，下載完成後再利用 Arduino IDE 將 IRremote 函式庫加入。因為新版 Arduino IDE 軟體已經內含紅外線函式庫 **RobotIRremote.h**，必須先將其刪除，才不會發生上傳衝突的錯誤。

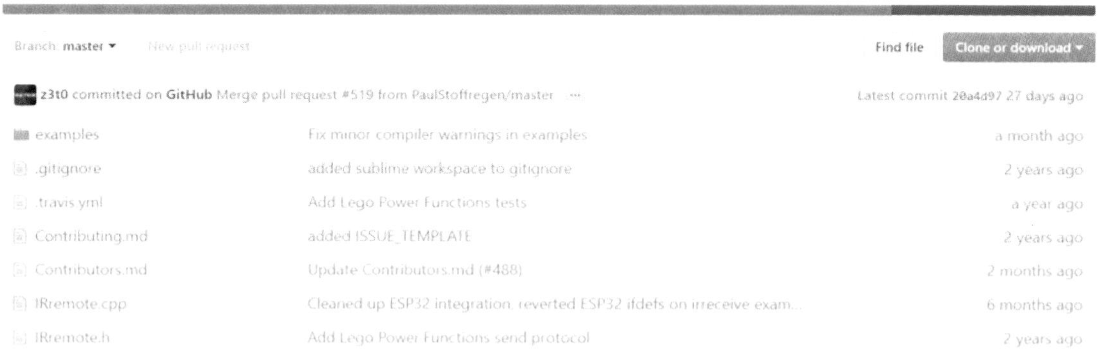

圖 7-5　IRremote 函式庫下載

一、IRrecv()函式

IRrecv()函式的功用是建立一個**紅外線接收物件**，並且用來接收紅外線訊號，物件名稱可以由使用者自訂。有一個參數 receivePin 必須設定，receivePin 參數是用來設定 Arduino 板接收紅外線訊號時所使用的**數位接腳**，沒有傳回值。

格式：IRrecv irrecv(receivePin)
範例：IRrecv irrecv(2)　　　　　　　//建立 irrecv 物件，數位腳 2 為 IR 接收腳。

二、enableIRin()函式

enableIRin()函式的功用是**致能紅外線接收**，開啟紅外線的接收程序，每 50μs 會產生一次計時器中斷，用來檢測紅外線的接收狀態，沒有傳入值及傳回值。

格式：irrecv.enableIRin( )
範例：irrecv.enableIRin( )　　　　　//致能紅外線接收。

三、decode()函式

decode()函式的功用是**接收並解碼紅外線訊號**，必須使用資料型態 **decode_results** 先定義一個接收訊號的儲存位址，例如：**decode_results** results。如果接收到紅外線訊號則傳回 true，同時將訊號解碼後再儲存在 results 變數中。如果沒有接收到紅外線訊號則傳回 false。所傳回的紅外線訊號包含**解碼型式**（decode_type）、**按鍵代碼**（value）及**代碼使用位元數**（bits）等。IRremote.h 函式庫支援多數通訊協定，而每家廠商都有自己專屬的紅外線通訊協定，如 **NEC**、**Philips RC5**、**Philips RC6**、**SONY** 等，如果是沒有支援的通訊協定，則傳回 **UNKNOWN** 解碼型式。另外，每個按鍵都有獨特代碼，由 12~32 個位元組成。如果按住按鍵不放時，不同廠商重覆代碼不同，有些傳送相同按鍵代碼，有些是傳送特殊重覆代碼。

格式：irrecv.decode(&results)
範例：irrecv.decode(&results)　　　　//接收並解碼紅外線訊號。

四、resume()函式

在使用 decode()函式接收完紅外線訊號後，必須使用 resume()函式來**重置 IR 接收器**，才能再接收另一筆紅外線訊號。

格式：irrecv.resume( )
範例：irrecv.resume( )　　　　//重置 IR 接收器。

五、blink13()函式

blink13()函式的功用是**致能 Arduino 板指示燈 L（D13）動作**，當接收到紅外線訊號時，指示燈 L 會閃爍一下。因為紅外線是不可見光，使用指示燈 L 當作**視覺回饋**是很有用的一種方式。

格式：irrecv.blink13(true)
範例：irrecv.blink13(true)　　　　//接收到代碼時，指示燈 L(D13)會閃爍一下。

▶ 動手做：讀取紅外線遙控器按鍵代碼

一　功能說明

如圖 7-7 所示讀取紅外線遙控器按鍵代碼電路接線圖，使用如圖 7-6 所示 40mm×85mm 紅外線遙控器（或其它紅外線遙控器），依序按壓 0~9 等 10 個按鍵的代碼，並且顯示於『序列埠監控視窗』中。

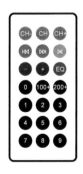

按鍵	按鍵代碼	按鍵	按鍵代碼
0	FF6897	5	FF38C7
1	FF30CF	6	FF5AA5
2	FF18E7	7	FF42BD
3	FF7A85	8	FF4AB5
4	FF10EF	9	FF52AD

(a) 遙控器外觀　　　　　　　(b) 按鍵 0~9 代碼

圖 7-6　40mm×85mm 紅外線遙控器

二 電路接線圖

PC USB埠口

圖 7-7　讀取紅外線遙控器按鍵代碼電路接線圖

三 程式：　ch7-2.ino

```
#include <IRremote.h>                      //紅外線遙控函式庫。
const int RECV_PIN = 2;                    //紅外線訊號接收腳為 D2。
IRrecv irrecv(RECV_PIN);                   //紅外線訊號接收腳為 D2。
decode_results results;                    //接收並解碼的紅外線訊號儲存位址。
//初值設定
void setup()
{
    Serial.begin(9600);                    //設定序列埠傳輸速率 9600bps。
    irrecv.enableIRIn();                   //致能紅外線接收模組。
    irrecv.blink13(true);                  //致能 D13 的 LED 動作。
}
//主程式
void loop()
{
    if (irrecv.decode(&results))           //已接收到紅外線訊號?
    {
        if (results.decode_type == NEC)        //NEC 格式?
            Serial.print("NEC: ");
        else if (results.decode_type == SONY)  //SONY 格式?
            Serial.print("SONY: ");
        else if (results.decode_type == RC5)   //RC5 格式?
            Serial.print("RC5: ");
        else if (results.decode_type == RC6)   //RC6 格式?
```

```
            Serial.print("RC6: ");
        else if (results.decode_type == UNKNOWN)      //未知格式?
            Serial.print("UNKNOWN: ");
        Serial.println(results.value,HEX);            //顯示接收按鍵代碼。
            irrecv.resume();                          //重置紅外線模組。
    }
}
```

延 伸 練 習

1. 設計 Arduino 程式，使用紅外線遙控器的按鍵 1，控制一個連接在 D12 上 LED 的亮與滅，每按一次按鍵 1，LED 的狀態會改變。(ch7-2A.ino)

▶ 動手做：紅外線遙控插座

一 功能說明

如圖 7-8 所示紅外線遙控插座電路接線圖，利用紅外線遙控器來控制電源插座。系統重置時電源插座為斷電狀態，每按一次紅外線遙控器的按鍵 1，Arduino 板 D6 輸出準位改變，並且送至繼電器模組的 IN 輸入腳來觸發繼電器轉態，在 D10 的指示燈 LED 也會同步轉態指示繼電器狀態。

二 電路接線圖

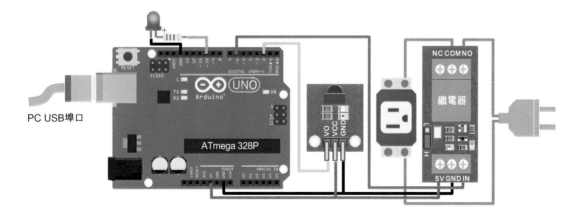

圖 7-8　紅外線遙控插座電路接線圖

三 程式：⊙ ch7-3.ino

```
#include <IRremote.h>              //紅外線遙控函式庫。
const int RECV_PIN = 2;           //紅外線訊號接收腳為 D2。
IRrecv irrecv(RECV_PIN);          //紅外線訊號接收腳為 D2。
decode_results results;           //接收並解碼的紅外線訊號儲存位址。
const int in=6;                   //D6 連接至繼電器模組控制輸入腳。
const int led=10;                 //D10 連接至指示燈 LED。
boolean status=LOW;               //電源插座開關的狀態。
long key=0xFF30CF;                //紅外線遙控器按鍵 1 代碼。
//初值設定
void setup()
{
    irrecv.enableIRIn();          //致能紅外線接收模組。
    irrecv.blink13(true);         //致能 D13 的 LED 動作。
    pinMode(in,OUTPUT);           //D6 為輸出埠。
    pinMode(led,OUTPUT);          //D10 為輸出埠。
}
//主程式
void loop()
{
    if (irrecv.decode(&results))  //已接收到紅外線訊號?
    {
        irrecv.resume();          //重置紅外線接收模組。
        if(results.value==key)    //按下按鍵 1?
        {
            status=!status;       //改變開關狀態。
            digitalWrite(in,status);   //切換電源插座開關。
            digitalWrite(led,status);  //切換指示燈 LED 狀態。
        }
    }
}
```

延 伸 練 習

1. 設計 Arduino 程式，使用紅外線遙控器的按鍵 1~4 分別控制四組電源插座（連接至 D6~D9）及四個指示燈 LED1~LED4（連接至 D10~D13）。(ch7-3A.ino)

7-1-4 霍爾元件

霍爾（Edwin Hall）於 1879 年發現，將流過電流的導體或半導體放置在磁場內，其內部的電荷載子會受到勞倫茲（Lorentz）力而偏向一邊，進而產生電壓，這種現象稱為**霍爾效應**（Hall effect），如圖 7-9 所示。**霍爾元件是一種能將磁場變化轉換為電氣訊號的感測器。**

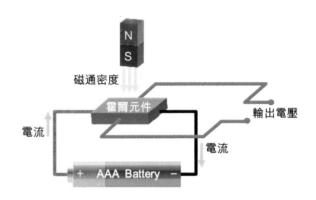

圖 7-9 霍爾效應

7-1-5 霍爾電流感測模組

如圖 7-10 所示霍爾電流感測模組，使用育陞（Winson）半導體公司所生產的 WCS1800 霍爾電流感測元件，WCS1800 是由 9.0mm 直徑的 C 型環電流轉換器及線性霍爾 IC 組成，內含溫度補償設計。當電流通過 C 型環通道時，電流轉換器會將電流成正比例的轉換成磁場，而霍爾 IC 再將此磁場成正比例的轉換成輸出電壓。C 型環與霍爾 IC 間的絕緣耐壓高達 4000V，不需再使用光耦合元件隔離。

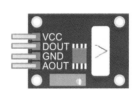

(a) 模組外觀　　　　　　　　　　　　(b) 接腳圖

圖 7-10 霍爾電流感測模組

WCS1800 霍爾電流感測模組的工作電壓範圍為 3~12V，工作電流為 3.5mA~6mA。在工作電壓 5V 條件下，可以偵測的直流電流（簡記 DCA）範圍為 ±35A，交流有效值電流（簡記 ACA$_{RMS}$）範圍為 25A，且轉成輸出電壓的靈敏度高達 63mV/A。如圖 7-11 所示 WCS1800 輸出電壓 Vout 與輸入電流 IP 的特性曲線，在通過 C 型環電流 IP=0A 時的輸出電壓為工作電壓的一半，即 2.5V。

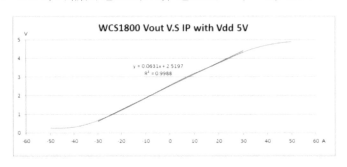

圖 7-11　WCS1800 輸出電壓 Vout 與輸入電流 IP 的特性曲線
(圖表來源：http://www.winson.com.tw)

由上圖特性曲線計算可以得到輸出電壓 Vout 與輸入電流 IP 的關係式如下：

Vout=0.0631IP+2.5197

▶ 動手做：藍牙插座

一 功能說明

如圖 7-13 所示藍牙插座電路接線圖，開啟手機 App 程式 APP/ch7/BTremoteAC.aia 後，再利用手機藍牙控制電源插座。當手機藍牙與電源插座連線後，手機端會顯示插座目前的開關狀態如圖 7-12 所示。若插座原為關閉（off）狀態 ‼，按下插座後會切換為開啟（on）狀態 ‼。若插座原為開啟（on）狀態 ‼，按下插座後會切換為關閉（off）狀態 ‼。

(a) 關閉（off）狀態　　　　　　　　(b) 開啟（on）狀態

圖 7-12　電源插座的開關狀態

二 電路接線圖

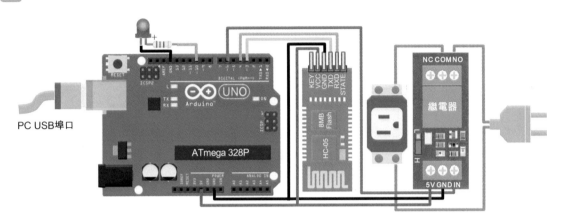

PC USB埠口

圖 7-13　藍牙插座電路接線圖

三 程式：　ch7-4.ino

```
#include <SoftwareSerial.h>              //使用軟體序列埠函式庫。
SoftwareSerial BTserial(3,4);            //設定 D3 為 RX，D4 為 TX。
const int in=6;                          //D6 連接至繼電器模組控制輸入腳。
const int led=10;                        //D10 連接至指示燈 LED。
boolean status=LOW;                      //電源插座開關的狀態。
char code;                               //手機藍牙所傳送的數據代碼。
//初值設定
void setup()
{
    BTserial.begin(9600);                //藍牙傳輸速率為 9600bps。
    pinMode(in,OUTPUT);                  //設定 D6 為輸出埠。
    pinMode(led,OUTPUT);                 //設定 D10 為輸出埠。
}
//主程式
void loop()
{
    if (BTserial.available())            //藍牙接收到數據代碼？
    {
        delay(50);                       //等待接收完成。
        code=BTserial.read();            //讀取藍牙所接收的數據代碼。
        if(code=='0')                    //數據代碼為 0（讀取插座狀態）？
        {
```

```
        if(status==LOW)                    //插座目前的狀態為LOW?
            BTserial.write('L');           //回傳'L'給手機設定off插座圖示。
        else                               //插座目前的狀態為HIGH。
            BTserial.write('H');           //回送H'給手機設定on插座圖示。
    }
    else if(code=='1')                     //數據代碼為1 (改變插座狀態)?
    {
        status=!status;                    //切換電源開關狀態。
        digitalWrite(in,status);           //切換繼電器開關。
        digitalWrite(led,status);          //切換插座LED指示燈。
    }
  }
}
```

四 App 介面配置及說明 (APP/ch7/BTremoteAC.aia)

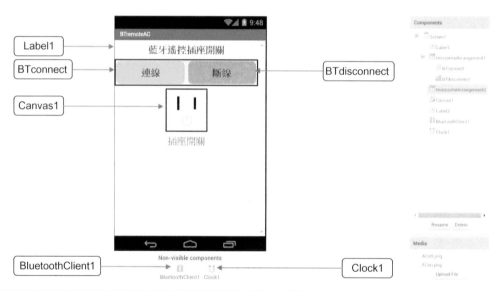

名稱	元件	主要屬性說明
Label1	Label	FontSize=24
BTconnect	ListPicker	Height=50pixels,Width=Fill parent
BTdisconnect	Button	Height=50pixels,Width=Fill parent
Canvas1	Canvas	Backgroundimage=ACoff.png
BluetoothClient1	BluetoothClient	CharacterEncoding=UTF-8
Clock1	Clock	TimerInterval=1000

五　App 方塊功能說明　(APP/ch7/BTremoteAC.aia)

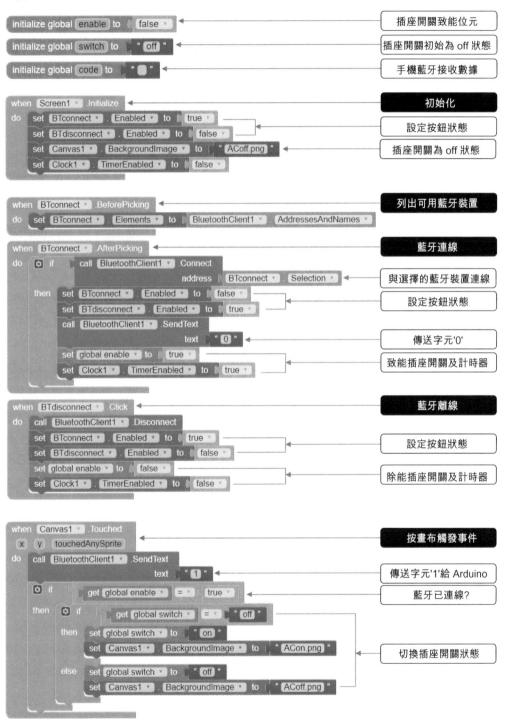

initialize global `enable` to `false` ◄── 插座開關致能位元

initialize global `switch` to `" off "` ◄── 插座開關初始為 off 狀態

initialize global `code` to `" ◐ "` ◄── 手機藍牙接收數據

when `Screen1` .Initialize ◄── **初始化**
do set `BTconnect` . `Enabled` to `true` ┐
set `BTdisconnect` . `Enabled` to `false` ├── 設定按鈕狀態
set `Canvas1` . `BackgroundImage` to `" ACoff.png "` ◄── 插座開關為 off 狀態
set `Clock1` . `TimerEnabled` to `false`

when `BTconnect` .BeforePicking ◄── **列出可用藍牙裝置**
do set `BTconnect` . `Elements` to `BluetoothClient1` . `AddressesAndNames`

when `BTconnect` .AfterPicking ◄── **藍牙連線**
do if call `BluetoothClient1` .Connect
address `BTconnect` . `Selection` ◄── 與選擇的藍牙裝置連線
then set `BTconnect` . `Enabled` to `false` ┐
set `BTdisconnect` . `Enabled` to `true` ├── 設定按鈕狀態
call `BluetoothClient1` .SendText
text `" 0 "` ◄── 傳送字元'0'
set `global enable` to `true` ┐
set `Clock1` . `TimerEnabled` to `true` ├── 致能插座開關及計時器

when `BTdisconnect` .Click ◄── **藍牙離線**
do call `BluetoothClient1` .Disconnect
set `BTconnect` . `Enabled` to `true` ┐
set `BTdisconnect` . `Enabled` to `false` ├── 設定按鈕狀態
set `global enable` to `false` ┐
set `Clock1` . `TimerEnabled` to `false` ├── 除能插座開關及計時器

when `Canvas1` .Touched ◄── **按畫布觸發事件**
`x` `y` `touchedAnySprite`
do call `BluetoothClient1` .SendText
text `" 1 "` ◄── 傳送字元'1'給 Arduino
if `get global enable` `=` `true` ◄── 藍牙已連線?
then if `get global switch` `=` `" off "` ┐
then set `global switch` to `" on "` │
set `Canvas1` . `BackgroundImage` to `" ACon.png "` ├── 切換插座開關狀態
else set `global switch` to `" off "` │
set `Canvas1` . `BackgroundImage` to `" ACoff.png "` ┘

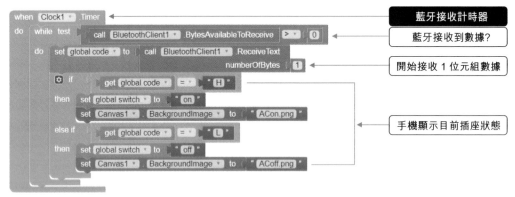

延 伸 練 習

1. 設計 Arduino 程式，開啟手機 App 程式 APP/ch7/BTremoteAC4.aia 來控制四組插座
開關 AC1~AC4（D6~D9）及四個指示燈 LED1~LED4（D10~D13）。(ch7-4A.ino)

▶ 動手做：藍牙電力監控插座

一 功能說明

　　如圖 7-14 所示藍牙電力監控插座電路接線圖，使用 WCS1800 霍爾電流感測模
組，檢測在電源插座上的負載電力使用情形。開啟手機 App 程式
APP/ch7/BTpowerAC.aia，執行藍牙連線後即可由手機端監控插座上負載電力的使用
情形。另外，可以利用在手機 App 程式上的插座開關按鈕¹¹ 來控制插座開關狀態。

二 電路接線圖

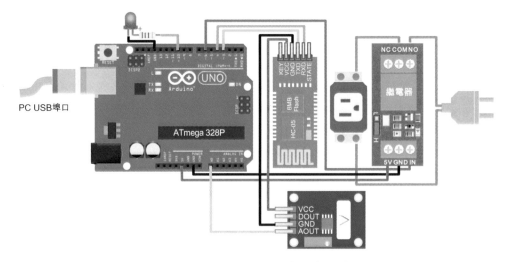

圖 7-14　藍牙電力監控插座電路接線圖

三 程式：🖭 ch7-5.ino

```
#include <SoftwareSerial.h>              //使用軟體序列埠函式庫。
SoftwareSerial BTserial(3,4);           //設定 D3 為 RXD，D4 為 TXD。
const int in=6;                         //D6 連接至繼電器模組 IN 腳。
const int led=10;                       //D10 連接至 LED 指示燈。
const int sensorPin=A0;                 //A0 連接至 WCS1800 模組的 AOUT 腳。
boolean status=LOW;                     //電源插座開關初始為「關」狀態。
char code;                              //藍牙接收字元。
int value;                              //WCS1800 模組 AOUT 輸出的數位值。
float Vout;                             //WCS1800 模組 AOUT 輸出的電壓值。
float IP;                               //WCS1800 模組 AOUT 輸出的電流值。
//初值設定
void setup()
{
    BTserial.begin(9600);               //初始化藍牙模組，傳輸速率 9600bps。
    pinMode(in,OUTPUT);                 //設定 D6 為輸入埠。
    pinMode(led,OUTPUT);                //設定 D10 為輸出埠。
}
//主迴圈
void loop()
{
    if (BTserial.available())           //藍牙接收到數據?
    {
        delay(50);                      //等待接收完成。
        code=BTserial.read();           //接收字元。
        if(code=='0')                   //藍牙接收字元為'0'?（讀取插座狀態）
        {
            if(status==LOW)             //若插座狀態為 off，傳送'L'給手機。
                BTserial.write('L');
            else                        //插座狀態為 on，傳送'H'給手機。
            BTserial.write('H');
        }
        else if(code=='1')              //藍牙接收字元為'1'?（設定插座狀態）
        {
            status=!status;             //切換插座的開關狀態。
            digitalWrite(in,status);    //切換插座的開關狀態。
            digitalWrite(led,status);   //切換 LED 指示燈的狀態。
        }
    }
```

```
value=analogRead(sensorPin);        //讀取WCS1800 模組輸出的數位值。
Vout=(float)value*5/1024;           //將 AOUT 數位值轉成電壓值。
IP=1000*(Vout-2.5197)/0.0631;       //將電壓值轉成電流值。
if(IP<0)                            //電流值 IP<0？
    IP=-IP;                         //將 IP 轉成正值。
BTserial.write('I');                //傳送字元'I'給手機。
BTserial.write((int)IP/256);        //傳送 IP 的高位元組資料給手機。
BTserial.write((int)IP%256);        //傳送 IP 的低位元組資料給手機。
delay(100);                         //等待傳送完成。
}
```

四 App 介面配置及說明 (APP/ch7/BTpower.aia)

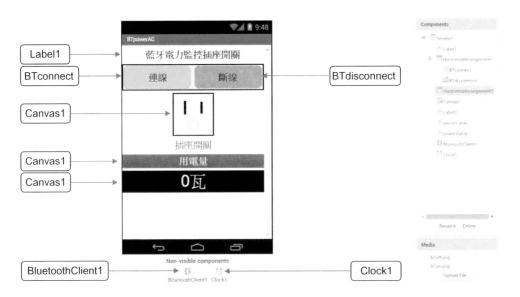

名稱	元件	主要屬性說明
Label1	Label	FontSize=24
BTconnect	ListPicker	Height=50pixels,Width=Fill parent
BTdisconnect	Button	Height=50pixels,Width=Fill parent
Canvas1	Canvas	Backgroundimage=ACoff.png
powerLabel	Label	FontSize=24
powerValue	Label	FontSize=40
BluetoothClient1	BluetoothClient	CharacterEncoding=UTF-8
Clock1	Clock	TimerInterval=1000

五 App 方塊功能說明 (APP/ch7/BTpower.aia)

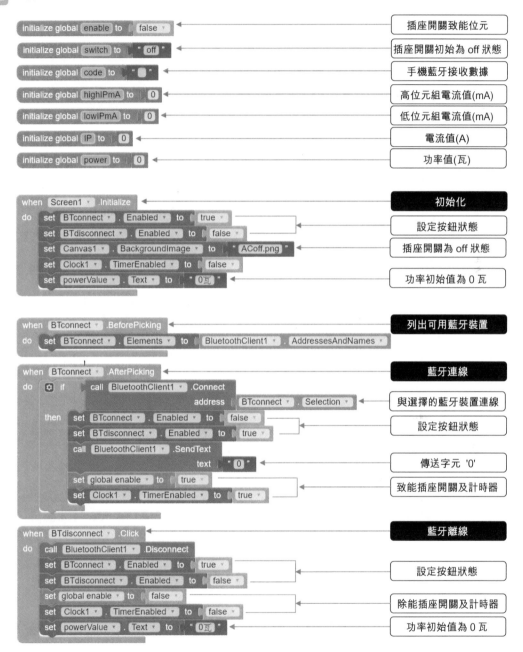

initialize global enable to false	插座開關致能位元
initialize global switch to " off "	插座開關初始為 off 狀態
initialize global code to " ■ "	手機藍牙接收數據
initialize global highIPmA to 0	高位元組電流值(mA)
initialize global lowIPmA to 0	低位元組電流值(mA)
initialize global IP to 0	電流值(A)
initialize global power to 0	功率值(瓦)

when Screen1 .Initialize — 初始化
- do set BTconnect . Enabled to true — 設定按鈕狀態
- set BTdisconnect . Enabled to false
- set Canvas1 . BackgroundImage to " ACoff.png " — 插座開關為 off 狀態
- set Clock1 . TimerEnabled to false
- set powerValue . Text to " 0瓦 " — 功率初始值為 0 瓦

when BTconnect .BeforePicking — 列出可用藍牙裝置
- do set BTconnect . Elements to BluetoothClient1 . AddressesAndNames

when BTconnect .AfterPicking — 藍牙連線
- do if call BluetoothClient1 .Connect
  - address BTconnect . Selection — 與選擇的藍牙裝置連線
- then set BTconnect . Enabled to false — 設定按鈕狀態
  - set BTdisconnect . Enabled to true
  - call BluetoothClient1 .SendText
    - text " 0 " — 傳送字元 '0'
  - set global enable to true — 致能插座開關及計時器
  - set Clock1 . TimerEnabled to true

when BTdisconnect .Click — 藍牙離線
- do call BluetoothClient1 .Disconnect
- set BTconnect . Enabled to true — 設定按鈕狀態
- set BTdisconnect . Enabled to false
- set global enable to false — 除能插座開關及計時器
- set Clock1 . TimerEnabled to false
- set powerValue . Text to " 0瓦 " — 功率初始值為 0 瓦

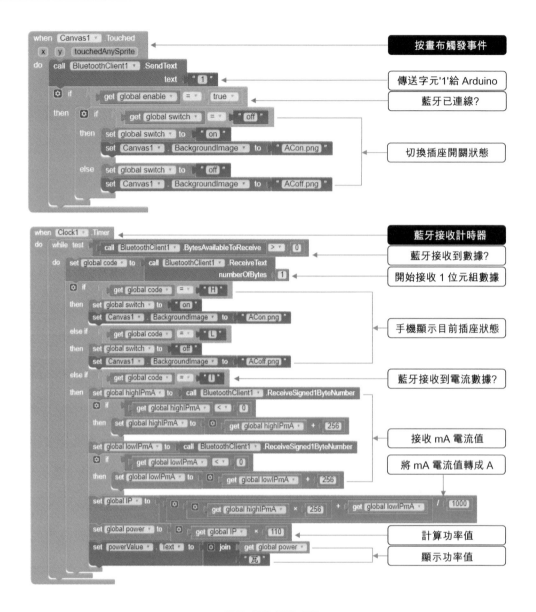

延 伸 練 習

1. 設計 Arduino 程式，使用手機藍牙控制四組電源插座 AC1~AC4（連接至 D6~D9）
   及四個指示燈 LED1~LED4（連接至 D10~D13），並且使用 WCS1800 霍爾電流感測
   模組檢測在電源插座上負載的電力使用情形。(ch7-5A.ino)

▶ 動手做：Wi-Fi 插座

一 功能說明

如圖 7-15 所示 Wi-Fi 插座電路接線圖，使用 ESP8266 模組與無線 AP 建立連線後，開啟手機 App 程式 APP/ch7/WiFiremoteAC.aia，再利用手機控制插座的開關狀態。若插座原為關閉（off）狀態 ‖ ，按下插座後會切換為開啟（on）狀態 ‖ 。若插座原為開啟（on）狀態 ‖ ，按下插座後會切換為關閉（off）狀態 ‖ 。

二 電路接線圖

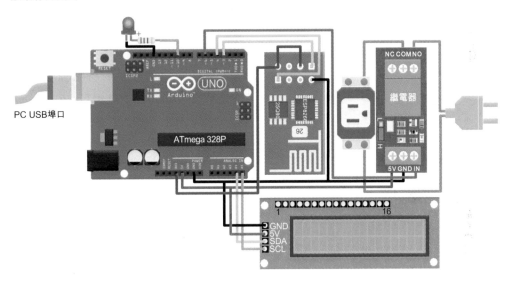

圖 7-15　Wi-Fi 插座電路接線圖

三 程式： ch7-6.ino

#include <LiquidCrystal_I2C.h>	//使用 I2C LCD 函式庫。
LiquidCrystal_I2C lcd(0x27,16,2);	//設定 I2C LCD 位址及行列大小。
#include <SoftwareSerial.h>	//使用軟體序列埠函式庫。
SoftwareSerial ESP8266(3,4);	//D3 接 ESP8266 的 TXD，D4 接 RXD。
#define SSID "您的 AP 名稱"	//輸入您的 AP 名稱。
#define PASSWD "您的 AP 密碼"	//輸入您的 AP 密碼。
const int in=6;	//D6 接繼電器的 IN 腳。
const int led=10;	//D10 接 LED 指示燈。
boolean status=LOW;	//插座開關狀態初始為關(off)。
const int WIFIled=13;	//Wi-Fi 指示燈。

```
boolean FAIL_8266 = false;              //Wi-Fi 連線狀態。
int connectionId;                       //連線 ID。
char c;                                 //所讀取的字元。
String cmd,action;                      //AT 命令及回應。
int ipcount=0;                          //IP 位址由 12 個數字組成。
int plus=0;                             //回傳 AP 及 IP 位址的起始碼符號 '+'。
int i;                                  //迴圈次數。
//初值設定
void setup()
{
    lcd.init();                         //初始化 LCD。
    lcd.backlight();                    //開啟 LCD 背光。
    lcd.setCursor(0,0);                 //設定座標在第 0 行，第 0 列。
    pinMode(in,OUTPUT);                 //設定 D6 為輸出埠。
    pinMode(led,OUTPUT);                //設定 D10 為輸出埠。
    pinMode(WIFIled,OUTPUT);            //設定 D13 為輸出埠。
    digitalWrite(WIFIled,LOW);          //關閉 Wi-Fi 指示燈。
    ESP8266.begin(9600);                //設定 ESP8266 傳輸速率為 9600bps。
    for(i=0;i<3;i++)                    //Wi-Fi 指示燈閃爍三次。
    {
        digitalWrite(WIFIled,HIGH);
        delay(200);
        digitalWrite(WIFIled,LOW);
        delay(200);
    }
    do
    {
        sendESP8266cmd("AT+RST",2000);  //初始化 ESP8266。
        lcd.clear();                    //清除 LCD 螢幕。
        lcdprintStr("reset 8266...");   //顯示字串。
        if(ESP8266.find("OK"))          //初始化成功?
        {
            lcdprintStr("OK");
            if(connectWiFi(10))         //建立與 Wi-Fi 的連線成功?
            {
                FAIL_8266=false;        //連線成功。
                lcd.setCursor(0,1);     //設定座標在第 0 行，第 1 列。
```

```
                    lcdprintStr("connect success");
            }
        else                        //與 Wi-Fi 連線失敗。
        {
            FAIL_8266=true;         //連線失敗。
            lcd.setCursor(0,1);     //設定座標在第 0 行，第 1 列。
            lcdprintStr("connect fail");
        }
    }
    else                            //初始化 ESP8266 失敗。
    {
        delay(500);                 //延遲 0.5 秒後再進行連線。
        FAIL_8266=true;
        lcd.setCursor(0,1);         //設定 LCD 座標在第 0 行，第 1 行。
        lcdprintStr("no response");
    }
  }while(FAIL_8266);
  digitalWrite(WIFIled,HIGH);       //點亮 Wi-Fi 指示燈。
}
//主迴圈
void loop()
{
  if(ESP8266.available())           //ESP8266 接收到數據?
  {
    if(ESP8266.find("+IPD,"))       //接收到正確數據識別碼?
    {
        while((c=ESP8266.read())<'0' || c>'9')//刪除多餘空白字元。
            ;
    connectionId = c-'0';           //儲存連線 ID。
    ESP8266.find("X=");             //接收到正確控制碼?
    while((c=ESP8266.read())<'0' || c>'9')   //刪除多餘空白字元。
            ;
    if(c=='1')                      //控制碼為'1'?
    {
        status=!status;             //切換開關狀態。
        if(status==LOW)             //狀態為 off?
            action="X1=off";        //回傳"X1=off"字串。
```

```
        else                                    //狀態為 on。
            action="X1=on";                      //回傳"X1=on"字串。
        digitalWrite(in,status);                 //切換插座開關。
        digitalWrite(led,status);                //切換指示燈。
    }
    else                                         //不是正確的控制碼。
        action="X=?";                            //回傳"X1=?"字串。
    httpResponse(connectionId,action);           //回傳訊息。
    }
  }
}
//建立 Wi-Fi 連線函式定
boolean connectWiFi(int timeout)
{
    sendESP8266cmd("AT+CWMODE=1",2000);          //設定為 STA 模式。
    delay(1000);                                 //延遲 1 秒。
    lcd.setCursor(0,1);                          //設定座標在第 0 行第 1 列。
    lcdprintStr("WiFi mode:STA");                //顯示字串。
    do
    {
        String cmd="AT+CWJAP=\"";                //加入 AP。
        cmd+=SSID;                               //您的 AP 名稱。
        cmd+="\",\"";
        cmd+=PASSWD;                             //您的 AP 密碼。
        cmd+="\"";
        sendESP8266cmd(cmd,1000);
        lcd.clear();                             //清除 LCD 內容。
        lcdprintStr("join AP...");
        if(ESP8266.find("OK"))                   //加入 AP 成功?
        {
            lcdprintStr("OK");
            sendESP8266cmd("AT+CIFSR",1000);     //取得 IP 位址。
            lcd.clear();                         //清除 LCD 螢幕。
            plus=0;                              //清除 plus。
            ipcount=0;                           //清除 ipcount。
            while(ESP8266.available())           //ESP8266 已接收到數據?
            {
```

```
                c=ESP8266.read();               //讀取數據。
                if(c=='+')                      //數據為符號'+'？
              plus++;                           //plus 加 1。
                else if(c>='0' && c<='9' && ipcount<=12 && plus<=2)
                {
              lcd.write(c);                     //將 IP 位址顯示在 LCD 上。
              ipcount++;                         //計算 IP 位址組成數字。
                }
                else if(c=='.' && ipcount<=12 && plus<=2)
                lcd.write(c);                   //顯示 IP 位址間隔符號'.'。
            }
          sendESP8266cmd("AT+CIPMUX=1",1000); //設定多路連接。
          sendESP8266cmd("AT+CIPSERVER=1,80",1000);//Server 模式。
          return true;
        }
    }while((timeout--)>0);                      //未連線且未逾時，繼續連線。
    return false;                               //未連線且已逾時，連線失敗。
}
//伺服器訊息回應函式
void httpResponse(int id, String content)
{
    String response;                            //回應訊息。
    response = "HTTP/1.1 200 OK\r\n";           //請求成功回應訊息。
    response += "Content-Type: text/html\r\n";  //網頁格式 text/html
    response += "Connection: close\r\n";        //關閉網頁。
    response += "Refresh: 8\r\n";               //自動更新網頁。
    response += "\r\n";
    response += content;
    String cmd = "AT+CIPSEND=";                 //傳送回應訊息。
    cmd += id;
    cmd += ",";
    cmd += response.length();                   //訊息長度。
    sendESP8266cmd(cmd,200);
    ESP8266.print(response);
    delay(200);
    cmd = "AT+CIPCLOSE=";                       //關閉 TCP/IP 連線。
    cmd += connectionId;
```

```
        sendESP8266cmd(cmd,200);
}
//ESP8266 AT 命令寫入函式
void sendESP8266cmd(String cmd, int waitTime)
{
        ESP8266.println(cmd);
        delay(waitTime);
}
//LCD 字串顯示函式
void lcdprintStr(char *str)
{
        int i=0;
        while(str[i]!='\0')            //字串結尾?
        {
                lcd.print(str[i]);      //顯示字元。
                i++;      //下一個字元。
        }
}
```

四 App 介面配置及說明 (APP/ch7/WiFiremoteAC.aia)

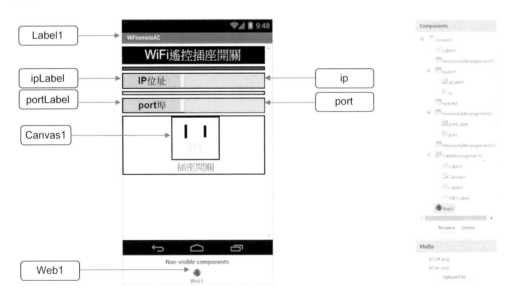

名稱	元件	主要屬性說明
Label1	Label	FontSize=30
ipLabel	Label	Height=Automatic,Width=40 percent
portLabel	Label	Height=Automatic,Width=40 percent
ip	TextBox	Height=Automatic,Width=60 percent
port	TextBox	Height=Automatic,Width=60 percent
Canvas1	Canvas	Height=90 pixels,Width=33 percent

五　App 方塊功能說明 （APP/ch7/WiFiremoteAC.aia）

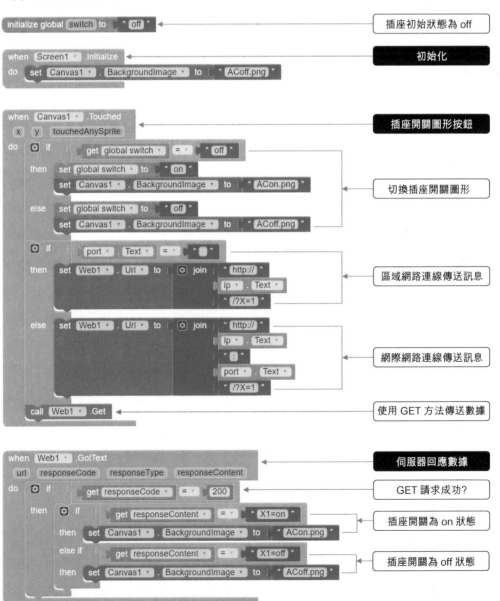

7-27

延 伸 練 習

1. 設計 Arduino 程式，使用 ESP8266 模組與無線 AP 建立連線後，開啟手機 App 程式
   /ino/ch7/WiFiremoteAC4.aia 來控制四組插座 AC1~AC4（連接至 D6~D9）及四個指
   示燈 LED1~LED4（連接至 D10~D13）。(ch7-6A.ino)

▶ 動手做：Wi-Fi 電力監控插座

一 功能說明

　　如圖 7-16 所示 Wi-Fi 電力監控插座電路接線圖，使用 WCS1800 霍爾電流感測
模組檢測在電源插座上的負載電力使用情形。開啟手機 App 程式
APP/ch7/WiFipowerAC.aia，建立 Wi-Fi 連線後即可由手機端監視插座上的負載電力
使用情形。另外，利用在手機 App 程式上的插座開關按鈕ˌˌ，可以控制插座開關。

二 電路接線圖

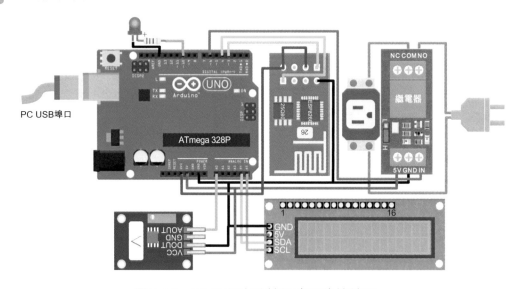

圖 7-16　Wi-Fi 電力監控插座電路接線圖

三 程式： ch7-7.ino

```
#include <LiquidCrystal_I2C.h>        //使用 LiquidCrystal_I2C 函式庫。
LiquidCrystal_I2C lcd(0x27,16,2);     //I2C LCD 位址 0x27，16 行 x2 列。
#include <SoftwareSerial.h>           //使用 SoftwareSerial 函式庫。
SoftwareSerial ESP8266(3,4);          //設定 D3 為 RXD，D4 為 TXD。
```

```
#define SSID "您的AP帳號"              //您的AP位址。
#define PASSWD "您的AP密碼"            //您的AP密碼。
const int in=6;                       //D6連接至繼電器模組IN腳。
const int led=10;                     //D10連接至插座開關LED指示燈。
boolean status=LOW;                   //插座開關LED指示燈狀態。
const int sensorPin=A0;               //A0連接至霍爾模組的AOUT腳。
const int WIFIled=13;                 //D13連接至Wi-Fi指示燈。
boolean FAIL_8266 = false;            //Wi-Fi連線狀態。
int connectionId;                     //多路連接的ID。
char c;                               //ESP8266讀取的數據碼。
String cmd,action;                    //cmd為AT指令,action為回應訊息。
int ipcount=0;                        //組成IP位址的數字總數。
int plus=0;                           //回應前置碼'+'的總數。
int i;                                //迴圈次數。
int value;                            //霍爾模組讀取的電流數位值。
float Vout;                           //將電流數位值轉換成電壓值。
float IP;                             //將電壓值轉換電流值。
String IP0;                           //字串型態的電流值。
String power;                         //功率值。
char buf[6];                          //緩衝區。
unsigned long realtime;               //現在時間。
//初值設定
void setup()
{
    lcd.init();                       //初始化LCD。
    lcd.backlight();                  //開啟LCD背光。
    lcd.setCursor(0,0);               //設定LCD座標在第0行,第0列。
    pinMode(in,OUTPUT);               //設定D6為輸出埠。
    pinMode(led,OUTPUT);              //設定D10為輸出埠。
    pinMode(WIFIled,OUTPUT);          //設定D13為輸出埠。
    digitalWrite(WIFIled,LOW);        //關閉Wi-Fi指示燈。
    ESP8266.begin(9600);              //設定ESP8266模組傳輸速率為9600bps。
    for(i=0;i<3;i++)                  //Wi-Fi指示燈閃爍三次。
    {
        digitalWrite(WIFIled,HIGH);
        delay(200);
        digitalWrite(WIFIled,LOW);
```

```
        delay(200);
    }
    do
    {
        sendESP8266cmd("AT+RST",2000);      //初始化 ESP8266 模組。
        lcd.clear();                        //清除 LCD 螢幕。
        lcdprintStr("reset 8266...");       //顯示字串。
        if(ESP8266.find("OK"))              //初始化 ESP8266 模組成功?
        {
            lcdprintStr("OK");              //顯示訊息。
            if(connectWiFi(10))             //與 Wi-Fi 連線成功?
            {
                FAIL_8266=false;            //連線成功。
                lcd.setCursor(0,1);         //設定 LCD 座標在第 0 行,第 1 列。
                lcdprintStr("connect success");//顯示訊息。
                delay(2000);               //延遲 2 秒。
            }
            else                            //與 Wi-Fi 連線失敗。
            {
                FAIL_8266=true;            //連線失敗。
                lcd.setCursor(0,1);         //設定 LCD 座標在第 0 行,第 1 列。
                lcdprintStr("connect fail");//顯示訊息。
            }
        }
        else                                //初始化 ESP8266 模組失敗。
        {
            delay(500);                     //延遲 0.5 秒。
            FAIL_8266=true;                //設定連線失敗旗標。
            lcd.setCursor(0,1);             //設定 LCD 座標在第 0 行,第 1 列。
            lcdprintStr("no response");     //顯示訊息。
        }
    }while(FAIL_8266);                      //連線失敗則繼續進行連線。
    digitalWrite(WIFIled,HIGH);             //連線成功則點亮 Wi-Fi 指示燈。
}
//主迴圈
void loop()
{
```

```
value=analogRead(sensorPin);          //讀取霍爾模組感應電流數位值。
Vout=(float)value*5/1024;             //將電流數位值轉成電壓值。
IP=1000*(Vout-2.5197)/0.0631;         //將電壓值轉成電流值。
if(IP<0)                              //電流值為負值?
    IP=-IP;                           //取電流值的絕對值。
IP0=float2str(IP);                    //將電流值轉成字串型態。
power=float2str(IP*110/1000);         //計算消耗功率。
if(FAIL_8266==false && (millis()-realtime)>=5000)//已連線且過5秒?

    realtime=millis();                //儲存現在時間。
    lcd.setCursor(0,1);               //設定LCD座標在第0行,第1列。
    lcdprintStr("power = ");          //顯示插座開關所消耗的功率值。
    for(i=0;i<power.length();i++)
        lcd.print(power[i]);
    lcd.print(' ');
    lcd.print('W');
}
if(ESP8266.available())               //ESP8266已接收到數據資料?
{
    if(ESP8266.find("+IPD,"))         //接收到正確的數據資料?
    {
        while((c=ESP8266.read())<'0' || c>'9')//刪除空白字元。
            ;
        connectionId = c-'0';         //儲存多路連線的ID。
        ESP8266.find("X=");
        while((c=ESP8266.read())<'0' || c>'9')//刪除空白字元。
            ;
        if(c=='0')                    //讀取的數據碼為'0'?
            action=IP0;               //回傳電流值給手機。
        else if(c=='1')               //讀取的數據碼為'1'?
        {
            status=!status;           //改變插座開關狀態。
            if(status==LOW)           //插座開關為關閉(OFF)狀態?
                action="X1=off";      //回傳"X1=off"給手機。
            else                      //插座開關為開啟(ON)狀態?
                action="X1=on";       //回傳"X1=on"給手機。
            digitalWrite(in,status);  //改變插座開關狀態。
```

```
            digitalWrite(led,status);    //改變插座開關指示燈狀態。
        }
        else                             //接收到數據資料不是'0'或'1'。
            action="X=?";                //回傳"X=?"給手機。
        httpResponse(connectionId,action);//使用 http 回傳訊息。
    }
}
//Wi-Fi 連線函式
boolean connectWiFi(int timeout){
    sendESP8266cmd("AT+CWMODE=1",2000);   //設定 ESP8266 為 STA 模式。
    delay(1000);                          //等待設定完成。
    lcd.setCursor(0,1);                   //設定 LCD 座標在第 0 行，第 1 列。
    lcdprintStr("WiFi mode:STA");         //顯示訊息。
    do{
        String cmd="AT+CWJAP=\"";         //ESP8266 模組加入 AP。
        cmd+=SSID;
        cmd+="\",\"";
        cmd+=PASSWD;
        cmd+="\"";
        sendESP8266cmd(cmd,1000);
        lcd.clear();                      //清除 LCD 螢幕。
        lcdprintStr("join AP...");        //顯示訊息。
        if(ESP8266.find("OK"))            //加入 AP 成功?
        {
            lcdprintStr("OK");
            sendESP8266cmd("AT+CIFSR",1000);//取得私用 IP 位址。
            lcd.clear();                  //清除 LCD 螢幕。
            plus=0;                       //清除 plus。
            ipcount=0;                    //清除 ipcount。
            while(ESP8266.available())    //ESP8266 模組接收到數據資料?
            {
                c=ESP8266.read();         //讀取數據。
                if(c=='+')                //數據為'+'號?
                plus++;                   //加 1。
                else if(c>='0' && c<='9' && ipcount<=12 && plus<=2)
                {
```

```
              lcd.write(c);                   //顯示 IP 位址。
              ipcount++;                       //IP 位址的數字加 1。
               }
            else if(c=='.' && ipcount<=12 && plus<=2)
              lcd.write(c);                   //顯示 IP 位址的間隔符號 '.'。
           }
         sendESP8266cmd("AT+CIPMUX=1",1000);//設定為多路連接模式。
            sendESP8266cmd("AT+CIPSERVER=1,80",1000);//Web 模式。
         return true;                         //連線成功。
      }
   }while((timeout--)>0);                      //未連線且未逾時，繼續連線。
   return false;                               //連線失敗。
}
//用戶端數據回傳函數
void httpResponse(int id, String content)
{
   String response;
   response = "HTTP/1.1 200 OK\r\n";           //請求成功的回應訊息。
   response += "Content-Type:text/html\r\n";   //網頁格式。
   response += "Connection: close\r\n";        //關閉網頁。
   response += "Refresh: 8\r\n";               //自動更新網頁。
   response += "\r\n";
   response += content;
   String cmd = "AT+CIPSEND=";                 //ESP8266 傳送數據資料。
   cmd += id;
   cmd += ",";
   cmd += response.length();                   //數據長度。
   sendESP8266cmd(cmd,200);
   ESP8266.print(response);                    //數據資料。
   delay(200);
   cmd = "AT+CIPCLOSE=";                        //關閉 TCP/IP 連線。
   cmd += connectionId;
   sendESP8266cmd(cmd,200);
}
// ESP8266 AT 指令傳送函數
void sendESP8266cmd(String cmd, int waitTime){
   ESP8266.println(cmd);                       //傳送 AT 指令。
```

```
    delay(waitTime);                      //等待傳送。
}
//LCD 字串顯示函式
void lcdprintStr(char *str)
{
    int i=0;
    while(str[i]!='\0')                   //字串結尾?
    {
        lcd.print(str[i]);                //顯示字串。
        i++;
    }
}
//浮點數轉字串函式
String float2str(long val){
    String str;
    for(i=4;i>=0;i--){                    //將 5 位數的浮點數轉成字元陣列。
        buf[i]=0x30+val%10;               //將最後一位浮點數值轉成字元。
        val=val/10;                       //將浮點數除 10。
    }
    str=(String(buf)).substring(0,5);     //將字元陣列轉成字串。
    return str;                           //回傳字串。
}
```

四　App 介面配置及說明　(APP/ch7/WiFipowerAC.aia)

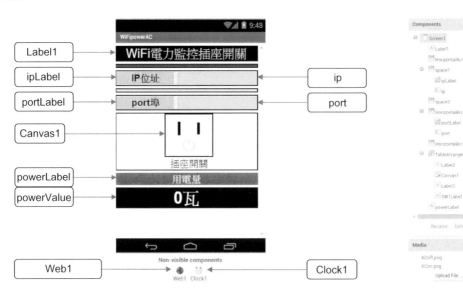

名稱	元件	主要屬性說明
Label1	Label	FontSize=24
ipLabel	Label	Height=Automatic,Width=40 percent
portLabel	Label	Height=Automatic,Width=40 percent
ip	TextBox	Height=Automatic,Width=60 percent
port	TextBox	Height=Automatic,Width=60 percent
Canvas1	Canvas	Backgroundimage=ACoff.png
powerLabel	Label	FontSize=24
powerValue	Label	FontSize=40
Clock1	Clock	TimerInterval=1000

五 App 方塊功能說明 (APP/ch7/WiFipowerAC.aia)

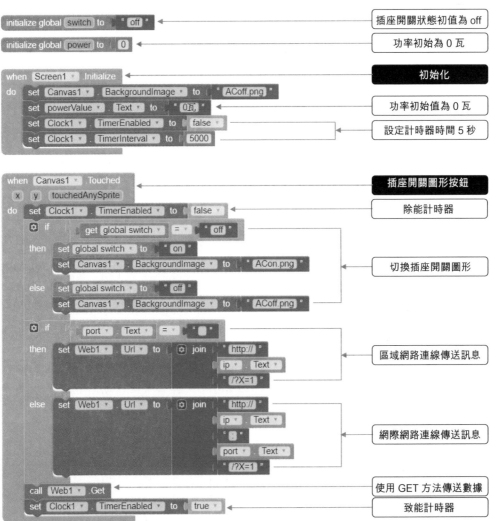

initialize global switch to " off " ← 插座開關狀態初值為 off

initialize global power to 0 ← 功率初始為 0 瓦

when Screen1 .Initialize ← **初始化**
do set Canvas1 . BackgroundImage to " ACoff.png "
　set powerValue . Text to " 0瓦 " ← 功率初始值為 0 瓦
　set Clock1 . TimerEnabled to false ← 設定計時器時間 5 秒
　set Clock1 . TimerInterval to 5000

when Canvas1 .Touched ← **插座開關圖形按鈕**
x y touchedAnySprite
do set Clock1 . TimerEnabled to false ← 除能計時器
　if get global switch = " off "
　then set global switch to " on "
　　set Canvas1 . BackgroundImage to " ACon.png " ← 切換插座開關圖形
　else set global switch to " off "
　　set Canvas1 . BackgroundImage to " ACoff.png "
　if port . Text =
　then set Web1 . Url to join " http:// " ← 區域網路連線傳送訊息
　　　ip . Text
　　　" /?X=1 "
　else set Web1 . Url to join " http:// " ← 網際網路連線傳送訊息
　　　ip . Text
　　　" : "
　　　port . Text
　　　" /?X=1 "
　call Web1 .Get ← 使用 GET 方法傳送數據
　set Clock1 . TimerEnabled to true ← 致能計時器

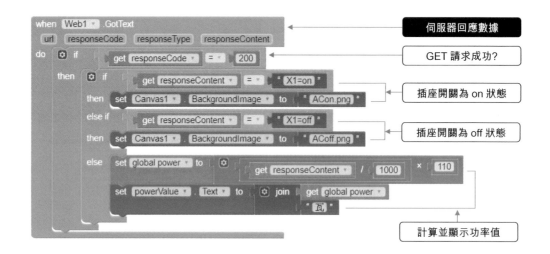

伺服器回應數據

GET 請求成功?

插座開關為 on 狀態

插座開關為 off 狀態

計算並顯示功率值

延 伸 練 習

1. 設計 Arduino 程式，使用 ESP8266 模組與無線 AP 建立連線後，開啟手機 App 程式 /ino/ch7/WiFipowerAC4.aia 來控制四組插座 AC1~AC4（連接至 D6~D9）及四個指示燈 LED1~LED4（連接至 D10~D13）。並且使用 WCS1800 霍爾電流感測模組檢測在電源插座上的負載電力使用情形。(ch7-7A.ino)

▶ 動手做：Wi-Fi 雲端電力監控插座

一 功能說明

如圖 7-18 所示 Wi-Fi 雲端電力監控插座電路接線圖，使用 WCS1800 霍爾電流感測模組檢測在電源插座上的負載電力使用情形。Arduino 控制板將負載消耗功率上傳到 ThingSpeak 雲端運算平台之前，必須先建立一個 **socket 通道**並且在 Field1 欄位中輸入 power，取得 **Write API Key** 後再將其寫入 Arduino 草稿碼中。

利用 ESP8266 模組與 Wi-Fi 連線，將 ESP8266 模組設定為 **STA client** 模式並且連線到 ThingSpeak 雲端運算平台，LCD 在連線過程中會顯示網路的連線狀態，同時也會顯示目前插座上負載的消耗功率。連線成功後，Wi-Fi 指示燈 L1 恆亮，且 Arduino 控制板透過 ESP8266 模組，每分鐘上傳插座上的負載消耗功率值，上傳結果如圖 7-17 所示。

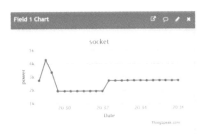

圖 7-17 插座上的負載消耗功率值

二 電路接線圖

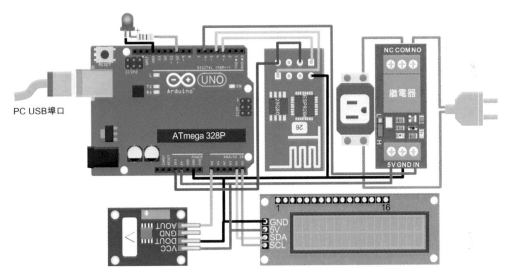

PC USB埠口

圖 7-18 Wi-Fi 雲端電力監控插座電路接線圖

三 程式： ch7-8.ino

```
#include <LiquidCrystal_I2C.h>          //使用 LiquidCrystal_I2C 函式庫。
LiquidCrystal_I2C lcd(0x27,16,2);        //設定 I2C LCD 位址 0x27，16 行 2 列。
#include <SoftwareSerial.h>             //使用 SoftwareSerial 函式庫。
SoftwareSerial ESP8266(3,4);            //設定 D3 為 RX，D4 為 TX。
#define SSID "您的AP名稱"              //定義您的 AP 名稱。
#define PASSWD "您的AP密碼"            //定義您的 AP 密碼。
#define IP "184.106.153.149"           //ThingSpeak.com 雲端運算平台。
const int in=6;                         //D6 連接至繼電器模組 IN 腳。
const int led=10;                       //D10 連接至插座開關狀態 LED 燈。
const int sensorPin=A0;                 //A0 連接至 WCS1800 感測模組輸出。
boolean status=LOW;                     //插座開關狀態。
```

```
const int WIFIled=13;                        //D13 連接至 Wi-Fi 狀態指示 LED 燈。
boolean FAIL_8266 = false;                   //連線狀態。
int connectionId;                            //多路連接 ID。
char c;                                      //Wi-Fi 接收的字元。
String cmd;                                  //AT 命令。
String action;                               //使用 GET 方法回傳的訊息。
int ipcount=0;                               //IP 位址的數字計數。
int plus=0;                                  //Wi-Fi 接收訊息開頭符號'+'。
int i;                                       //迴圈計數。
int value;                                   //插座上的負載電流數位值。
float Vout;                                  //負載電流數位值轉成電壓值。
float IP1;                                   //負載電流。
String IP0;                                  //負載電流。
String power;                                //負載消耗功率。
char buf[6];                                 //資料緩衝區。
unsigned long realtime=0;                    //現在時間。
//初值設定
void setup()
{
    lcd.init();                              //LCD 初始化。
    lcd.backlight();                         //開啟 LCD 背光。
    lcd.setCursor(0,0);                      //設定 LCD 座標在第 0 行 0 列。
    pinMode(in,OUTPUT);                      //設定 D6 為輸出埠。
    pinMode(led,OUTPUT);                     //設定 D10 為輸出埠。
    pinMode(WIFIled,OUTPUT);                 //設定 D13 為輸出埠。
    digitalWrite(WIFIled,LOW);               //關閉 Wi-Fi 指示 LED 燈。
    ESP8266.begin(9600);                     //設定 ESP8266 速率為 9600bps。
    for(i=0;i<3;i++)                         //Wi-Fi 指示 LED 燈閃爍三次。
    {
        digitalWrite(WIFIled,HIGH);          //LED 亮。
        delay(200);
        digitalWrite(WIFIled,LOW);           //LED 暗。
        delay(200);
    }
    do
    {
        sendESP8266cmd("AT+RST",2000);       //初始化 ESP8266。
```

```
        lcd.clear();                      //清除LCD螢幕。
        lcdprintStr("reset 8266...");     //顯示訊息。
        if(ESP8266.find("OK"))            //初始化ESP8266成功？
        {
            lcdprintStr("OK");            //顯示OK訊息。
            if(connectWiFi(10))           //進行Wi-Fi連線。
            {
                FAIL_8266=false;          //連線成功。
                lcd.setCursor(0,1);       //設定LCD座標在第0行第1列。
                lcdprintStr("connect success");//顯示「連線成功」訊息。
                delay(2000);              //等待2秒。
            }
            else                          //初始化ESP8266失敗。
            {
                FAIL_8266=true;           //連線失敗。
                lcd.setCursor(0,1);       //設定LCD座標在第0行第1列。
                lcdprintStr("connect fail");顯示「連線失敗」訊息。
            }
        }
        else
        {
            delay(500);                   //等待0.5ms。
            FAIL_8266=true;               //初始化ESP8266失敗。
            lcd.setCursor(0,1);           //設定LCD座標在第0行第1列。
            lcdprintStr("no response");//顯示「未檢測到ESP8266」訊息。
        }
    }while(FAIL_8266);                    //如連線失敗則繼續進行連線。
    digitalWrite(WIFIled,HIGH);           //連線成功則點亮Wi-Fi指示LED燈。
}
//主程式
void loop()
{
    value=analogRead(sensorPin);          //讀取霍爾感測器輸出電流數位值。
    Vout=(float)value*5/1024;             //將電流數位值轉成電壓值。
    IP1=1000*(Vout-2.5197)/0.0631;        //將電壓值轉成電流值。
    if(IP1<0)                             //取電流的絕對值。
        IP1=-IP1;
```

```
        IP0=float2str(IP1);                          //轉成字串。
        power=float2str(IP1*110/1000);               //計算消耗功率。
        if(FAIL_8266==false && (millis()-realtime)>=60000)
        {                                            //每分鐘上傳數據至雲端。
            realtime=millis();                       //讀取現在時間。
            lcd.setCursor(0,1);                      //設定 LCD 座標在第 0 行第 1 列。
            lcdprintStr("power = ");                 //顯示插座上負載的消耗功率。
            for(i=0;i<power.length();i++)
                lcd.print(power[i]);
            lcd.print(' ');
            lcd.print('W');
            updatePower(power);                      //上傳負載消耗功率到雲端。
        }
    }
    //上傳負載消耗功率到雲端。
void updatePower(String P)
{
    String cmd="AT+CIPSTART=\"TCP\",\"";             //建立 TCP 連接通道。
    cmd += IP;                                       //IP 位址。
    cmd += "\",80";                                  //服務埠口。
    sendESP8266cmd(cmd,2000);                        //寫入 AT 命令。
    lcdclearROW(0);                                  //清除 LCD 第 0 列資料。
    if(ESP8266.find("OK"))                           //建立 TCP 連線通道成功?
    {
        lcdprintStr("TCP OK");                       //顯示「TCP OK」訊息。
        cmd="GET /update?key=KSUQEF0IH7DGYFLS";      //使用 GET 方法上傳數據。
        cmd+="&field1=" + P + "\r\n";                //消耗功率數據資料。
        ESP8266.print("AT+CIPSEND=");                //ESP8266 發送數據。
        ESP8266.println(cmd.length());               //計算數據長度。
        if(ESP8266.find(">"))                        //收到返回符號">"?
        {
            ESP8266.print(cmd);                      //ESP8266 傳送數據。
            if(ESP8266.find("OK"))                   //傳送成功?
            {
                lcdclearROW(0);                      //清除 LCD 第 0 列資料。
                lcdprintStr("update OK");            //顯示「傳送成功」訊息。
            }
```

```
        else                               //傳送失敗。
        {
            lcdclearROW(0);                //清除 LCD 第 0 列資料。
            lcdprintStr("update error");   //顯示「傳送失敗」訊息。
        }
    }
}
else                                       //建立 TCP 連線通道失敗。
{
    lcdprintStr("TCP error");              //顯示「TCP error」訊息。
    sendESP8266cmd("AT+CIPCLOSE",1000);    //關閉 TCP 連線通道。
}
}
//建立 Wi-Fi 連線函數
boolean connectWiFi(int timeout)
{
    sendESP8266cmd("AT+CWMODE=1",2000);    //設定為 station 模式。
    delay(1000);                           //等待 1 秒。
    lcd.setCursor(0,1);                    //設定 LCD 座標在第 0 行第 1 列。
    lcdprintStr("WiFi mode:STA");          //顯示訊息。
    do
    {
        String cmd="AT+CWJAP=\"";          //加入 AP。
        cmd+=SSID;                         //您的 AP 名稱。
        cmd+="\",\"";
        cmd+=PASSWD;                       //您的 AP 密碼。
        cmd+="\"";
        sendESP8266cmd(cmd,1000);          //傳送 AT 命令。
        lcd.clear();                       //清除 LCD 螢幕。
        lcdprintStr("join AP...");         //顯示訊息。
        if(ESP8266.find("OK"))             //加入 AP 成功?
        {
            lcdprintStr("OK");             //顯示 OK 訊息。
            sendESP8266cmd("AT+CIPMUX=0",1000);//建立單路連接。
            return true;                   //連線成功。
        }
    }while((timeout--)>0);
```

```
    return false;                           //已超過連線次數但未連線成功。
}
//AT 命令傳送函數
void sendESP8266cmd(String cmd, int waitTime)
{
    ESP8266.println(cmd);                    //傳送 AT 命令。
    delay(waitTime);                         //等待時間。
}
//LCD 顯示字串函數
void lcdprintStr(char *str)
{
    int i=0;                                 //字串指標。
    while(str[i]!='\0') '                    //已至字串結尾。
    {
        lcd.print(str[i]);                   //顯示字元。
        i++;                                 //下一字元。
    }
}
//字串轉浮點數函數
String float2str(long val)
{
    String str;
    for(i=4;i>=0;i--)                        //5 位數浮點數。
    {
        buf[i]=0x30+val%10;                  //由右而左轉成字元。
        val=val/10;
    }
    str=(String(buf)).substring(0,5);        //將 buf 緩衝區字元轉成字串。
    return str;                              //傳回字串。
}
//LCD 列資料清除函數
void lcdclearROW(int row){
    lcd.setCursor(0,row);                    //設定 LCD 座標在第 0 行第 row 列。
    for(int i=0;i<16;i++)                    //清除該列的資料。
        lcd.print(' ');
    lcd.setCursor(0,row);                    //將游標返回至該列第 0 行。
}
```

7-2 智慧照明

所謂智慧照明是指將**照明設備**、**感測裝置**及**資訊管理平台**，透過網路加以連結成為**燈聯網**。智慧照明藉由感測裝置偵測人體及環境，經由藍牙、ZigBee 或 Wi-Fi 等方式進行遠端監控，來營造合宜舒適的照明環境。智慧照明也可以提供空調溫溼度、電力用量等資訊，以提高能源效率。在所有照明技術中，LED 燈具有壽命長、效率高、無眩光、安全無害、節能省電、光色多樣等優點，已經成為現代照明的主流。市售燈具較常見的技術規格如**燈座種類**、**色溫**、**發光效率**（瓦數，W）、**顯色指數**（Color Rendering Index，簡記 Ra）、**照明亮度**（流明，lumen）等，分述如下。

7-2-1 燈具種類

一般常用的燈具可分為**燈泡**與**燈管**兩種，燈泡的燈座種類有 E-10、E-12、E-14、E-17、E-27 及 E-40 等多種，一般家庭較常用的為 E-14 及 E-27 兩種燈泡。其中 E 是指燈頭與燈泡的結合方式為（愛迪生，Edison）螺旋式，而後面的數字表示燈頭螺紋內徑，例如 E-27 表示燈頭螺紋內徑為 27mm。燈管種類有 T2、T3.5、T4、T5、T6、T8、T9、T10、T12 等多種，常用的有 T5 及 T8 兩種。其中 T 是指燈具為管狀（Tube），而後面的數字表示燈管直徑，例如 T5 表示燈管直徑為 5/8 英寸，而 T8 表示燈管直徑為 8/8 英寸。

7-2-2 色溫

所謂**色溫（color temperature）是指燈具發光的顏色**，色溫是燈具規格中一項很重要的參數。如圖 7-19 所示色溫表，一開始是凱氏於鋼鐵廠內觀察溶解黑體金屬加熱過程中所呈現的不同顏色變化，並且以**凱氏絕對溫度**（Kelvin，簡記 K）為單位記錄下來，後來就變成了燈具的色溫規格表。

圖 7-19　色溫表 (單位：K)

色溫在 3300K 以下為暖色光，光線溫暖，給人舒適的感覺，適用於家庭。色溫在 3300K 到 5300K 之間為白色光，光線柔和，給人愉快的感覺，適用於商店、飯店、餐廳等場所。色溫在 5300K 以上為冷色光，光源接近自然光，給人明亮的感覺，適用於辦公室、會議室、教室等場所。**傳統白熾燈泡色溫大約是 2700K 的黃光，一般螢光燈有黃光和白光兩種，而 LED 燈有 2700K（黃光）、3000K、3500K、4000K、4500K、5000K、5700K 及 6500K（白光）等八種不同顏色的變化。**

7-2-3 發光效率

在單位時間內由光源所發出的光能稱為光通量（Luminous flux），單位為流明（lumen，簡記 lm）。**發光效率（Luminous Efficacy）是指燈具將所消耗的電能轉換成光的效率，以光通量及消耗功率的比值來表示，單位為流明/瓦特（lm/W），發光效率越高，代表燈具越省電。**傳統白熾燈的發光效率約為 10 lm/W，螢光燈約為 50~60 lm/W，而 LED 燈的發光效率可達 80 lm/W，新一代的 LED 燈甚至可以達到 200 lm/W。如表 7-1 所示傳統白熾燈泡瓦數與 LED 燈泡額定光通量對應表，是依據中華民國國家標準（Chinese National Standards，簡記 CNS）15630「一般照明用安定器內藏式 LED 燈泡（供應電壓大於 50V）－性能要求」所規範。如果 LED 燈泡的發光效率以 80 lm/W 計算，則選購一顆 10W 的 LED 燈泡可以產生約 800 lm 的光通量，亮度相當於一顆 60W 的白熾燈泡。

表 7-1　傳統白熾燈泡瓦數與 LED 燈泡額定光通量的對應表（資料來源：CNS15630）

傳統白熾燈泡瓦數(W)	LED 燈泡額定光通量(lm)
15	136
25	249
40	470
60	806
75	1055
100	1521
150	2452
200	3452

臺灣標準檢驗局（Bureau of Standards，Metrology and Inspection，簡記 BSMI）參照國際電工委員會（International Electrotechnical Commission，簡記 IEC）所公告的標準，訂定 LED 燈泡的安全規範。自民國 103 年 7 月 1 日起，強制規定 LED 燈泡必須通過 BSMI 認證，取得如圖 7-20 所示的 BSMI 認證標誌，才能於市面上販售。

圖 7-20　臺灣標準檢驗局的 BSMI 認證標誌

7-2-4 顯色性

顯色性是指人工光源還原被照物體原來顏色的能力，常以顯色指數（Color Rendering Index，簡記 Ra）來表示光源的顯色性。國際照明委員會（International Commission on Illumination，簡記 CIE）將日光的 Ra 指數定義為 100，**燈具的 Ra 數值越高，顯色性越好**。Ra 指數 50 以下顯色性較差、50~70 為一般等級、70~80 為良等級，80 以上為優等級。對 LED 燈具而言，Ra 指數越高，相對成本也越高，市售 LED 燈具 Ra 指數都在 80 以上。

7-2-5 LED 電源

所謂 LED 電源是指將供應電源轉換成定電壓或定電流輸出，以驅動 LED 發光的電壓轉換器。LED 驅動電源包含**整流器、MOSFET 開關元件、開關控制器、電感器、濾波器及過載保護電路**等。如圖 7-21 所示 LED 電源模組，由深圳瑞普達公司生產製造，可輸入的交流電壓範圍為 AC45V~277V，輸出直流電壓有 3.7V/2A、5V/2A、12V/1A、24V/0.5A、3.7V/700mA、5V/700mA、9V/700mA、12V/300mA 等多種規格，購買時要特別注意，如果電壓過大會燒毀電路元件，如果電流不足將無法驅動 LED 燈正常發亮。本例使用 12V/1A 的 LED 電源模組，經 Arduino 板內建的 5V 穩壓器，產生 5V 直流電壓供給環型 LED 燈所需電源。

(a) 模組外觀

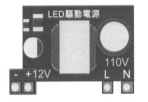

(b) 接腳圖

圖 7-21　LED 電源模組

▶ 動手做：藍牙全彩調光燈電路

一 功能說明

如圖 7-23 所示藍牙全彩調光燈電路接線圖，開啟如圖 7-22 所示藍牙全彩調光燈
手機 App 程式 APP/ch7/BTrgbLED2.aia，並且與 HC-05 藍牙模組連線。連線後，以
手指觸碰球形燈 可以開（ON）/關（OFF）環形 LED 燈。以手指觸碰色盤 
可以改變環形 LED 燈的發光顏色。調整 紅色 、 綠色 、 藍色 等顏色滑桿可以改變色彩
飽和度，調整 亮度 滑桿可以改變環形 LED 燈的亮度。

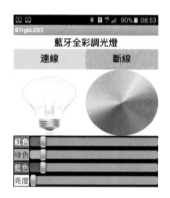

圖 7-22　藍牙全彩調光燈手機 App 程式

二 電路接線圖

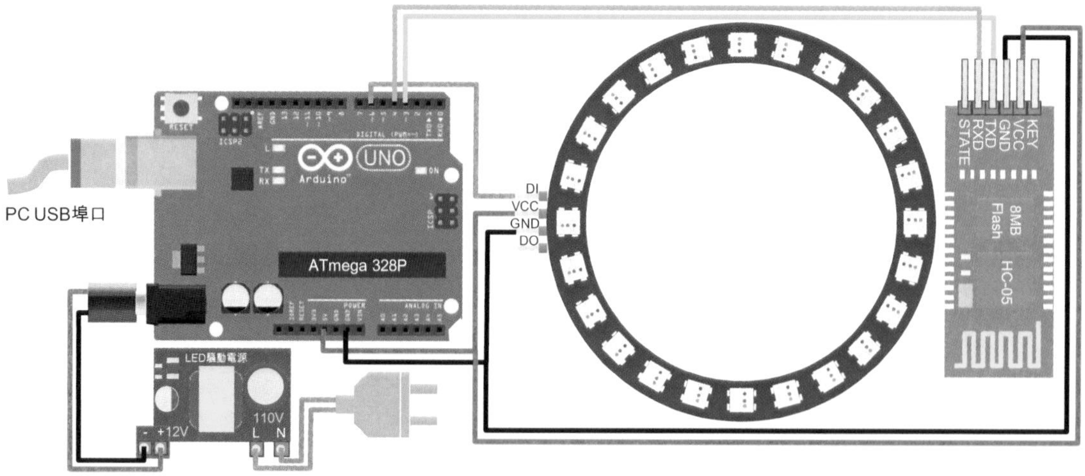

圖 7-23　藍牙全彩調光燈電路接線圖

三 程式： ch7-9.ino

```
#include <SoftwareSerial.h>              //使用 SoftwareSerial 函式庫。
SoftwareSerial BluetoothSerial(3,4);    //設定 D3 為 RX，D4 為 TX。
#include <Adafruit_NeoPixel.h>           //使用 Adafruit_NeoPixel 函式庫。
#define PIN 6                            //設定 D6 控制 16 位環形全彩 LED 燈。
#define NUMPIXELS  24                    //使用 24 位 I2C LED 燈。
byte red,green,blue;                     //設定紅色、綠色、藍色的比例。
int i;                                   //迴圈次數。
char code;                               //藍牙接收的控制碼。
byte value=0;                            //亮度值。
Adafruit_NeoPixel pixels =               //設定環形 LED 燈的燈數、掃描速率。
Adafruit_NeoPixel(NUMPIXELS,PIN,NEO_GRB + NEO_KHZ800);
//初值設定
void setup(){
    BluetoothSerial.begin(9600);        //設定藍牙傳輸速率為 9600bps。
    pixels.begin();                     //初始化 16 位環形全彩 LED 燈。
    pixels.setBrightness(value);        //設定 16 位環形全彩 LED 燈的亮度。
}
//主迴圈
void loop(){
    if(BluetoothSerial.available())     //藍牙模組已接收數據資料?
    {
        delay(50);                      //等待資料穩定。
        code=BluetoothSerial.read();    //讀取所接收到的數據資料?
        if(code=='0')                   //數據資料為'0'?
        {
            pixels.setBrightness(0);    //環形 LED 燈亮度調至最暗。
            display(0,0,0);             //不顯示任何顏色。
        }
        else if(code=='1')              //數據資料為'0'?
        {
            pixels.setBrightness(255);  //環形 LED 燈亮度調至最亮。
            display(255,255,255);       //白光。
        }
        else if(code=='r')              //控制碼為'r'?
            red=BluetoothSerial.read(); //儲存紅光顏色值。
        else if(code=='g')              //控制碼為'g'?
```

```
        green=BluetoothSerial.read();      //儲存綠光顏色值。
  else if(code=='b')                       //控制碼為'b'?
        blue=BluetoothSerial.read();       //儲存藍光顏色值。
  else if(code=='s')                       //控制碼為's'?
  {
        value=BluetoothSerial.read();      //儲存亮度值。
        if(value<=20)                      //亮度值小於等於20?
            pixels.setBrightness(0);       //關閉環形LED燈。
        else
            pixels.setBrightness(value);   //設定環形LED亮度。
  }
        display(red,green,blue);           //設定環形LED顯示顏色。
  }
}
//設定環形LED顏色
void display(byte R, byte G, byte B){
    for(i=0;i<NUMPIXELS;i++)
    {                                      //設定NUMPIXELS顆LED顏色。
        pixels.setPixelColor(i,R,G,B);     //設定第i顆LED顏色。
        pixels.show();                     //顯示第i顆LED顏色。
    }
}
```

四 App 介面配置及說明 (APP/ch7/BTrgbLED2.aia)

名稱	元件	主要屬性說明
Label1	Label	FontSize=24
BTconnect	ListPicker	Height=50pixels,Width=Fill parent
BTdisconnect	Button	Height=50pixels,Width=Fill parent
Canvas1	Canvas	Backgroundimage=ledOFF.png
Canvas1	Canvas	Backgroundimage=paint.jpg
redSlider	Slider	MinValue=10,MaxValue=255
greenSlider	Slider	MinValue=10,MaxValue=255
blueSlider	Slider	MinValue=10,MaxValue=255
brightnessSlider	Slider	MinValue=10,MaxValue=255

五 App 方塊功能說明 (APP/ch7/BTrgbLED2.aia)

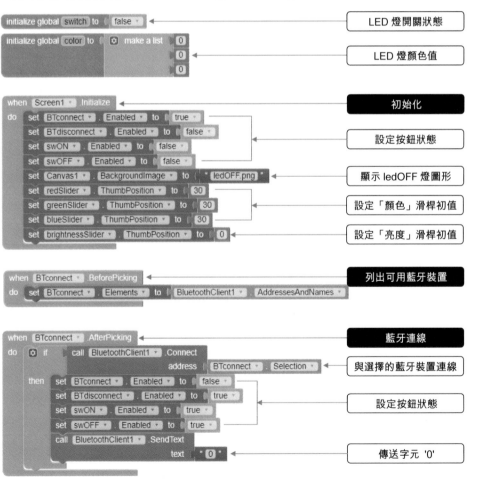

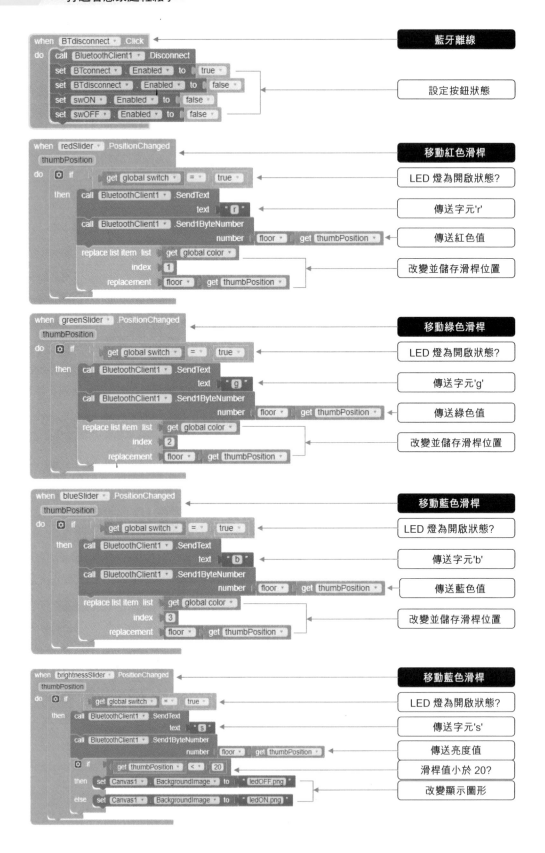

藍牙離線

設定按鈕狀態

移動紅色滑桿

LED 燈為開啟狀態?

傳送字元'r'

傳送紅色值

改變並儲存滑桿位置

移動綠色滑桿

LED 燈為開啟狀態?

傳送字元'g'

傳送綠色值

改變並儲存滑桿位置

移動藍色滑桿

LED 燈為開啟狀態?

傳送字元'b'

傳送藍色值

改變並儲存滑桿位置

移動藍色滑桿

LED 燈為開啟狀態?

傳送字元's'

傳送亮度值

滑桿值小於 20?

改變顯示圖形

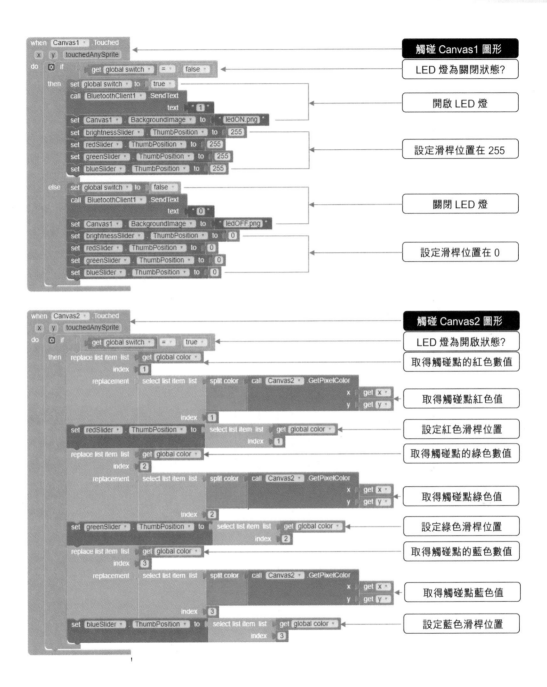

六 藍牙全彩調光燈實作

　　如圖 7-24 所示藍牙全彩調光燈實作所需元件，包含 Arduino UNO 板、110V 轉 12V LED 電源、HC-05 模組、24 位全彩 LED 燈、E27 燈殼及燈蓋及 E27 燈座等。所使用全彩 LED 燈的數目及形狀可視實際的亮度及安裝需求進行調整。

(a) Arduino UNO 板

(b) 110V 轉 12V LED 電源

(c) HC-05 藍牙模組

(d) 24 位全彩 LED 燈

(e) E27 燈殼及燈蓋

(f) E27 燈座帶開關

圖 7-24　藍牙全彩調光燈實作所需元件

　　Arduino UNO 板可以換成體積較小的 Arduino Nano 板或是使用 PCB 軟體繪製如圖 7-25 所示電路圖及佈線圖，再使用雕刻機製作主板。因為所使用的 24 位全彩 LED 燈直徑為 8.5 公分，所以選購的 E27 燈殼及燈蓋直徑最小必須大於 9 公分以上才能安裝。電路圖及佈線圖可以在書附光碟 INO/ch7/BtrgbLed 資料夾中找到。

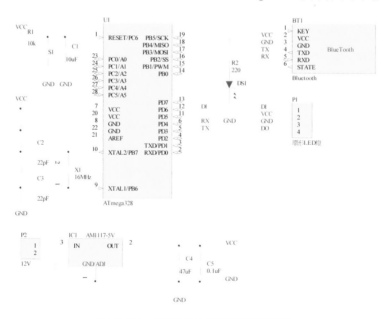

圖 7-25　藍牙全彩調光燈電路圖

延 伸 練 習

1. 設計一藍牙全彩情境調光燈(ch7-9A.ino)，電路接線如圖 7-23 所示。App 介面配置如圖 7-26(a)所示(BTrgbLED3.aia)，新增『抒情』、『動感』、『日出橙』、『海洋藍』及『青草綠』等五種情境調光。其中『抒情』情境的燈光為藍、綠、青、紅、紫、黃、白等七種慢速旋律燈光變化。『動感』情境的燈光為藍、綠、青、紅、紫、黃、白等七種快速旋律燈光變化。『日出橙』模擬日出情境燈光，『海洋藍』模擬海洋情境燈光，『青草綠』模擬草原情境燈光。各種調光情境的顏色值如圖 7-26(b)所示。

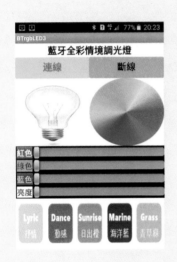

顏色	紅色值(r)	綠色值(g)	藍色值(b)
藍色	0	0	255
綠色	0	255	0
青色	0	255	255
紅色	255	0	0
紫色	255	0	255
黃色	255	255	0
白色	255	255	255
日出橙	255	97	0
海洋藍	25	25	112
青草綠	124	252	0

(a) App 介面配置　　　　　　　(b) 顏色值

圖 7-26　藍牙全彩情境調光燈

A

實習材料表

A-1　如何購買本書材料

在 **Arduino 板**部份，全書實驗皆使用 Arduino UNO 板完成，也可以使用其它的 Arduino 板或相容板。原廠 Arduino UNO 板價格較高約 700 元，相容 Arduino UNO 板價格較低約 300 元。

在**周邊模組**部份，全書實驗皆使用市售模組來完成，可以到電子材料行或是相關網站上購買。另外，大陸的『淘寶網』物美價廉，也是不錯的選擇之一，但訂購數量要多才能攤平運費。

在**基本元件**部份，全書實驗會使用到少許的電阻器、電容器、電晶體等基本元件，一般電子材料行或相關網站皆可購得。

A-2　全書實習材料表

如表 A-1 所示全書實習材料表，副廠模組價格便宜，雖然與原廠模組規格相容，但其解析度與精確度較差，但對初學者而言已經足夠，讀者可依自己的實際需求來購買。

表 A-1　全書實習材料表

序號	設備或元件名稱	規格	數量	備註
1	Arduino 控制板	UNO	1	或相容板
2	麵包板擴充板	UNO，47*35*9mm	1	Proto
3	智慧型手機	Android	1	含 NFC 功能
4	低頻 RFID 模組	125kHz	1	Parallax #28140
5	高頻 RFID 模組	13.56MHz	1	MFRC522 晶片
6	NFC 模組	ISO/IEC 14443A/18092	1	PN532 晶片
7	RFID 卡	Mifare 卡	5	可依實際需求購買
8	串列式 LCD 模組	UART 介面，16 列 2 行	1	含背光
9	串列式 LCD 模組	I2C 介面，16 列 2 行	1	含背光
10	K 型鎧裝熱電偶模組	MAX6675	1	含 K 型鎧裝熱電偶
11	溫度感測模組	LM35	1	
12	溫度感測模組	18B20	1	

序號	設備或元件名稱	規格	數量	備註
13	溫溼度感測模組	DHT11	1	
14	溫溼度感測模組	DHT22	1	
15	氣體感測模組	TGS800	1	
16	氣體感測模組	MQ-2	1	
17	灰塵感測器	GP2Y1010AU0F	1	
18	加速度計模組	MMA7361	1	
19	加速度計模組	ADXL345	1	
20	陀螺儀模組	L3G4200	1	
21	電子羅盤模組	GY-271	1	
22	光敏電阻模組	5mm 或 12mm	1	
23	反射型光感測模組	數位輸出	2	
24	紫外線感測模組	UVM30A	1	
25	土壤溼度感測模組	類比輸出	1	
26	雨滴感測模組	數位及類比輸出	1	
27	霍爾感測模組	SS49E 數位及類比輸出	1	
28	壓力感測器	FSR402	1	
29	藍牙模組	HC-05	2	
30	XBee 模組	S1，2.4GHz，1mW，wire	2	
31	TTL 介面轉換器	XBee S1 專用	2	
32	USB 介面轉換器	XBee S1 專用	2	
33	紅外線遙控器	40mmx85mm	1	
34	紅外線接收模組	38kHz 載波，940nm	1	
35	ESP8266 模組	ESP-01	1	
36	霍爾電流感測模組	WCS1800	1	
37	OLED 模組	I2C 介面，0.96 吋，128x64	1	
38	OLED 模組	SPI 介面，0.96 吋，128x64	1	
39	串列式全彩 LED 模組	WS2812，5050RGB16 燈	1	可視實際需求購買
40	串列式全彩 LED 模組	WS2812，5050RGB24 燈	1	可視實際需求購買

序號	設備或元件名稱	規格	數量	備註
41	七彩 LED 模組	紅、綠、藍三色	1	
42	七段顯示模組	MAX7219，四位	1	
43	發光二極體	紅色，5mm	4	
44	發光二極體	綠色，5mm	4	
45	發光二極體	白色，5mm	4	
46	可變電阻器	B10kΩ	6	
47	電阻器	150Ω	1	棕綠棕金
48	電阻器	220Ω	5	紅紅棕金
49	電阻器	4.7kΩ	1	黃紫紅金
50	電阻器	10kΩ	1	棕黑橙金
51	電容器	10μF	1	電解電容
52	電容器	220μF	1	電解電容
53	LED 電源模組	110VAC 轉 12VDC/1A	1	
54	E27 燈座帶開關		1	
55	E27 燈殼及燈頭	燈頭直徑 9cm 以上	1	
56	電池	9V	1	方型電池
57	插座	A 型，兩腳扁型	1	
58	插頭	A 型，兩腳扁型	1	
59	蜂鳴器	8Ω/0.25W	1	或喇叭
60	電晶體	C9013	1	或其它 NPN 同級品
61	陰極鎖	12V/200mA	1	可視實際需求購買
62	按鍵開關	TACK	4	
63	固態繼電器	IN:3~32VDC，OUT:3~60V/2A	1	KF0602D 或同級品
64	繼電器模組	1 路，5VDC/110VAC	1	
65	繼電器模組	4 路，5VDC/110VAC	1	

A-3 各章實習材料表

　　在進行本書『物聯網』實做前，第一步就是要先準備好所需材料，最簡單的方法就是使用模組來開發，可以省去焊接及組裝的時間。各章實習使用材料說明如下：

A-3-1 第 2 章實習材料表

　　如表 A-2 所示第 2 章『**感知層之辨識技術**』實習材料表，內容包含一維條碼（Bar code）、二維條碼（QR code）、射頻辨識（RFID）及近場通訊（NFC）等辨識技術實習所需材料。

表 A-2　感知層之辨識技術實習材料表

序號	設備或元件名稱	規格	數量	備註
1	Arduino 控制板	UNO	1	
2	麵包板擴充板	UNO，47*35*9mm	1	
3	智慧型手機	Android	1	含 NFC 功能
4	低頻 RFID 模組	125kHz	1	Parallax #28140
5	高頻 RFID 模組	13.56MHz	1	MFRC522 晶片
6	NFC 模組	ISO/IEC 14443A，18092	1	PN532 晶片
7	RFID 卡	Mifare 卡	5	可視實際需求購買
8	串列式 LCD 模組	UART 介面，16 列 2 行	1	含背光
9	串列式 LCD 模組	I2C 介面，16 列 2 行	1	含背光
10	固態繼電器	IN:3~32VDC，OUT:3~60V/2A	1	KF0602D 或同級品
11	陰極鎖	12V/200mA	1	可視實際需求購買
12	電晶體	C9013	1	或 NPN 同級品
13	蜂鳴器	8Ω，0.25W	1	或喇叭
14	發光二極體	紅色，5mm	4	
15	發光二極體	綠色，5mm	4	
16	電阻器	220Ω	2	紅紅棕金
17	電阻器	10kΩ	1	棕黑橙金

A-3-2 第 3 章實習材料表

如表 A-3 所示第 3 章『**感知層之感測技術**』實習材料表，內容包含溫度、溼度、氣體、灰塵、運動器、光、水、電磁、壓力等感測技術實習所需材料。

表 A-3　感知層之感測技術實習材料表

序號	設備或元件名稱	規格	數量	備註
1	Arduino 控制板	UNO	1	或相容板
2	麵包板擴充板	UNO，47*35*9mm	1	
3	串列式 LCD 模組	I2C 介面，16 列 2 行	1	含背光
4	K 型鎧裝熱電偶模組	MAX6675	1	含 K 型鎧裝熱電偶
5	溫度感測模組	LM35	1	
6	溫度感測模組	18B20	1	
7	溫溼度感測模組	DHT11	1	
8	溫溼度感測模組	DHT22	1	
9	氣體感測模組	TGS800	1	
10	氣體感測模組	MQ-2	1	
11	灰塵感測器	GP2Y1010AU0F	1	
12	加速度計模組	MMA7361	1	
13	加速度計模組	ADXL345	1	
14	陀螺儀模組	L3G4200	1	
15	電子羅盤模組	GY-271	1	
16	串列式全彩 LED 模組	WS2812，5050RGB16 燈	1	
17	光敏電阻模組	5mm 或 12mm	1	
18	反射型光感測模組	數位輸出	2	
19	七段顯示模組	MAX7219，四位	1	
20	紫外線感測模組	UVM30A	1	
21	土壤溼度感測模組	類比輸出	1	
22	雨滴感測模組	數位及類比輸出	1	

序號	設備或元件名稱	規格	數量	備註
23	霍爾感測模組	SS49E，數位及類比輸出	1	
24	OLED 模組	I2C 介面，0.96 吋，128x64	1	
25	OLED 模組	SPI 介面，0.96 吋，128x64	1	
26	壓力感測器	FSR402	1	
27	電容器	220μF	1	電解電容
28	電阻器	150Ω	1	棕綠棕金
29	電阻器	220Ω	1	紅紅棕金
30	電阻器	4.7kΩ	1	黃紫紅金
31	電阻器	10kΩ	1	棕黑橙金

A-3-3 第 4 章實習材料表

如表 A-4 所示第 4 章『**藍牙與 ZigBee 無線通訊技術**』實習材料表，內容包含 HC-05 藍牙模組及 XBee 模組等無線通訊技術實習所需材料。

表 A-4　藍牙與 ZigBee 無線通訊技術實習材料表

序號	設備或元件名稱	規格	數量	備註
1	Arduino 控制板	UNO	1	或相容板
2	麵包板擴充板	UNO，47*35*9mm	1	
3	電池	9V	1	方型電池
4	藍牙模組	HC-05	2	
5	智慧型手機	Android	1	
6	串列式全彩 LED 模組	WS2812，5050RGB16 燈	1	
7	OLED 模組	I2C 介面，0.96 吋，128x64	1	
8	七段顯示模組	MAX7219，四位	1	
9	XBee 模組	S1，2.4GHz，1mW，wire	2	
10	TTL 介面轉換器	XBee S1 專用	2	
11	USB 介面轉換器	Xbee S1 專用	2	
12	溫溼度感測模組	DHT11	1	

序號	設備或元件名稱	規格	數量	備註
13	按鍵開關	TACK	4	
14	發光二極體	紅色，5mm	4	
15	電阻器	220Ω	1	紅紅棕金
16	電容器	10μF	1	電解電容
17	可變電阻器	B10kΩ	6	
18	蜂鳴器	8Ω/0.25W	1	或喇叭

A-3-4 第 5 章實習材料表

如表 A-5 所示第 5 章『**Wi-Fi 無線通訊技術**』實習材料表，內容包含 ESP8266 模組應用及 Wi-Fi 連線技術實習所需材料。

表 A-5　Wi-Fi 無線通訊技術實習材料表

序號	設備或元件名稱	規格	數量	備註
1	Arduino 控制板	UNO	1	
2	麵包板擴充板	UNO，47*35*9mm	1	
3	智慧型手機	Android	1	
4	ESP8266 模組	ESP-01	2	
5	串列式 LCD 模組	I2C 介面，16 列 2 行，128x64	1	含背光
6	溫溼度感測器	DHT11	2	
7	串列式全彩 LED 模組	WS2812，5050RGB16 燈	1	
8	七彩 LED 模組	紅、綠、藍三色	1	
9	發光二極體	白色，5mm	4	
10	發光二極體	紅色，5mm	1	
11	可變電阻器	B10kΩ	2	
12	電阻器	220Ω	5	紅紅棕金

A-3-5 第 6 章實習材料表

如表 A-6 所示第 6 章『**雲端運算**』實習材料表，內容包含雲端運算技術及雲端運算平台實習所需材料。

表 A-6　雲端運算實習材料表

序號	設備或元件名稱	規格	數量	備註
1	Arduino 控制板	UNO	1	或相容品
2	麵包板擴充板	UNO，47*35*9mm	1	
3	智慧型手機	Android	1	
4	ESP8266 模組	ESP-01	1	
5	串列式 LCD 模組	I2C 介面，16 列 2 行	1	含背光
6	溫溼度感測器	DHT11	1	
7	光敏電阻模組	5mm 或 12mm	1	
8	按鍵開關	TACK	1	
9	發光二極體	紅色，5mm	1	
10	電阻器	220Ω	1	紅紅棕金
11	電阻器	10kΩ	1	棕黑橙金

A-3-6 第 7 章實習材料表

如表 A-7 所示第 7 章『**家庭智慧應用**』實習材料表，內容包含智慧插座與智慧照明物聯網技術實習所需材料。

表 A-7　家庭智慧應用實習材料表

序號	設備或元件名稱	規格	數量	備註
1	Arduino 控制板	UNO	1	或相容品
2	麵包板擴充板	UNO，47*35*9mm	1	
3	智慧型手機	Android	1	
4	繼電器模組	1 路，5VDC/110VAC	1	

序號	設備或元件名稱	規格	數量	備註
5	繼電器模組	4 路，5VDC/110VAC	1	
6	插座	A 型，兩腳扁型	1	
7	插頭	A 型，兩腳扁型	1	
8	按鍵開關	TACK	1	
9	紅外線接收模組	38kHz 載波，940nm	1	
10	紅外線遙控器	40mmx85mm	1	
11	霍爾電流感測模組	WCS1800	1	
12	藍牙模組	HC-05	1	
13	ESP8266 模組	ESP-01	1	
14	串列式 LCD 模組	I2C 介面，16 列 2 行	1	含背光
15	LED 電源模組	12V/1A	1	
16	串列式全彩 LED 模組	WS2812，5050RGB24 燈	1	可視實際需求購買
17	E27 燈座帶開關		1	
18	E27 燈殼及燈頭	燈頭直徑 9cm 以上	1	
19	溫溼度感測器	DHT11	1	
20	光敏電阻模組	5mm 或 12mm	1	
21	按鍵開關	TACK	1	
22	發光二極體	紅色，5mm	1	
23	電阻器	220Ω	1	紅紅棕金
24	電阻器	10kΩ	1	棕黑橙金

B

名詞索引

Arduino 物聯網最佳入門與應用--
打造智慧家庭輕鬆學

作　　者：楊明豐
企劃編輯：溫珮妤
文字編輯：江雅鈴
設計裝幀：張寶莉
發 行 人：廖文良

發 行 所：碁峰資訊股份有限公司
地　　址：台北市南港區三重路 66 號 7 樓之 6
電　　話：(02)2788-2408
傳　　真：(02)8192-4433
網　　站：www.gotop.com.tw
書　　號：AEH004100
版　　次：2018 年 03 月初版
　　　　　2022 年 07 月初版六刷
建議售價：NT$460

國家圖書館出版品預行編目資料

Arduino 物聯網最佳入門與應用：打造智慧家庭輕鬆學 / 楊明豐
　　著. -- 初版. -- 臺北市：碁峰資訊, 2018.03
　　　面；　公分
　　ISBN 978-986-476-775-5(平裝)
　　1.微電腦　2.電腦程式語言
471.516　　　　　　　　　　　　　　　　　　107004110